Pflanzen-
jäger

Pflanzen-jäger

WIE EXOTISCHE PFLANZEN IN UNSERE GÄRTEN KAMEN

AMBRA EDWARDS

GERSTENBERG

Inhalt

Übersichtskarte 6

Einleitung 8

AUSTRALIEN UND DER PAZIFIK 18

Neuseeland-Flachs (*Phormium tenax*)
Sägen-Banksie (*Banksia serrata*)
Wachsblume (*Hoya australis*)
Wollemie (*Wollemia nobilis*)
Richea curtisiae (*Richea curtisiae*)
Brotfruchtbaum (*Artocarpus altilis*)
Riesenrafflesie (*Rafflesia arnoldii*)
Nepenthes rajah (*Nepenthes rajah*)

ASIEN 62

Ginkgobaum (*Ginkgo biloba*)
Hortensie 'Otaksa' (*Hydrangea macrophylla* 'Otaksa')
Blauregen (*Wisteria sinensis*)
Tee (*Camellia sinensis* var. *sinensis*)
Tohabaum (*Amherstia nobilis*)
Rhododendron (*Rhododendron*)
Taschentuchbaum (*Davidia involucrata*)
Chinesischer Herbstenzian (*Gentiana sino-ornata*)
Tibet-Scheinmohn (*Meconopsis baileyi*)
Tibet-Pfingstrose (*Paeonia ludlowii*)
Reispapierbaum (*Tetrapanax papyrifer* 'Rex')
Epimedium ogisui (*Epimedium ogisui*)

EUROPA UND DIE LEVANTE 146

Safrankrokus (*Crocus sativus*)
Tulpe (*Tulipa*)
Duftwicke (*Lathyrus odoratus*)
Libanonzeder (*Cedrus libani*)
Weizen (*Triticum aestivum*)

AFRIKA UND MADAGASKAR 174

Weihrauchbaum (*Boswellia*)
Ordensstern (*Stapelia*)
Lebende Steine (*Lithops*)
Kaffee (*Coffea*)
Flammenbaum (*Delonix regia*)
Talbotiella cheekii (*Talbotiella cheekii*)

NORDAMERIKA UND MEXIKO 208

Dahlie (*Dahlia*)
Tulpenbaum (*Liriodendron tulipifera*)
Immergrüne Magnolie (*Magnolia grandiflora*)
Douglasie (*Pseudotsuga menziesii*)
Mammutbaum (*Sequoiadendron giganteum*)

SÜDAMERIKA 240

Pfauenstrauch (*Caesalpinia pulcherrima*)
Chinarindenbaum (*Cinchona*)
Paranussbaum (*Bertholletia excelsa*)
Bougainvillea (*Bougainvillea spectabilis*)
Araukarie, Andentanne (*Araucaria araucana*)
Riesenseerose (*Victoria amazonica*)
Helikonie (*Heliconia*)
Rubinlippen-Cattleya (*Cattleya labiata*)

Bibliographie (Auswahl) 298

Register 300

Bildnachweis 304

AUSTRALIEN UND DER PAZIFIK

1 Neuseeland-Flachs (*Phormium tenax*), Neuseeland
2 Sägen-Banksie (*Banksia serrata*), New South Wales, Australien
3 Wachsblume (*Hoya australis*), Queensland, Australien
4 Wollemie (*Wollemia nobilis*), New South Wales, Australien
5 Richea curtisiae (*Richea curtisiae*), Tasmanien, Australien
6 Brotfruchtbaum (*Artocarpus altilis*), Tahiti, Französisch-Polynesien
7 Riesenrafflesie (*Rafflesia arnoldii*), Sumatra, Indonesien
8 Nepenthes rajah (*Nepenthes rajah*), Sabah, Borneo, Malaysia

ASIEN

1 Ginkgobaum (*Ginkgo biloba*), Japan
2 Hortensie 'Otaksa' (*Hydrangea macrophylla* 'Otaksa'), Japan
3 Blauregen (*Wisteria sinensis*), China
4 Tee (*Camellia sinensis* var. *sinensis*), China
5 Tohabaum (*Amherstia nobilis*), Myanmar
6 Rhododendron (*Rhododendron*), Sikkim, Indien
7 Taschentuchbaum (*Davidia involucrata*), China
8 Chinesischer Herbstenzian (*Gentiana sino-ornata*), Provinz Yunnan, China
9 Tibet-Scheinmohn (*Meconopsis baileyi*), Tibet
10 Tibet-Pfingstrose (*Paeonia ludlowii*), Tibet
11 Reispapierbaum (*Tetrapanax papyrifer* 'Rex'), Taiwan
12 Epimedium ogisui (*Epimedium ogisui*), Provinz Sichuan, China

EUROPA UND DIE LEVANTE

1 Safrankrokus (*Crocus sativus*), Griechenland
2 Tulpe (*Tulipa*), Türkei
3 Duftwicke (*Lathyrus odoratus*), Sizilien, Italien
4 Libanonzeder (*Cedrus libani*), Libanon und Syrien
5 Weizen (*Triticum aestivum*), Petrograd, Russland

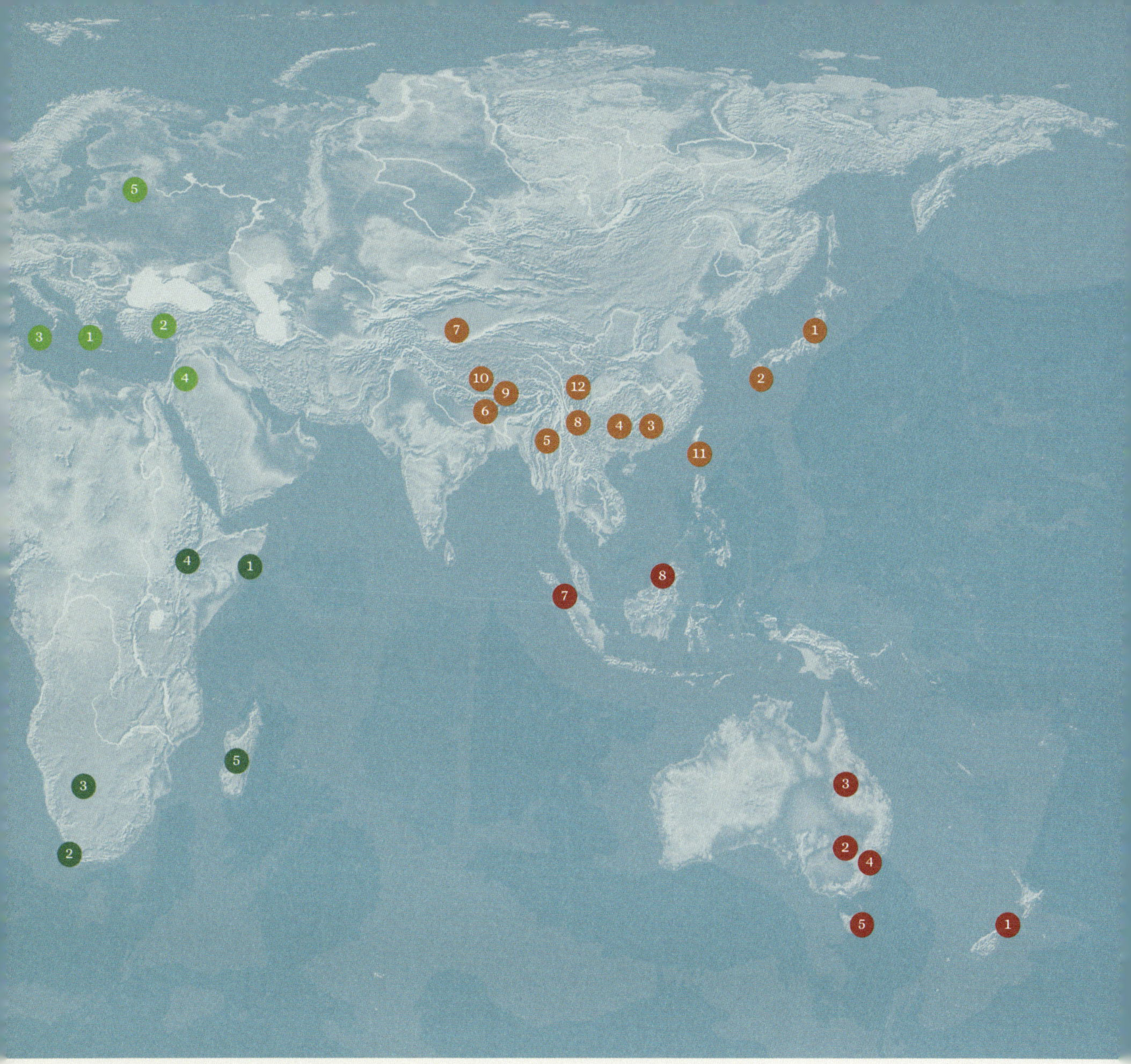

AFRIKA UND MADAGASKAR

1 Weihrauchbaum (*Boswellia*), Somalia
2 Ordensstern (*Stapelia*), Südafrika
3 Lebende Steine (*Lithops*), Südafrika
4 Kaffee (*Coffea*), Äthiopien
5 Flammenbaum (*Delonix regia*), Madagaskar
6 Talbotiella cheekii (*Talbotiella cheekii*), Guinea

NORDAMERIKA UND MEXIKO

1 Dahlie (*Dahlia*), Mexiko
2 Tulpenbaum (*Liriodendron tulipifera*), Virginia, USA
3 Immergrüne Magnolie (*Magnolia grandiflora*), Carolina, USA
4 Douglasie (*Pseudotsuga menziesii*), British Columbia, Kanada
5 Mammutbaum (*Sequoiadendron giganteum*), Kalifornien, USA

SÜDAMERIKA

1 Pfauenstrauch (*Caesalpinia pulcherrima*), Suriname
2 Chinarindenbaum (*Cinchona*), Ecuador
3 Paranussbaum (*Bertholletia excelsa*), Kolumbien
4 Bougainvillea (*Bougainvillea spectabilis*), Rio de Janeiro, Brasilien
5 Araukarie, Andentanne (*Araucaria araucana*), Chile
6 Riesenseerose (*Victoria amazonica*), Guyana
7 Helikonie (*Heliconia*), Rio de Janeiro, Brasilien
8 Rubinlippen-Cattleya (*Cattleya labiata*), Brasilien

Einleitung

Der größte Dienst, der einem Land erwiesen werden kann, ist es, seinen Landbau um eine nutzbringende Pflanze zu bereichern.
Thomas Jefferson, 1800

Einst waren wir alle Pflanzenjäger auf Nahrungssuche in der Wildnis. Nachdem wir mit dem Ackerbau begonnen hatten, gewannen Pflanzen in unserem sesshaften Leben als Medizin oder Zierde neue Aspekte. Schon von alters her gab es jene, die ein tieferes Wissen über Pflanzen besaßen, die wussten, wo sie zu finden und wie sie zu beschaffen waren, die als Medizinmänner oder weise Frauen verehrt wurden. In den modernen Industriegesellschaften ist dieses Wissen fast verloren gegangen, Pflanzen sind kaum mehr als Rohstoffe. In Kulturen, die noch enger mit der Natur zusammenleben, ob im tropischen Regenwald oder in der lappländischen Tundra, hat sich schamanisches Wissen erhalten, das Pflanzen als starke Wirk- und Heilmittel schätzt oder als Portale in spirituelle Gefilde, die Einsichten ermöglichen, die das profane Hier und Jetzt nicht bietet. Gerade lernen wir wieder, das uralte Pflanzenwissen zu respektieren. Neue Pflanzenjäger, Botaniker, wetteifern darum, die »unerforschten Unbekannten« und die von der Wissenschaft noch nicht entschlüsselten Eigenschaften (medizinische wie biotechnologische) zu erkunden, bevor die Pflanzen von ökonomischen Kräften, die zu arrogant oder zu ignorant sind, sie zu würdigen, ausgerottet werden.

Was wir im Westen heute unter Pflanzenjagd verstehen, begann in der Renaissance, aber natürlich wurden Pflanzen schon lange zuvor um die Welt getragen, von Soldaten und Seefahrern, Kaufleuten und Händlern, Pilgern und Flüchtlingen. Die älteste bekannte Pflanzenjagdgeschichte erzählt von der Pharaonin Hatschepsut, deren Expedition ins Land Punt den Weihrauch mitbrachte. Die Armeen Alexanders des Großen kehrten mit Pappeln heim, die wilde Horde des Dschingis Khan pflanzte Weiden und Apfelbäume. Gewürze und Kräuter, aber auch Samen und Zwiebeln gehörten zu den Kostbarkeiten, die vom 2. Jahrhundert v. Chr. bis ins 15. Jahrhundert n. Chr. auf dem Landweg über die Seidenstraße zwischen der Levante und China gehandelt wurden. Nach dem Fall Konstantinopels im Jahr 1453

1817 brach der deutsche Botaniker Karl Friedrich Philipp von Martius zu einer dreijährigen Brasilien-Expedition auf. Die Illustration aus seiner *Historia Naturalis Palmarum* zeigt ihn mit der Walschwanzpalme *Chamaedorea linearis.*

Der botanische Garten in Padua, Italien, wurde 1545 als medizinischer Lehrgarten gegründet. In den vier zentralen Beeten wuchsen Pflanzen von den vier damals bekannten Kontinenten: Europa, Afrika, Asien und Amerika.

suchten die europäischen Händler nach Seewegen zu den im Westen so begehrten Seiden und Gewürzen. Mit Fortschritten in der Schiffstechnik brach das Zeitalter der Entdeckungen an, das zwischen Alter und Neuer Welt neue Routen auch für den Austausch von Pflanzen erschloss.

Zur selben Zeit entdeckten europäische Gelehrte die Texte des antiken Griechenlands und Roms wieder, darunter die Schriften von Aristoteles und Theophrast. Über 1200 Jahre lang hatte man sich nur für den Nutzwert von Pflanzen interessiert, doch Theophrasts *Naturgeschichte der Gewächse* betrachtete systematisch Pflanzen an sich, daher gilt sie als Gründungstext der modernen Botanik. Die Renaissance erweckte den starken Wunsch, die Natur zu verstehen, sie in all ihren Formen zu studieren, dokumentieren und klassifizieren. Gelehrte wurden Sammler, die nicht nur Wissen anhäuften, das nach der Erfindung des Buchdrucks in immer aufwendigeren Kräuterbüchern gebündelt wurde, sondern auch Pflanzenexemplare.

In den 1540er-Jahren setzten die ersten Universitäten in den italienischen Stadtstaaten auf dieses neue Forschungsgebiet und schufen botanische Gärten. Sie waren als Lehrgärten für Ärzte gedacht und keinesfalls die ersten botanischen Gärten im Westen. Das Studium der Pflanzen erlebte im Goldenen Zeitalter des Islams vom 7. bis ins 13. Jahrhundert eine Blütezeit, in Cordoba und Toledo in Spanien entstanden bedeutende Lehrgärten, im süditalienischen Salerno und im französischen Montpellier im 9. bzw. 12. Jahrhundert renommierte Medizinschulen, die auf arabisches Wissen aufbauten. Die neuen botanischen Gärten in Pisa, Padua und Bologna machten Schule, in ganz Europa entstanden weitere, und die Botanik spaltete sich als eigenständige Disziplin von der Medizin ab. Im 1590 gegründeten botanischen Garten im niederländischen Leiden wuchsen neben Heilpflanzen auch solche von ökonomischem und dekorativem Wert, viele waren von Händlern der Ostindien-Kompanie aus fernen Ländern mitgebracht worden. Die Studenten erforschten nicht nur die lebenden Pflanzen, sondern auch den *hortus siccus* (wörtlich: trockener Garten), Sammlungen getrockneter Pflanzen, die wir heute Herbarien nennen. Die Vermittlung dieses neuen Wissens verlagerte sich zunehmend von medizinischen Handbüchern auf Florenwerke, die Pflanzen einer bestimmten Region beschrieben.

Damals war Großbritannien eine unbedeutende Insel am nordwestlichen Rand Europas: Es war eines der letzten europäischen Länder, das vom intellektuellen Elan der Renaissance erreicht wurde. Im Laufe des nächsten Jahrhunderts aber verlagerten sich der kulturelle wie der wirtschaftliche Fokus vom Mittelmeer zu den seefahrenden Nationen Westeuropas. Die Entdeckung neuer Seewege über den Atlantik und um das südafrikanische Kap in den Indischen und Pazifischen Ozean brachte erst Spanien und Portugal, dann den Niederlanden, Frankreich und Großbritannien Wohlstand und Macht. Im 17. und 18. Jahrhundert schritt die koloniale Expansion rasant voran, immer mehr Regionen der Welt wurden von nur einer Handvoll aggressiv imperialistischer europäischer Staaten kontrolliert. Um 1900 herrschten die einst rückständigen Britischen Inseln über die mächtigste Flotte, das größte Weltreich und die weltgrößte Stadt, London. Die Industrialisierung hatte eine tiefe, bis heute nicht überwundene Kluft zwischen den technologisch fortgeschrittenen Staaten und dem Rest der Welt entstehen lassen. In dieser Zeit des politischen, ökonomischen, kulturellen und wissenschaftlichen Umbruchs spielen die meisten der Pflanzenjagdgeschichten, und diesen Kontext gilt es zu begreifen.

In den letzten Jahren wurde westlichen wissenschaftlichen und kulturellen Institutionen eine arrogant eurozentrische und kolonialistische Perspektive der Geschichte zum Vorwurf gemacht. Die Pflanzenjagd wurde als Form der Piraterie, als botanischer Diebstahl angeprangert. Internationale Verträge wie die Biodiversitätskonvention und das Washingtoner Artenschutzübereinkommen sollen nun endlich u. a. sicherstellen, dass Länder gerecht an der ökonomischen Nutzung ihrer heimischen Pflanzen beteiligt sind. Doch wir können die Vergangenheit nicht rückgängig machen. In der Pflanzenjagd spiegeln sich kristallklar und unbequem präzise die ökonomischen, politischen, intellektuellen und religiösen Strömungen der Geschichte: Pflanzen fluteten aus kolonialisierten, ausgebeuteten Ländern nach Europa, sie folgten dem chinesischen Buddhismus nach Japan, den verfolgten Hugenotten aus Frankreich heraus und den Pilgervätern nach Amerika. Pflanzen lieferten den großen existenziellen Debatten des 19. Jahrhunderts Munition, und heute sind sie Totems der dringendsten globalen Sorge, des Klimawandels.

Die Geschichte der Pflanzenjagd durch eine europäische Brille zu betrachten, ist unvermeidlich, denn in Europa entstanden bedeutende Wissenszentren wie Kew, Uppsala, Leiden und Paris. Dort erlaubte der Wohlstand es, ausgedehnte Entdeckungsreisen sowie teure Bücher und Gemälde zu finanzieren, die diese Entdeckungen festhielten, und eine intellektuelle Schicht hervorzubringen, die Muße hatte, sie zu studieren. Vor der schrecklichen Wahrheit, dass sich nämlich ein erheblicher Teil dieses Wohlstands der Sklaverei verdankte, darf niemand die Augen verschließen. Mehr als 12 Millionen Afrikaner wurden über den Atlantik auf Zucker- und Baumwollplantagen verschleppt, die aus dem kolonialen Pflanzenaustausch erwachsen waren. Auf dem indischen Subkontinent zwang man Landarbeiter in an Sklaverei grenzende Abhängigkeitsverhältnisse.

Einige der ersten Pflanzensammler waren Missionare: Der Jesuit Matteo Ricci betrat 1601 als erster Europäer die Verbotene Stadt in Peking; in den 1670er-Jahren füllte der Londoner Bischof Henry Compton seinen Garten mit Exoten aus Amerika, von Geistlichen gesandt, denen er aufgetragen hatte, sich nicht nur Seelen, sondern auch Pflanzen zu sichern. Für einen steten Pflanzenstrom sorgten Diplomaten und Händler, vor allem die Angestellten der Britischen und Niederländischen Ostindien-Kompanien, die den europäischen Handel mit dem Osten beherrschten. Diese weltumspannenden Handelsunternehmen, vergleichbar mit den heutigen multinationalen Hightech-Konzernen, gründeten botanische Gärten zur Sichtung potenziell lukrativer Pflanzen wie Gummibäume, Tee- und Gewürzsträucher oder Zuckerrohr. Später dann vertrieben sich Kolonialbeamte die langen Stunden auf entlegenen Außenposten mit dem Botanisieren und ebneten den entdeckungslustigen Pflanzenjägern den Weg. Ihr kolonialistisches Denken mag heute arrogant anmuten, doch fairerweise muss man sagen, dass viele wirklich glaubten, sie brächten unwissenden Menschen die Zivilisation und damit Gutes.

Einige der Pflanzenjäger, von denen hier die Rede ist, bewunderten und respektierten die Menschen, deren Länder sie besuchten, und wollten von ihnen lernen, vor allem die Forscherinnen Maria Sibylla Merian und Maria Graham, aber auch David Douglas, William Burchell, Augustine Henry, E. H. Wilson und George Forrest. Viele, wie Nathaniel Wallich, Forrest, Sherriff und Ludlow, verließen sich auf einheimische Sammler, deren Beitrag sie selten offiziell würdigten (Sherriff und Ludlow waren die Ausnahmen). Manche pflegten über viele Jahre ein enges Verhältnis zu einheimischen Sammlern. Andere, wie Joseph Dalton Hooker, fühlten sich »andersartigen« indigenen Menschen mit größter Selbstverständlichkeit überlegen. Im 19. Jahrhundert war diese Haltung nicht ungewöhnlich, Hooker sah sicherlich auf einen Chinesen oder Lepcha genauso herab wie auf einen Franzosen oder einen Landsmann aus der »Unterschicht«. Die meisten jungen Männer, die auszogen, das britische Weltreich zu verwalten, waren die Produkte englischer »Public Schools«, die sich anderen überlegen wähnten. (Joseph Banks, der erste Direktor der Kew Gardens, glaubte übrigens, die gebildeteren und bescheideneren Schotten seien die besseren Pflanzenjäger, und ihre Erfolge scheinen das zu bestätigen.)

Pflanzenjäger sammelten aus verschiedenen Gründen: Sie wollten der Wissenschaft dienen oder hatten kommerzielle Interessen im Blick, wenn sie wirtschaftlich nutzbringende Pflanzen suchten oder aber gartenwürdige für den aufblühenden Pflanzenhandel (die britische Gärtnerei Veitch schickte von 1840 bis 1904 Sammler in die Welt).

Für wissenschaftliche Zwecke waren gepresste und getrocknete Exemplare ausreichend. Sie dienten dazu, die augenfälligen Charakteristika jeder Pflanze (wie Blätter, Stängel, Wurzel, Frucht und Blüte) zu dokumentieren. Jedes Exemplar wurde auf einen Papierbogen montiert und mit einem Etikett versehen, auf dem stand, wann und wo es gefunden worden war, in welchem Klima, welcher Umgebung und Höhe es wuchs. Jede neue Art brauchte einen »Typus« – ein markantes Exemplar, anhand dessen eine Pflanze erstmals beschrieben wurde und mit dem weitere Funde verglichen werden konnten. Wenn es nicht möglich war, eine Pflanze zu konservieren, dienten akkurate botanische Zeichnungen als Typen. Nathaniel Wallich z. B., der Direktor des botanischen Gartens der Ostindien-Kompanie in Kalkutta, zog für seine Beschreibungen die meisterhaften Zeichnungen indischer Künstler heran. Heutzutage ist die digitale Fotografie ein wichtiges Hilfsmittel, doch noch immer werden Herbarexemplare gepresst, etwa um ihre DNA bestimmen zu können.

Herbarexemplare im Feld zu konservieren, war durchaus nicht einfach, wie Aimé Bonpland und Maria Graham, die beide in den feuchten Tropen arbeiteten, zu ihrem Kummer feststellen mussten. (Bonpland ließ sich beim Trocknen seiner Exemplare in einem niedrigen Zelt von beißendem Qualm räuchern; Maria Graham gab die Versuche auf und zeichnete lieber.) Lebendes Material zurückzubringen war noch schwieriger. Samen wurden in Sand, Erde oder Moos verpackt, in Wachs oder Fett gehüllt. Die ersten Rhododendrensamen, die Wallich aus Kalkutta schickte, erreichten Europa in Dosen mit Rohrzucker. Ganze Pflanzen waren noch schwerer zu transportieren: Eine Seereise aus dem Fernen Osten konnte sechs Monate dauern, und nur wenige Pflanzen überstanden die drastischen Temperaturschwankungen beim Wechsel der Klimazonen, den peitschenden Wind, die salzige Gischt, die Attacken von Ratten, Kakerlaken oder den zahmen Affen der Mannschaft, das Desinteresse oder gar die Aversion der Matrosen, die kostbares Trinkwasser nicht an »nutzlose« Fracht vergeuden wollten. Auf dem Poopdeck gelagerte Pflanzen konnten ein Schiff bei schwerer See gefährlich ins Rollen bringen und wurden daher als erster Ballast über Bord geworfen.

1819 schätzte Dr. John Livingstone, der als Arzt für die Ostindien-Kompanie in Macau arbeitete, dass von tausend Pflanzen nur eine Europa lebend erreichte und die Kosten pro Pflanze daher von ursprünglich 6 bis 8 Pence auf über 300 Pfund stiegen.

Pflanzen werden zum Transport in eine Wardsche Kiste gepackt. Kew Collection, um 1940–1950.

Es sei empfehlenswert, schrieb er in einem Brief an die Londoner Horticultural Society, einen Gärtner mit auf See zu schicken – die zuverlässig knauserige Gesellschaft ignorierte diesen Rat. Fünf Jahre später veröffentlichte sie jedoch ein Traktat ihres zweiten Sekretärs John Lindley mit dem ellenlangen Titel *Instruktionen zum Verpacken lebender Pflanzen in fernen Ländern, insbesondere in den Tropen; und Anweisungen, wie sie auf der Passage nach Europa zu behandeln sind.* Darin abgebildet war der Entwurf für eine verglaste Kiste, den der Gouverneur von Mauritius, Robert Farquhar, geschickt hatte. Ähnliche Kisten mit Scheiben aus durchscheinenden Muscheln hatten Livingstones Freund John Reeves und Nathaniel Wallich eingesetzt. Endgültig gelöst wurde das Problem aber erst 1829 von dem Londoner Arzt, Hobby-Entomologen und Farnspezialisten Nathaniel Bagshaw Ward (1791–1868).

Er hatte die Puppe eines Falters auf Erde und Blätter in ein verschlossenes Glasgefäß gebettet und wartete geduldig. Der Falter war bald vergessen, denn Ward beobachtete, dass die Feuchtigkeit aus der Erde tagsüber verdunstete, am Glas kondensierte und nachts heruntertropfte. In diesem geschlossenen Ökosystem keimten ein kleiner Farn und ein Rispengras und gediehen drei Jahre ohne zusätzliches Wasser. Ward hatte nicht nur eine kinderleichte Methode entwickelt, in der rußigen Londoner Luft Farne zu ziehen, sondern auch ein System, das es erlaubte, Pflanzen monatelang ohne jede Pflege am Leben zu erhalten. Um das zu testen, füllte er 1822 zwei verglaste Kisten mit Pflanzen aus der Gärtnerei Loddiges und schickte sie nach Sydney, wo sie gesund ankamen. Die Kisten wurden mit notorisch empfindlichen Farnen gefüllt wieder zurückgeschickt, sie überlebten acht Monate ungewässert an Deck bei Temperaturen zwischen minus 7 und plus 49 °C und erreichten London in, wie Loddiges bescheinigte, »kräftigem Zustand«.

Joseph Dalton Hooker setzte als erster Pflanzenjäger diese Erfindung ein, um lebende Pflanzen aus Neuseeland zu verschicken. Robert Fortune nutzte 1848 bis 1849 Wardsche Kisten, um 20 000 Teepflanzen »sicher und gesund« von China nach Indien zu schmuggeln. Bald wurden Pflanzen aller Art in Wardschen Kisten um den Globus transportiert. Der Welthandel wurde revolutioniert: Es war nun möglich, Agrarmonopole zu brechen, indem man wirtschaftlich bedeutende Pflanzen aus ihrem natürlichen Habitat entfernte – manche würden sagen: stahl – und sie in andere Länder brachte, um sie dort anzubauen. So wurden etwa Gummi- und Chinarindenbäume von Südamerika in den Fernen Osten verpflanzt. Auch der Einfluss auf den Gartenbau war enorm, denn die neu eingeführten, oft frostharten Pflanzen aus Asien ermöglichten neue Gestaltungen. Einige der schnell begehrten

Gartengewächse waren bereits in der wissenschaftlichen Literatur benannt und beschrieben worden. Doch Sammler wie Ernest Wilson konnten nun erstmals lebende Pflanzen zur Kultivierung einführen. (Es wurde stets zwischen dem Datum der Entdeckung und dem der Einführung unterschieden.)

Heutzutage ziehen nur noch sehr wenige Unerschrockene aus, um nach neuen Pflanzen für unsere Gärten zu suchen. Das Sammeln von lebendem Pflanzenmaterial unterliegt strengen Gesetzen, und so sind die meisten modernen Pflanzenjäger Botanik-Touristen, die aufregende Fotos sammeln, oder Wissenschaftler, die sich dem Naturschutz widmen. In vielerlei Hinsicht haben sie es einfacher. Sie erreichen ihr Ziel nach Tagen, nicht nach Monaten, müssen sich nicht durch unkartierte Gebiete tasten, sondern sind mit Google Earth und GPS ausgerüstet, tragen optimierte Wanderstiefel und leichte wasserfeste Kleidung, während ihre Vorgänger in Tweedjacken durch den Himalaja zogen. Doch in ihren Blogs begegnen wir den gleichen Plagen und Problemen: Regen, Nebel, Blutegeln und Myriaden stechender Insekten, sonnenverbrannten Ohren, erfrorenen Zehen, rasenden Kopfschmerzen von der Höhenkrankheit, unbegehbaren Wegen und unerklimmbaren Bäumen, dem Frust, zu früh oder zu spät zum Samensammeln einzutreffen. Der renommierte amerikanische Pflanzenjäger Daniel Hinkley sagte 2014 nach einer rundum nassen 14-tägigen Expedition: »An unzähligen Tagen ist es lohnend und erfreulich, an manchen ist es nur lohnend.«

Dem Briten Frank Kingdon-Ward, der in der ersten Hälfte des 20. Jahrhunderts im Himalaja suchte, machten die wenigen Sekunden des Glücks, die sein eintöniges Los unterbrachen, all die Qual und Langeweile nur eben erträglich.

Warum sollte man sich das also antun?

Einige, wie Maria Sibylla Merian oder John Bartram, sahen in der Schönheit und Rätselhaftigkeit der Pflanzen den Beweis für einen gütigen Schöpfer. Andere, wie Joseph Banks, Alexander von Humboldt und Charles Darwin, wollten die Welt wissenschaftlich ergründen. Ernest Wilson verliebte sich in China, George Forrest in den Himalaja, David Douglas und viele andere liebten das Abenteuer. Manche wurden ungefragt aus friedlichen Gewächshäusern in die Welt hinausgeschickt. Kaum jemand wollte in sein altes Leben zurückkehren.

Das letzte Wort hat Frank Kingdon-Ward. In seinem Buch *Von China nach Hkamti Long* (1924) heißt es: »Die Aufgabe eines Pflanzensammlers ist es, die versteckten Schönheiten der Welt aufzudecken, auf dass andere an seinem Glück teilhaben können.«

AUSTRALIEN UND DER PAZIFIK

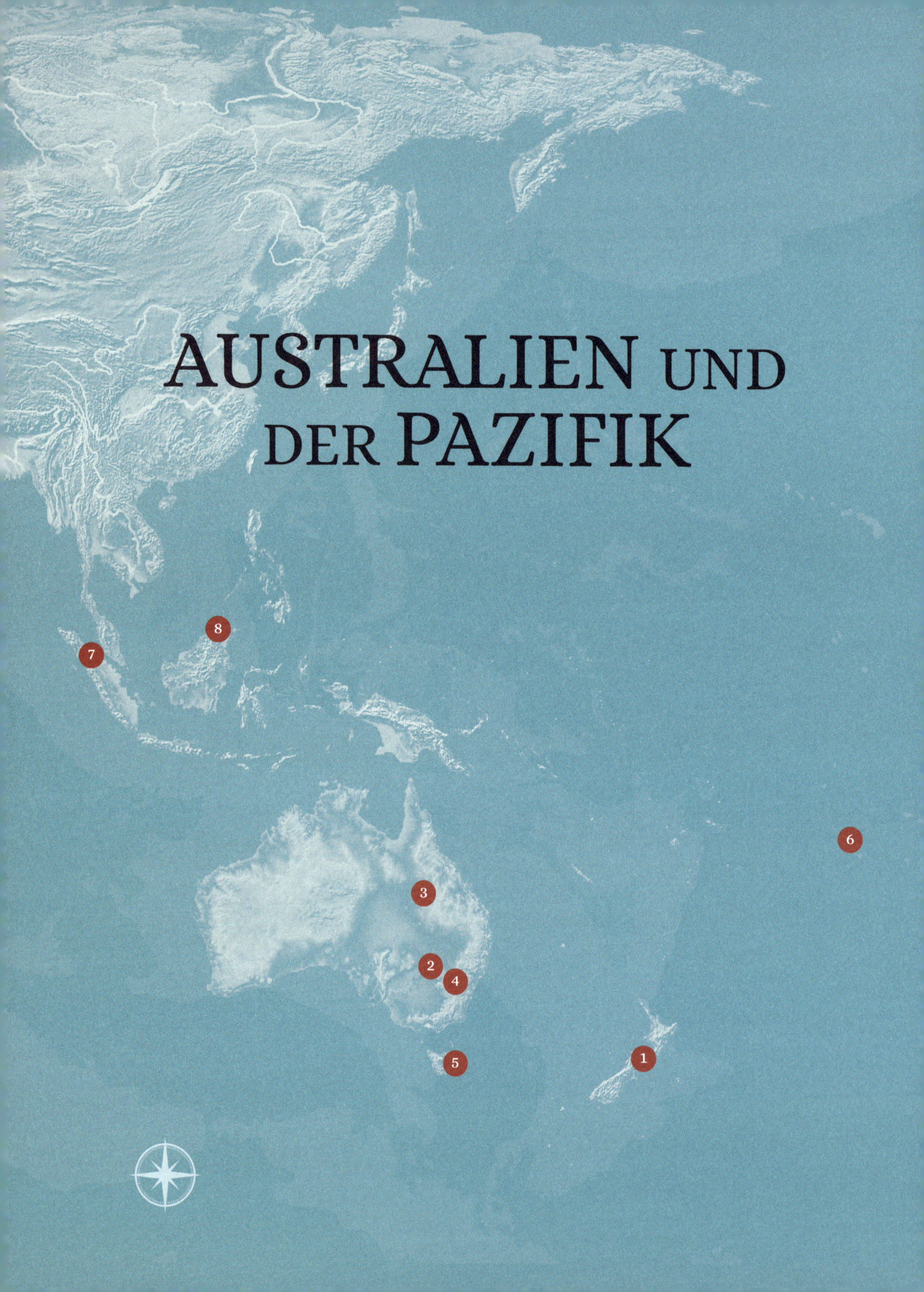

VOM 15. BIS INS 18. JAHRHUNDERT erschien auf europäischen Weltkarten ein riesiger südlicher Kontinent, der als *Terra Australis Incognita* bezeichnet wurde. Die griechischen Geographen der Antike hatten im Wissen, dass die Erde rund war, eine Theorie aufgestellt, der zufolge ein südlicher Kontinent für das nötige Gleichgewicht zu der ihnen bekannten Landmasse nördlich des Äquators sorgte. Im Mittelalter lehrte die Kirche, die Erde sei eine Scheibe, ein Gegengewicht schaffender Kontinent war also nicht vonnöten. Erst als im 15. und frühen 16. Jahrhundert die Seefahrer bewiesen, dass die Erde mehr oder weniger eine Kugel ist, erschien der große südliche Kontinent mit unterschiedlichen Konturen wieder auf den Karten und veränderte mit jeder Entdeckungsreise seine Position.

1768 sandte die britische Regierung James Cook aus, ihn endlich zu finden. Er stieß auf die Ostküste des Kontinents, der später Australien getauft wurde (den Namen schlug Matthew Flinders vor, der erste britische Kapitän, der dieses gewaltige neue Land umrundete). Für die Forscher, die mit Cook segelten, müssen die Pflanzen und Tiere, die sie von dieser Reise mitbrachten, so geheimnisvoll und aufregend gewesen sein wie Mondgestein im 20. Jahrhundert. Diese Pioniere, insbesondere den britischen Naturforscher Joseph Banks und den Schweden Daniel Solander, trieb pure wissenschaftliche Neugier an. Doch nachdem er gesehen hatte, wie die indigene Bevölkerung die ihm völlig fremden Gewächse verwendete, überlegte Banks, ob das wachsende Empire nicht vom Import und vom Austausch von Pflanzen profitieren könnte.

Das hatte weitreichende Konsequenzen. Auf Banks Vorschlag hin wurde Australien von den Briten kolonialisiert. Und er erschuf mit königlicher Erlaubnis ein systematisches Programm des Pflanzensammelns, das einen neuen Typus des Entdeckers hervorbrachte, den professionellen Pflanzenjäger.

Als die seefahrenden Nationen Westeuropas sich weltumspannende Reiche eroberten, gelangten immer mehr wunderliche Pflanzen aus dem Pazifik nach Europa. Darunter waren Gewächse, die sich als fleischfressend erwiesen, und die Pflanze mit der größten Blüte, die die Welt je gesehen hatte.

Neuseeland-Flachs

Wissenschaftlicher Name
Phormium tenax

Botaniker
Joseph Banks

Fundort
Neuseeland

Jahr
1769

WIE MÖGEN SICH die 90 überlebenden Männer auf der beengten *Endeavour* gefühlt haben – einem nur 32 Meter langen umgebauten Kohlefrachter –, als sie am 13. Juli 1769 auf der Südseeinsel Tahiti die Segel setzten, um weiter gen Süden zu fahren, über einen Ozean, dessen Weiten noch kein Mensch, jedenfalls kein Europäer, erkundet hatte? Man kann es wohl mit einer Mission ins Weltall vergleichen – mit einem winzigen Gefährt unterwegs ins unbekannte Unendliche, womöglich vergebens (vergleichbar der heutigen Suche nach Leben auf dem Mars): auf dem Weg zu einem hypothetischen Südkontinent, der *Terra Australis Incognita*, dessen Entdeckung einer kühnen Nation unvorstellbaren Reichtum und Ruhm verhieß.

Der Marschbefehl war streng geheim, erteilt hatte ihn König George III., der die Expedition finanzierte. Offiziell sollte die *Endeavour* auf Tahiti den Transit der Venus beobachten, der sich am 3. Juni ereignet hatte – »ein Phänomen, das unser astronomisches Wissen bereichern wird, von dem die Navigation in so hohem Maße abhängig ist«, so die Royal Society, die den Anstoß für die Reise gegeben hatte.

Tahiti war eine Finte – die *Dolphin*, die als erstes europäisches Schiff die Insel nur zwei Jahre zuvor »entdeckt« hatte, war knapp einen Monat, bevor die Gesellschaft die Mission anregte, nach England heimgekehrt. Sie brachte phantastische Kunde von diesem paradiesischen Eiland, doch nur vage Angaben über seine Lage. Es wiederzufinden, grenzte an navigatorische Zauberei und war ein Beweis für die hervorragenden Fähigkeiten des Leutnants James Cook, der auch ein fähiger Astronom und ein genialer Kartograph war. Seine Karte des Great Barrier Reef blieb fast 200 Jahre gültig.

»Otaheite« befeuerte die Phantasie. Schon ein Jahr später landete der französische Entdecker Louis-Antoine de Bougainville auf der Insel (siehe Seite 269) und

William Jackson Hooker, *Phormium tenax*, aus *Curtis's Botanical Magazine*, 1832.

1
2
3
4
5
6
7

schwärmte von »Utopia«. Für Joseph Banks war sie »das getreueste Abbild von Arkadien«. Während Europäer sich für ihr täglich Brot plagen mussten, seufzte er, pflückten die glücklichen Tahitianer nur die Früchte, die es in Hülle und Fülle gab, und vertrieben sich die Zeit mit Wellenreiten und Sex: »Liebe ist die Hauptbeschäftigung, der größte, nein, fast der einzige Genuss der Bewohner.«

Joseph Banks (1743–1820) war ein bemerkenswerter junger Mann, der sich und einer Gruppe von Forschern dank seines enormen Vermögens die Passage auf der *Endeavour* sichern konnte. Er war der erste Spross einer aufstrebenden Landbesitzerfamilie, dem die Erziehung eines Gentlemans zuteilwurde, doch er zog der Studierstube botanisierende Streifzüge durch die Wiesen vor. Als er in Oxford feststellte, dass der Botanik-Professor keine Vorlesungen hielt, holte er sich einen Tutor aus Cambridge – ein frühes Beispiel für den Elan, die Unverfrorenheit und das Organisationstalent, die ein langes und einzigartig einflussreiches Leben auszeichnen sollten. Aus ihm wurde der »größte Förderer« der britischen Wissenschaft, so David Attenborough.

Banks Vater starb 1761, drei Jahre später erbte Banks im Alter von 21 Jahren ein Vermögen. Er ging nicht wie andere junge Männer aus gutem Hause auf Kavaliersreise nach Italien, sondern nahm 1766 mit einem Schulfreund aus Eton an einer Expedition nach Neufundland und Labrador teil, von der er mit Aufzeichnungen, etwa 340 Pflanzen und dem Ruf eines guten Naturforschers zurückkehrte, um sogleich in die Royal Society aufgenommen zu werden. Später diente er ihr 42 Jahre lang als Präsident.

1764 hatte er Daniel Solander (1733–1782) kennengelernt, den Schüler und designierten Nachfolger des großen schwedischen Botanikers Carl von Linné, der mit

Marianne North, *Blick über den Wakatipe-See*, Neuseeland, 1880. *Phormium tenax* ist im Vordergrund des Bilds zu sehen.

seinem binomischen System zur Klassifizierung der Pflanzen die Wissenschaft revolutioniert hatte. Banks plante schon, bei Linné zu studieren, doch als er von der Venus-Expedition hörte, beschloss er sofort, sich ihr anzuschließen. Auch Solander wollte mit. Cook und die Admiralität hatten nichts dagegen, solange Banks bezahlte, und so segelten die beiden am 26. August 1768 an Bord der *Endeavour* aus Plymouth ab, ausgerüstet mit einer veritablen Bibliothek, »allerlei Gerät zum Fangen und Konservieren von Insekten; Schlepp- und sonstigen Netzen und Haken zum Korallenfischen (...)« und allem Nötigen zum Trocknen von Pflanzen. Mit von der Partie waren noch zwei Künstler, die ihre Funde zeichnen sollten (Sydney Parkinson die naturgeschichtlichen Belege, Alexander Buchan Menschen und Landschaften), ein Sekretär und vier Diener. »Nie war jemand zum Zwecke der Wissenschaft besser ausgerüstet oder eleganter«, schrieb der gemeinsame Freund John Ellis an Linné, und schätzte Banks' Ausgaben auf 10 000 Pfund, das zehnfache Jahresgehalt eines Kapitäns.

Die *Endeavour* nahm Kurs Südwest, legte auf Madeira, in Rio de Janeiro und auf Feuerland an, wo zwei Diener von Banks bei einem Landausflug erfroren. Bei jedem Zwischenstopp wurden Pflanzen gesammelt, beschrieben und klassifiziert. Während der langen Wochen auf See wurden Fische gefangen und Meeresvögel geschossen, dokumentiert und dann verspeist – am 5. Februar 1769 gab es Albatros, eine willkommene Abwechslung zu Zwieback und Sauerkraut.

Als sie von Tahiti lossegelten, verwandelte sich die Kapitänskajüte wieder in Bibliothek, Labor und Atelier. Am 3. Oktober schrieb Banks in sein Tagebuch: »Doktor Solander sitzt am Kajüttisch, ich schreibend an meinem Sekretär, zwischen uns hängt ein großes Büschel Seetang, auf dem Tisch liegt Holz mit Seepocken (...)«. Vier Tage später, nach sieben Wochen auf See, sichteten sie Land. War es der legendäre Südkontinent, der seit Aristoteles' Zeiten durch die Köpfe der Europäer geisterte?

Die Theorie, dass die Kontinente der nördlichen Hemisphäre als Gegengewicht einen Superkontinent im Süden bräuchten, hatte der alexandrinische Geograph Ptolemäus bereits um 150 n. Chr. aufgestellt. Cook benötigte die folgenden sechs Monate, um zwei Inseln, die wir als Neuseeland kennen, zu umrunden, genau zu kartieren und festzustellen, dass sie nicht auf eine riesige Landmasse gestoßen waren. Aber Banks gab die Hoffnung nicht auf. »Ich glaube fest daran, dass ein südli-

Geneviève Nangis-Regnault, *Süßkartoffel*, aus F. Regnault, *La botanique mise à la portée de tout le monde*, 1774.

Benjamin West, *Joseph Banks*, 1773. Banks ließ sich mit einem Umhang aus Neuseeland-Flachs porträtieren.

cher Kontinent existiert, doch werde ich gefragt, warum ich das glaube, muss ich gestehen, diese Überzeugung nicht recht begründen zu können.«

Banks erster Tag in Neuseeland war der »bisher abscheulichste Tag meines Lebens« und endete mit dem Tod mehrerer Maori, die sich den Fremden unerschrocken entgegengestellt hatten. In den kommenden Monaten fand er in der staunenswerten Flora der Inseln Trost und entwickelte einen tiefen Respekt vor den kriegerischen Maori. Unter den 400 Pflanzen, die er sammelte, waren der herrliche Eisenholzbaum (*Metrosideros excelsa*, auch Neuseeländischer Weihnachtsbaum genannt, weil er im Dezember blüht), Papageienschnabel (*Clianthus puniceus*), viele Farne und Moose, eine Orchidee, die er *Orthocera solandri* taufte (nun: *O. novae-zeelandiae*) und Süßkartoffeln (*Ipomoea batatas*) – das Grundnahrungsmittel der Maori, das, lange bevor die Europäer ankamen, von Mittel- und Südamerika über Polynesien dorthin gelangt war. Am meisten beeindruckte ihn *Harakeke*, der Neuseeland-Flachs (*Phormium tenax*). Aus dieser Sumpfpflanze, die nur in Neuseeland und auf der Norfolkinsel heimisch ist, stellten die Maori diverse Fasern her – für weiche Verbände, die Blutungen stillten (die Pflanze enthält Blutgerinnungs-Enzyme), Seile und Netze, die stärker waren, als alle, die man in Europa hatte. Die Maori kannten Pflanzen für die verschiedensten Zwecke, zum Flechten von Körben, Netzen, Matten, Schuhen und Kleidung: Ein berühmtes Porträt von Banks zeigt ihn 1773 in einem *Harakeke*-Umhang, den er von der Reise mitgebracht hatte.

Es war die Zugfestigkeit von *P. tenax*, die Banks dazu brachte, die Botanik mit neuen Augen zu sehen – über ihre rein wissenschaftliche Bedeutung hinaus könnte sie Großbritannien und seinen Kolonien von Nutzen sein. Eine stete Versorgung mit *Phormium*, schrieb er später, »hätte für uns als Seemacht den größten Vorteil«, könnte man doch Segeltuche und Seile daraus herstellen und wäre nicht länger von russischem Flachs abhängig. (Ein Geschenk von *P. tenax* an Russland wurde denn 1795 auch als höflich verhüllte Drohung verstanden.) Als idealen Ort für den Anbau empfahl er eine neue Kolonie in Sydney. Bei der Erforschung von Australien wie auch der Kolonisierung von New South Wales sollte Banks eine entscheidende Rolle spielen.

Doch als die *Endeavour* am 31. März 1770 Kurs auf die Heimat nahm, ahnten weder Cook noch Banks, dass der rätselhafte Südkontinent keine drei Wochen von ihnen entfernt lag.

Sägen-Banksie

Wissenschaftlicher Name
Banksia serrata

Botaniker
Joseph Banks, Daniel Solander

Fundort
New South Wales, Australien

Jahr
1770

JOSEPH BANKS war nicht der erste Engländer, der in Australien botanisierte. Diese Ehre gebührt einem erstaunlich gebildeten Freibeuter, William Dampier, der 1699 auf der anderen Seite des Kontinents sammelte. Banks aber sah am 29. April 1770 als Erster die Ostküste Australiens. Er war nicht sonderlich beeindruckt und verglich die Landschaft mit dem »Rücken einer mageren Kuh«. Er fand jedoch eine so außerordentliche Pflanzenwelt vor (er sammelte 132), dass die Ankerbucht, die Cook »Stingray Bay« (Stachelrochen-Bucht) getauft hatte, fortan »Botany Bay« hieß. Am 3. Mai notierte Banks: »Unsere Pflanzensammlung ist nun so immens gewachsen, dass man sich ihr mit größter Sorgfalt widmen musste, damit sie nicht in den Büchern verrottete.« Diesen Tag verbrachte er damit, Pflanzen am Strand in der Sonne zu trocknen, darunter auch die Sägen-Banksie (*Banksia serrata*) und die Küsten-Banksie (*B. integrifolia*) – die ersten Funde der spektakulären Gattung, die einmal seinen Namen tragen sollte.

Es gibt etwa 170 *Banksia*-Arten, bis auf eine alle in Australien endemisch, vom struppigen Busch bis zum 30 Meter hohen Baum. Sie gehören zur *Protea*-Familie und werden wie ihre afrikanischen Cousinen von Honigfressern bestäubt. Die lebhaft roten und gelben Blütenstände ziehen nektarsaugende Vögel an, viele Banksien werden vom winzigen Honigbeutler, nicht größer als eine Maus, bestäubt. Sie gedeihen auf sehr kargen Böden und in ihrer Ökologie spielt Feuer eine wesentliche Rolle. Viele Pflanzen der südlichen Hemisphäre halten ihre Samen zurück und brauchen einen Trigger, um sie freizusetzen, meist ein Buschfeuer (siehe Seite 239). Banksien haben sich noch cleverer angepasst, sie sind auf Feuer angewiesen, damit sich die Samenstände öffnen, doch die Samen fallen erst heraus, wenn es regnet und die Bedingungen zum Keimen perfekt sind.

Stella Ross-Craig, *Banksia serrata*, aus *Curtis's Botanical Magazine*, 1942.

14. 6. 59
Banksia serrata

Von der Botany Bay segelte Cook nach Norden, um die Küste zu kartieren, nicht ahnend, dass sein Schiff bald ins Labyrinth des Great Barrier Reef geraten sollte, das kein europäischer Navigator kannte. Zwei Jahre zuvor hatte sich Bougainville (siehe Seite 269) dem Riff von Osten genähert, aber schnell abgedreht, als er das Donnern der Brandung hörte. »Es war die Stimme Gottes«, schrieb er »und wir gehorchten ihr«. Die *Endeavour* tastete sich nordwärts, ihr voraus fuhr ein Ruderboot, um die Wassertiefe auszuloten, mehr als 950 Kilometer ging alles gut, doch dann rammte das Schiff am 11. Juni das Riff und riss sich ein Loch in den Rumpf. Banks, der vom stundenlangen Pumpen völlig erschöpft war, glaubte, sterben zu müssen. Ein Seekadett hatte die rettende Idee: Ein mit Werg (beim Entflechten von Hanfseilen anfallende Fasern) gefülltes Segel stopfte das Leck. Sie schafften es bis in die Mündung des Flusses, der heute Endeavour heißt. Während der Rumpf geflickt wurde, hatten Banks und Solander sechs Wochen Zeit, weitere Pflanzen zu sammeln, darunter Eukalypten, Grevilleen (Silbereichen), Zylinderputzer und Akazien. Sie sahen – und aßen – auch ihr erstes Känguru.

Für die lange Heimreise musste Cook die *Endeavour* gründlicher reparieren lassen, er navigierte sie durch Riff und Sandbänke aufs offene Meer zurück und segelte nach Batavia (heute: Jakarta). Doch dort erwartete sie die Zivilisation mit verseuchten Kanälen: Die Crew traf gesund, »rosig und mollig« ein, infizierte sich aber schnell mit Malaria und Ruhr. Nach wenigen Wochen starb über ein Drittel der Männer. Von Banks ursprünglich neunköpfiger Gruppe kehrten nur noch vier am 12. Juli 1771 in den englischen Hafen Deal zurück – zwei Diener, Solander und Banks selbst. Auch sein geliebter Windhund Lady hatte nicht überlebt.

Obwohl ein Teil ihrer Ausbeute verloren ging, als der Frachtraum geflutet wurde, waren Banks und Solander mit tausenden Illustrationen und über 30 000 Pflanzenproben zurückgekehrt, anhand derer 110 neue Gattungen und 1300 neue Arten beschrieben werden konnten. Mit einer einzigen Reise hatten sie die wissenschaftlich beschriebene Flora der Welt um 25 Prozent vermehrt. Sie wurden über Nacht berühmt und vom Monarchen im königlichen Garten in Kew empfangen, den George III. von seiner pflanzensammelnden Mutter Prinzessin Augusta geerbt hatte. 1773 hatte Banks für sich einen inoffiziellen Posten, »eine Art Superintendent des Königlichen Botanischen Gartens«, geschaffen, nachdem er den König überzeugt hatte, Kew von einem privaten Lustgarten in einen bedeutenden botanischen Garten, gar den größten der Welt, zu verwandeln. Daher sollte der König eigene Pflanzensammler engagieren und nicht länger nur auf die gelegentlichen Gaben von ausländischen Gesandten und Kolonialhändlern warten. Als Erster zog bereits 1772 Francis Masson nach Südafrika, bald wurden Anton Hove und George Caley, gefolgt von Peter Good, David Nelson, Allan Cunningham, James Bowie, William Kerr und anderen an alle Enden der Welt entsandt. (Banks präferierte schottische Sammler, weil sie genügsam und tüchtig waren.) Sie sollten nicht nur der Wissenschaft dienen, sondern auch Pflanzen zum Nutzen des britischen Empires zurückbringen. Man nimmt an, dass auf Banks' Geheiß fast 7000 neue Arten in Großbritannien eingeführt wurden.

Banks selbst machte nur noch eine Expedition. Er hatte geplant, mit Cook an Bord der *Resolution* auf die zweite Weltreise zu gehen. Aus unerfindlichen Gründen sollten zu seiner Entourage auch zwei französische Hornisten gehören. Als der ihm nötig erscheinende Umbau die Stabilität des Schiffs gefährdete, verweigerte die Admiralität ihn. Banks drohte, aus der Sache auszusteigen, die Admiralität ließ es darauf ankommen, die *Resolution* fuhr ab – ohne Banks, der sich nun ein neues Ziel suchen musste. Weil damals Vulkane en vogue waren, entschied er sich für Island. Seine Expedition dauerte nur sechs Wochen.

Fortan widmete Banks seine Energie Kew und der Royal Society. 1778 wurde er, gerade einmal 35, zu ihrem Präsidenten gewählt und hatte dieses Amt bis wenige Tage vor seinem Tod im Jahr 1820 inne. Er arbeitete unermüdlich daran, die Wissenschaft voranzutreiben, vor allem auf den Feldern der Botanik und der Landwirtschaft. (Die australische Wollindustrie, die Teeindustrie in Assam und der Mangoanbau in der Karibik verdanken sich ihm.) Seine Bibliothek samt Herbarium am Londoner Soho Square wurde ein internationaler Treffpunkt für Botaniker, selbst in Kriegszeiten. Die Wissenschaft war ihm stets wichtiger als die Politik. Auch während der Französischen Revolution, der Napoleonischen Kriege und des Amerikanischen Unabhängigkeitskriegs hielt er die Verbindung zu anderen Forschern aufrecht. Der Verlust der amerikanischen Kolonien, in die man Kriminelle, radikale Denker und religiöse Eiferer so bequem hatte abschieben können, brachte ihn dazu, Botany Bay als Ort für eine neue Strafkolonie vorzuschlagen. Er war in die Angelegenheiten dieser Kolonie New South Wales sehr involviert und korrespondierte bis zu seinem Tod mit den wechselnden Gouverneuren.

No. 10. RED HONEYSUCKLE (Banksia serrata, *Linn. f.*)

In Kew arbeitete Banks mit dem Chefgärtner William Aiton daran, die Sammlungen zu erweitern. 1789 veröffentlichten sie den *Hortus Kewensis*, eine dreibändige Auflistung aller Pflanzen in Kew. Sie zählten immerhin 5600 Arten, darunter Treibhaus-Exoten und aufregende neue Bäume aus Nordamerika, wie auch eine breit gefächerte Auswahl an Pflanzen, die versprachen, ökonomisch wertvoll zu sein. Banks sah Kew als »eine große botanische Tauschbörse für das Empire«, im Zentrum eines globalen Netzwerks von botanischen Gärten, das von Jamaika bis Kalkutta und Ceylon reichte. Diese Gärten gehörten meist der Britischen Ostindien-Kompanie, deren Händler und Seeleute, zusammen mit einer wachsenden Zahl von dem Empire dienenden Armeeoffizieren, Diplomaten und Missionaren, im Namen des Königs dazu angehalten wurden, Kew nach besten Kräften zu unterstützen. Pflanzen mit wirtschaftlichem Potenzial – ob sie nun Früchte oder Fasern, Gewürze, Medizin oder Rohmaterial für die neuen Fabriken der industriellen Revolution lieferten – wurden in Kew gesichtet, die vielversprechendsten verschiffte man in die Kolonien, denen sie den größten Vorteil bringen konnten. In einer Zeit, in der Pflanzenprodukte (wie Holz, Zucker, Tee und Tabak) 90 Prozent des Welthandels ausmachten, wurde das Verbringen von einem unterworfenen Land in ein anderes noch nicht als Piraterie angesehen, sondern als ein patriotisches Unterfangen, das den Hunger besiegen, den Wohlstand mehren und der ganzen Menschheit helfen würde.

Zur selben Zeit strömten aus Kew Zierpflanzen in den boomenden Blumen- und Baumschulenhandel. *B. serrata* wurde zuerst von Banks Freund James Lee in der Vinyard Nursery in Hammersmith gezogen. Sie war die erste australische Pflanze, die in England kultiviert wurde. Lee zog sie aus Samen, die 1788 von der Botany Bay gekommen waren. Banks hatte kaum keimfähige Samen mitgebracht, sein Interesse galt der Wissenschaft, nicht dem Gartenbau. Trotzdem gehörte er 1804 zu den acht Gründungsmitgliedern der Horticultural Society, die noch so viel zur Erforschung der Pflanzen beitragen sollte.

Edward Minchen, *Banksia serrata*, aus J. H. Maiden und W. S. Campbell, *The Flowering Plants and Ferns of New South Wales*, 1895–1898. Allein in der Region Sydney wachsen 2000 endemische Pflanzen, mehr als in ganz Großbritannien.

Wachsblume

Wissenschaftlicher Name
Hoya australis
Botaniker
Sydney Parkinson
Fundort
Queensland, Australien
Jahr
1770

ZU DEN MITFAHRENDEN auf der *Endeavour*, die nicht heimkehrten, gehörte Sydney Parkinson (1745–1771), ein brillanter Künstler aus Edinburgh, den Joseph Banks zum Dokumentieren der Funde engagiert hatte. Parkinson starb am 26. Januar 1771 an der Ruhr und wurde auf See bestattet. Er war erst 26 Jahre alt.

Parkinson hatte schon Banks' Labrador-Sammlungen mit staunenswerter Akkuratesse und Schnelligkeit gezeichnet. An Bord der *Endeavour* sollte er die naturgeschichtlichen Funde dokumentieren, solange sie und ihre Farben noch frisch waren. Als der Maler Alexander Buchan an einem epileptischen Anfall starb, übernahm er auch dessen Aufgabe und hielt Landschaften und Menschen fest. Er schuf gut eintausend Zeichnungen: ein einzigartiges Zeugnis einer Reise, die jeden Tag bis dato ungeahnte Dinge der Schöpfung enthüllte – tahitianische Dörfer, Maori-Tattoos, bizarre Felsformationen, nie gesehene Pflanzen, Fische, Vögel und andere Tiere, wie das Känguru, das er als erster Europäer zeichnete.

Oft kamen so viele Pflanzen herein, dass ihm nur die Zeit blieb, sie mit Bleistift zu skizzieren und sich Notizen zu ihren Farben zu machen, damit er die Bilder später vollenden konnte. Zu *Hoya australis*, die nördlich des heutigen Cairns in Queensland gefunden wurde, notierte er schlicht: »Die Blüte weiß mit purpurnem Fleck an der Basis jedes Blütenblatts. Kelch & Stiel weiß.«

Die *Hoya* ist zwar nach Thomas Hoy (um 1750–1822) benannt, dem Chefgärtner von Syon House auf der anderen Flussseite von Kew Gardens, doch Hoy pflanzte sie nie. Sie wurde in Großbritannien erst 1863 kultiviert. Die immergrüne Kletterpflanze mit bis zu 10 Meter langen Trieben und duftenden Blüten ist im indopazifischen Raum weitverbreitet. Die Gattung umfasst mehrere Arten, die meist auf Ameisenhügeln oder in Baumhöhlen mit Ameisennestern wachsen.

Walter Hood Fitch, *Hoya australis*,
aus *Curtis's Botanical Magazine*, 1870.

V. Fitch, del et lith. Vincent Brooks Day & Son

Hoya australis, Druck nach einem Aquarell von James Miller, Vorlage war eine annotierte Bleistiftzeichnung von Sydney Parkinson. Banks und Solander sammelten das Exemplar im Juni 1770 in Cape Grafton, Australien.

Parkinson nahm für seine Kunst vieles auf sich. Die freizügigen Tahitianer, die seine Mannschaftskameraden so entzückten, bestürzten seine anständige Quäkerseele. Er verbrachte seine Zeit lieber damit, ein Wörterverzeichnis zu erstellen (wie dann auch in Australien) und seine Skizzen zu vollenden. Das kam einer Tortur gleich, denn er wurde von Stechmücken und Fliegen geplagt, die »nicht nur sein Objekt bedeckten, sodass nicht ein Punkt der Oberfläche zu erkennen war«, so Cook, »sondern auch die Farben vom Papier fraßen, kaum dass sie aufgetragen waren«. Auf See hatte Parkinson mit dem Rollen des Schiffs zu kämpfen, während er, an einem Tisch mit Solander und Banks, zu zeichnen versuchte und ganze Nächte durcharbeitete. Trotz der widrigen Umstände schuf er 955 botanische Zeichnungen: 675 Skizzen und 280 vollendete Aquarelle. Hinzu kamen 170 zoologische Bilder sowie Porträtstudien der indigenen Bevölkerung, außerdem zeichnete er noch die Küstentopographien für Cooks Seekarten. Er führte auch ein Tagebuch, das sein Bruder Stanfield unter dem Titel *Tagebuch einer Entdeckungsreise nach der Südsee* veröffentlichte. Um das Eigentum an Tagebuch und Zeichnungen entbrannte ein heftiger Streit zwischen Banks und Stanfield Parkinson, der für keinen gut endete. Banks wurde von Parkinson im Vorwort des *Tagebuchs* geschmäht, Stanfield Parkinson kam kurz darauf ins Irrenhaus. Sein Bruder, der Künstler, geriet lange in Vergessenheit.

Bei seiner Rückkehr nach England war Banks fest entschlossen, seine Funde in einem – selbstverständlich – opulenten 14-bändigen Florilegium zu dokumentieren. Fünf Künstler wurden engagiert, um Parkinsons Skizzen auszuarbeiten. Und in den folgenden elf Jahren fertigten, während Solander die endgültigen Beschreibungen der vielen der Wissenschaft noch neuen Pflanzen ausarbeitete, 18 Kupferstecher 743 Druckplatten an, die noch das kleinste exquisite Detail festhielten. Die Arbeit wurde nach Solanders plötzlichem Tod im Jahr 1782 fortgesetzt, und 1784 schrieb Banks, das Werk stünde kurz vor der Veröffentlichung. Doch es kam nicht dazu, und er vermachte die Kupferplatten in seinem Testament dem British Museum, wo man sie 160 Jahre lang vergaß. Erst 1980 bis 1990 (es dauerte tatsächlich zehn Jahre) wurde Banks *Florilegium* schließlich gedruckt. Damit wurde endlich auch das Schaffen des heroisch-tüchtigen Parkinson gewürdigt.

Wollemie

Wissenschaftlicher Name
Wollemia nobilis

Botaniker
David Noble

Fundort
New South Wales, Australien

Jahr
1994

WIE FURCHTBAR wäre es, wenn eine Baumpopulation 200 Millionen Jahre überdauert hätte, nur um binnen eines Tages von einem Feuer vernichtet zu werden. Dieses Schicksal hätte im Januar 2020 fast die australische Wollemie ereilt. Bis sie 1994 in einer Schlucht der Blue Mountains entdeckt wurden, kannte man die Bäume nur als Fossilien. Der Parkranger David Noble hatte beim Klettern an den Steilwänden eines einsamen Canyons im unberührten Regenwald des Wollemi National Park eine Ansammlung ihm unbekannter Kiefern ausgemacht – etwa 100 ausgewachsene Bäume und ebenso viele Sämlinge. Er nahm eine Probe zur genauen Bestimmung mit – und erfuhr, dass er nur 200 Kilometer von Sydney entfernt eine urzeitliche Verwandte der Araukarie entdeckt hatte, die schon zu Zeiten der Dinosaurier wuchs. Man taufte den Baum *Wollemia* (nach dem Park) *nobilis* (Noble zu Ehren, und weil diese Bäume majestätische 40 Meter hoch werden können).

Es wurde sofort ein Schutzprogramm entworfen. Da die Population so winzig ist (obwohl in den folgenden zehn Jahren zwei weitere Bestände gefunden wurden), bleiben die Standorte, um sie vor Diebstahl zu schützen und um zu verhindern, dass Krankheitserreger von Besuchern eingeschleppt werden, geheim. (Einige Bäume wurden 2005 trotzdem von einem schädlichen Schimmelpilz befallen.) Man entschied schnell, dass man die Wollemie am wirksamsten schützen könnte, wenn man sie kommerziell anbot. (Ein anderer »fossiler Baum«, der Urweltmammut- oder Chinesische Rotholzbaum, *Metasequoia glyptostroboides*, wurde 1941 entdeckt und schnell zum begehrten Sammlerobjekt. In seinem natürlichen Habitat in China ist er heute stark gefährdet, in Parks und Gärten rund um die Welt gedeiht er aber.) Die ersten 292 *Wollemia*-Sämlinge wurden 2005 für fast 730 000 Euro versteigert.

Beverly Allen, *Wollemia nobilis*, aus
The Florilegium. The Royal Botanic Gardens Sydney.
© Royal Botanic Gardens & Domain Trust.

Beverly Allen

Die Wollemie ist ein Überbleibsel des Urzeitwaldes, der einst ganz Australien, Neuseeland und die Antarktis bedeckte. Über Millionen von Jahre entwickelte sie effektive Überlebensstrategien. Sie hält Temperaturen von plus 47 °C bis minus 7 °C aus, während der Kältephasen verfällt sie in eine Art Winterschlaf und schützt ihre Triebe mit einer weißen Wachsschicht. Diese »Polarkappen« haben es ihr wohl ermöglicht, die diversen Eiszeiten zu überleben. Außerdem besitzt sie die Fähigkeit, sich durch Stockausschlag zu verjüngen und zu regenerieren, etwa nach einem Buschfeuer, und wächst dann mehrstämmig.

Als sich aber im Januar 2020 riesige Waldbrände durch den Park fraßen und 90 Prozent der Vegetation vernichteten, selbst in den Klammen, in denen der Regenwald kaum je brennt, lief ein Großeinsatz an. Eine Woche lang flogen Feuerwehrleute mit Hubschraubern in den Canyon, um Pumpen und Sprinkler zwischen den Bäumen zu aktivieren. Flugzeuge warfen feuerhemmende Mittel ab, um die heranrasenden Flammen abzubremsen und die gewaltige Hitze zu reduzieren. Zwei Tage lang war der Rauch so dicht, dass niemand sagen konnte, ob der Einsatz erfolgreich war. Am 17. Januar dann kam die erlösende Nachricht: Bis auf zwei Bäume würden wohl alle überleben – die Wollemie hatte sich erneut als Überlebenskünstlerin erwiesen.

Beverly Allen, *Wollemia nobilis.* © Beverly Allen.

Richea curtisiae

Wissenschaftlicher Name
Richea curtisiae

Botaniker
Dr. Winifred Mary Curtis

Fundort
Tasmanien, Australien

Jahr
1971

DIE *RICHEA CURTISIAE* trägt ihren Namen zu Ehren der unermüdlichen Botanikerin Dr. Winifred Mary Curtis (1905–2005). Sie ist eine natürlich vorkommende Hybride der *Richea scoparia*, eines kleinen stacheligen Busches, der in Tasmanien weitverbreitet ist, und der *Richea pandanifolia*, die in subalpinen tasmanischen Wäldern wächst und einen Schopf mit schmalen, bis zu 1,5 Meter langen ledrigen Blättern hat. *R. curtisiae* hat wie ihre Eltern auffallende rote Blüten, wie man auf der Illustration rechts aus dem Standardwerk *The Endemic Flora of Tasmania* sieht.

Die tasmanische Flora ist außergewöhnlich artenreich und hat einen hohen Anteil endemischer Spezies (insgesamt 28 Prozent, in alpinen Habitaten 60 Prozent). Hier gedeihen außerdem einige der ältesten Lebensformen der Erde, die aus einer Zeit stammen, in der es nur eine einzige Landmasse, den Superkontinent Pangaea, gab. Vor etwa 200 Millionen Jahren spaltete sich der südliche Kontinent Gondwana mit der heutigen Antarktis ab, die damals allerdings viel wärmer, feuchter und dicht bewaldet war. Die pflanzenreichen Wälder Tasmaniens kommen der urzeitlichen Vegetation, die einmal die gesamte südliche Hemisphäre bedeckte, wohl am nächsten.

Diese einzigartige Inselflora begeisterte Dr. Curtis, als sie 1939 aus England kam, um eine Stelle an der Universität in Hobart anzutreten. Sie war dort erst die zweite lehrende Frau, und trotz ihrer herausragenden Arbeit gelangte sie nie an die Spitze der botanischen Fakultät. (Als man 1948 feststellte, dass nunmehr fünf Frauen zum Lehrkörper gehörten, zahlte man ihnen prompt 10 Prozent weniger als ihren männlichen Kollegen.) Erst als sie 1966 in Pension ging, blühte ihre Karriere wirklich auf. Die 1940 begonnene *Student's Flora of Tasmania* wuchs zum maßgeblichen Text über die Pflanzenwelt der Insel an und beschäftigte sie, bis sie fast

Margaret Stones, *Richea curtisiae*,
aus Winifred Mary Curtis, *The Endemic Flora of Tasmania*, 1967–1978.

90 war. 1967 bekam sie einen Auftrag über 35 Zeichnungen attraktiver heimischer Pflanzen. Daraus wurde schließlich das sechsbändige Werk *The Endemic Flora of Tasmania* – eines der wichtigsten botanischen Werke des 20. Jahrhunderts.

Initiator der *Flora* war Milo Talbot, 7. Baron Talbot of Malahide (1912–1973), ein etwas exzentrischer Junggeselle und passionierter Gärtner, dessen diplomatische Karriere überhastet endete, als seine alten Freunde aus Cambridge-Tagen Guy Burgess und Anthony Blunt als sowjetische Spione enttarnt wurden. Der Baron hatte eine Burg in Irland und einen ausgedehnten Landbesitz im Norden Tasmaniens geerbt, den er 1952 zum ersten Mal besuchte. Für einen Mann, der seltene Pflanzen liebte, war Tasmanien ein Paradies. Schon bald schickte er Pflanzen nach Malahide in Irland, wo er eine große Sammlung schuf. Als er beschloss, den ursprünglichen Auftrag zu einem ernst zu nehmenden wissenschaftlichen Werk auszuweiten, lag es nahe, Dr. Curtis auch damit zu beauftragen. Sie begeisterte Freiwillige dafür, die gesamte Insel zu durchkämmen, identifizierte die Pflanzen und ließ sie umgehend nach London fliegen, damit die Pflanzenmalerin Margaret Stones (1920–2018) sie illustrieren konnte, bevor die Farben verblassten.

Die in Australien geborene Künstlerin fand zu ihrem Spezialgebiet, als sie an Tuberkulose erkrankte und 18 Monate im Bett verbringen musste. Sie begann, Blumen zu zeichnen und beschäftigte sich bald intensiver mit der Botanik und der botanischen Illustrationskunst. Um ihr botanisches Wissen zu vertiefen, zog sie 1951 nach England und ließ sich in der Nähe von Kew nieder. Schon nach wenigen Jahren war sie die Hauptillustratorin für das angesehene *Curtis's Botanical Magazine*, das älteste botanische Journal der Welt, und schuf über einen Zeitraum von 25 Jahren mehr als 400 Aquarelle. Zu *The Endemic Flora of Tasmania* (1967–1978) steuerte sie 254 detailreiche Illustrationen bei. In der Zeit, bevor es das Internet gab, an entgegengesetzten Enden der Welt zu arbeiten hätte schwierig werden können, doch Dr. Curtis stellte bald fest, dass Margaret Stones genau wusste, welche Merkmale sie zeichnen musste, um die taxonomische Klassifikation zu verdeutlichen.

Milo Talbot starb 1973, mit nur 60 Jahren, unter mysteriösen Umständen kurz nach der Veröffentlichung des vierten Bandes. Seine Schwester Rose setzte das Projekt fort. Margaret Stones und Winifred Curtis erfreuten sich eines langen und produktiven Lebens, sie wurden 98 respektive 100 Jahre alt.

Richea pandanifolia, aus Joseph Dalton Hookers *Flora Tasmania*, 1860, auf der Antarktisreise von James Clark Ross und Hooker gesichtet. Hooker war als erster westlicher Botaniker in Tasmanien.

Brotfruchtbaum

Wissenschaftlicher Name
Artocarpus altilis

Botaniker
David Nelson

Fundort
Tahiti, Französisch-Polynesien

Jahr
1769

ALS KAPITÄN James Cook und der Botaniker Joseph Banks 1768 auf der *Endeavour* in See stachen, um den Transit der Venus zu beobachten (siehe Seite 20), war die eben entdeckte Südseeinsel Tahiti ihr offizielles Ziel. Sie fanden dort ein wahres Paradies vor, ein Arkadien der freien Liebe und reichen Ernte, in dem die Bäume von Blüten übersät und dicht mit Früchten behangen waren. Banks staunte vor allem über den mächtigen Brotfruchtbaum (*Artocarpus altilis*), der in einem System angebaut wurde, das wir heute Agroforstwirtschaft nennen. Der Baum wuchs schnell, schien keine Pflege zu brauchen und trug jahrzehntelang das ganze Jahr über Früchte, die offenbar sehr nahrhaft und stärkereich waren.

Als sich dann 1784 Plantagenbesitzer aus der Karibik an Banks wandten, weil sie ihre Sklaven mit Brotfrüchten, »einer gesunden und gut schmeckenden Kost«, versorgen wollten (deren Anbau – und das gab wohl den Ausschlag – »erheblich weniger Arbeit erforderte« als der von Kochbananen), half er sofort. Die Brotfrucht war über Tausende von Jahren aus ihrer Heimat im malaiischen Archipel von polynesischen Navigatoren auf der Suche nach Neuland über den Pazifikraum verteilt worden. Nun ging der Baum erneut auf Reisen.

Banks war nach der Fahrt auf der *Endeavour* ein sehr einflussreicher Mann: Freund Georges III., inoffizieller Direktor des königlichen Gartens in Kew und Präsident der Royal Society. Er begann gleich, eine Expedition zu organisieren, die Stecklinge von Tahiti zu den Westindischen Inseln bringen sollte, und kümmerte sich um jedes Detail – von der Planung der Route bis zum Umbau des Schiffes in eine schwimmende Gärtnerei. Die große Kapitänskajüte wurde mit Oberlichtern und Belüftungsgittern ausgestattet, es wurde ein Zwischenboden eingezogen, in den die Pflanztöpfe gesteckt werden konnten, darunter war eine Auffangeinrichtung für

Lansdown Guilding, *Artocarpus altilis* (syn. *A. incisa*),
aus *Curtis's Botanical Magazine*, 1828.

2869.
1.
2.
3.
4.
5.
6.
7.
8.
9.
10.
Pub. by S. Curtis. Walworth Decr. 1.1828.
Artocarpus incisa

Regenwasser. Ein Ofen sollte auf der Fahrt durch eisige Gewässer für ausreichend Wärme sorgen. Als Kommandanten des nun *Bounty* getauften Schiffs wählte er Leutnant William Bligh aus, der mit Cook die dritte Weltumseglung gemacht hatte. Und zum Hüter der wertvollen Fracht ernannte Banks den Gärtner David Nelson, der auf Cooks zweiter Reise Pflanzen für ihn gesammelt hatte und Tahiti kannte.

Banks hatte die Wonnen Tahitis in vollen Zügen genossen, doch Nelson gestattete er ein solches Schwelgen nicht. Schon eine Stunde der Nachlässigkeit, so

Artocarpus altilis, aus der Sammlung von Miss Jane Hutton, Kew, 1894.

mahnte Banks ihn streng, könnte »dazu führen, dass alle Bäume und Pflanzen, die zu sammeln möglich war, eingehen« und somit das gesamte Unterfangen fruchtlos wäre. »Ich kann Ihnen daher nur eindringlich ans Herz legen, allen Versuchungen der Faulheit und des Alkohols zu widerstehen.«

Fast scheint es, als hätte er das Unheil geahnt. Die *Bounty* brauchte zehn Monate, um Tahiti zu erreichen. Nachdem sie dreimal an der Umrundung von Kap Hoorn gescheitert war, segelte sie in entgegengesetzter Richtung um das Kap der Guten Hoffnung. Während Nelson dann fleißig sammelte und schließlich über 1000 kräftige Stecklinge an Bord laden ließ, genoss die Crew fünf Monate tropischer Idylle. Im April 1789 wurden die Segel wieder gesetzt, doch einige Männer, unter ihnen der Erste Offizier Fletcher Christian, hatten inzwischen tahitianische »Ehefrauen« und gehorchten nur murrend. Die Spannung wuchs, und dem Kapitän standen keine Soldaten zur Seite. Nach 23 Tagen auf See führte Christian eine Meuterei an. Mitten in der Nacht wurde Bligh mit Nelson und 17 loyalen Seeleuten in einem offenen Boot ausgesetzt – 2090 Kilometer von der nächsten Küste entfernt. Nelsons sorgsam gehütete Bäumchen landeten im Meer.

Bligh mochte keine soziale Kompetenz gehabt haben (er war für seine »heftigen Zornesstürme« bekannt), doch er war ein brillanter Navigator. Mit nur einem Kompass, einem 10-Zoll-Sextanten, einem Quadranten und zwei Büchern mit astronomischen Berechnungen steuerte er sein Boot durch den Südpazifik und todbringende Korallenriffe zur Insel Timor – eine Reise von 47 Tagen und 3618 Seemeilen. Dort starb Nelson, geschwächt von der Fahrt, wohl nach einem Botanisierausflug. Die anderen kehrten nach England zurück, wo Bligh wegen des Verlusts seines Schiffs vor ein Kriegsgericht gestellt und freigesprochen wurde.

1791 war Bligh wieder auf Tahiti. Dieses Mal gelang es ihm, 678 gesunde Brotfruchtbäumchen nach St. Vincent und Jamaika zu bringen. Im Jahr darauf wurde gemeldet, die Bäume »gediehen in größter Üppigkeit«. Banks war glücklich und sein Glück wurde noch größer, als Bligh 1793 heimkehrte – mit der größten Ausbeute, die je auf einen Schlag nach Kew gelangte: nicht weniger als 1283 Pflanzen aus Tahiti, Tasmanien, Neuguinea, Timor, St. Vincent und Jamaika.

Die versklavte Bevölkerung der Westindischen Inseln traute der neuen Kost allerdings nicht, es dauerte Jahrzehnte, bis sie bereit war, diese merkwürdigen, pickligen grünen Früchte zu essen. Heute ist die Brotfrucht ein Grundnahrungsmittel der karibischen Küche und wird als Wunderfrucht angepriesen. Sie ist kohlehydrat-, ballast- und mineralstoffreich, glutenfrei und liefert zudem B-Vitamine, Niacin, Thiamin und Vitamin C sowie alle neun essenziellen Aminosäuren, die als Bausteine der Proteine dienen. Dem US National Tropical Botanical Garden mit Gärten in Florida und auf Hawaii ist seit 2003 ein Brotfrucht-Institut angegliedert, das Anbaumöglichkeiten erforscht. 80 Prozent der rund 815 Millionen Hungernden auf der Welt leben in tropischen Breiten, und man hofft, dass die so billige wie nahrhafte Brotfrucht ihnen Nahrungssicherheit liefern kann. Andere stärkehaltige Pflanzen wie Maniok, Reis oder Kartoffeln müssen Jahr für Jahr neu gepflanzt werden, ein Brotfruchtbaum nur einmal. Außerdem ist er anspruchslos, wächst unter verschiedensten Bedingungen und gedeiht selbst auf salzigen Atollen auf Meeresspiegelniveau. In Ländern, die bereits sehr unter dem Klimawandel leiden, wie Haiti oder den Bahamas, könnten Brotfruchtanpflanzungen Schatten und Schutz für Menschen, Tiere und andere Nährpflanzen spenden, Bauholz liefern, den Boden verbessern, Erosion verhindern, Wasser speichern und Kohlendioxid binden.

Artocarpus altilis (syn. *A. incisa*), aus J. J. Plenck, *Icones Plantarum Medicinalium*, 1788–1812.

Marianne North, *Die Brotfrucht, gemalt in Singapur*, 1876.

Riesenrafflesie

Wissenschaftlicher Name
Rafflesia arnoldii

Entdecker
unbekannter Diener von Sir Stamford Raffles

Fundort
Sumatra, Indonesien

Jahr
1818

DIE RIESENRAFFLESIE bildet die größte Einzelblüte der Welt: 2019 wurde in Westsumatra eine Blüte mit einem Durchmesser von fast 1,2 Metern gefunden.

Diese Pflanze hat nicht nur ein denkwürdiges Gewicht – eine Blüte kann bis zu 10 Kilogramm wiegen –, sie bildet diese Blütengiganten auch ohne eigene Wurzeln, Blätter oder Chlorophyll aus. Sie sitzt als Vollschmarotzer in einem Weinrebengewächs (*Tetrastigma leucostaphylum*), das sie mit mikroskopisch feinen Zellfäden durchdringt, um Nährstoffe und Wasser aufzusaugen. 18 Monate sammelt sie verborgen Kraft, dann bricht plötzlich eine Knospe durch die Rinde ihrer Wirtsranke. Die folgenden sechs bis neun Monate schwillt die Knospe auf die Größe eines Kohlkopfs an und öffnet sich schließlich zu einer fleischigen Blüte, die selten länger als eine Woche hält. Früher glaubte man, die Blüten würden von Elefanten bestäubt. Bedauerlicherweise sind die Hauptbestäuber aber Aasfliegen, die von einem anderen charakteristischen Merkmal der Rafflesie angezogen werden – dem Gestank von verwesendem Fleisch.

Sir Stamford Raffles (Vizegouverneur von Java), nach dem die Pflanze benannt ist, ließ sich nicht abschrecken und beschrieb sie als »die vielleicht größte und herrlichste Blume der Welt«. Sie sorgte für Furore, als er etwas Pflanzenmaterial samt einer Beschreibung an Joseph Banks in Kew sandte. Banks schwärmte von »der extraordinärsten vegetabilen Hervorbringung, die ich je sah«. Robert Brown, seine rechte Hand und der hervorragendste Botaniker seiner Zeit, rätselte lange, zu welcher Familie die Pflanze gehörte – die Frage ist bis heute nicht völlig geklärt.

Raffles (1781–1826) hatte sie nicht selbst entdeckt. Diese Ehre gebührt einem seiner malaiischen Diener, die ihn und seine schwangere Frau im Mai 1818 auf einer Expedition in den Dschungel von Sumatra begleiteten. Mit von der Partie

Rafflesia arnoldii, aus F. A. W. Miquel, *Choix de plantes rares ou nouvelles, cultivées et dessinées dans le jardin botanique de Buitenzorg*, 1863–1864.

RAFFLESIA ARNOLDI R.BROWN.

Francis Bauer, *Rafflesia arnoldii*, aus *The Transactions of the Linnean Society of London*, 1822.

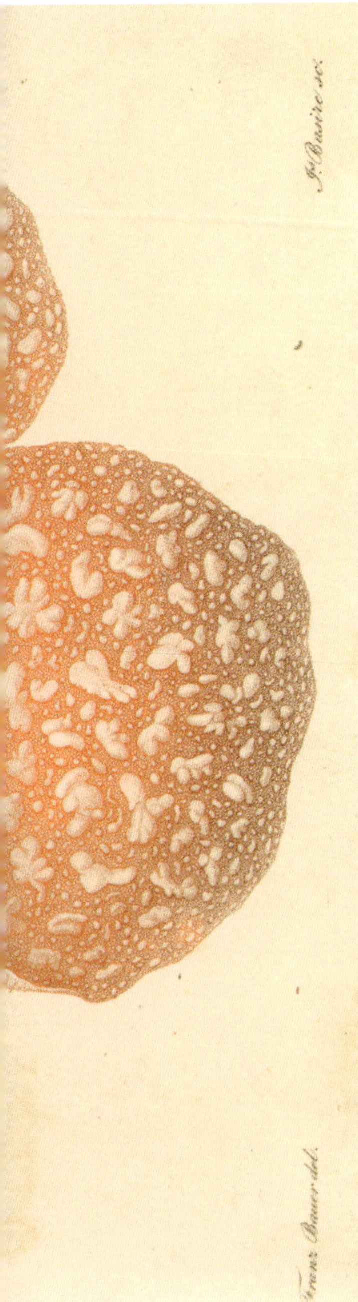

war auch der junge Marinearzt und Botaniker Joseph Arnold, den dieser namenlose Diener rief, damit er die »wahrlich erstaunliche« Pflanze betrachten konnte. »Um die Wahrheit zu sagen, wäre ich alleine und ohne Zeugen gewesen, hätte ich es, so denke ich, nicht gewagt, von den Ausmaßen dieser Blume zu reden«, schrieb Arnold einem Freund. »Das Nektarium fasste nach unser aller Dafürhalten zwölf Pinten und das Gewicht dieses Ungetüms schätzten wir auf 14 Pfund (…)« Keine drei Monate später starb Arnold an einem Fieber, das er sich in Batavia (heute: Jakarta) geholt hatte. Was aus dem Diener wurde, ist nicht bekannt. Raffles wurde der Gründer von Singapur – und des Londoner Zoos.

Die Rafflesie ist heute neben der eleganten weißen Orchidee *Phalaenopsis amabilis* und dem ungleich süßer duftenden Arabischen Jasmin (*Jasminum sambac*) eine der drei Nationalblumen Indonesiens. Sie ist ein Symbol der dortigen enormen Biodiversität – über 10 Prozent aller blühenden Pflanzen sind in dem Inselstaat heimisch. Auch deshalb ist die Rafflesie so etwas wie eine Touristenattraktion geworden. Obwohl sie relativ selten ist, findet man überall an den Straßen Schilder, die einen Ausflug zu einer gerade blühenden Pflanze in der Nähe anbieten. Die Art ist nicht vom Aussterben bedroht, doch dieser Trubel geht nicht spurlos an den Pflanzen vorbei, Jahr für Jahr bildet der Bestand weniger Knospen aus.

Besorgniserregender ist die rapide Abholzung in Indonesien. Seit den 1960er-Jahren, als noch 80 Prozent des Archipels von unberührtem Regenwald bedeckt waren, hat Indonesien mehr als die Hälfte seiner Wälder verloren. Trotz aller Bemühungen, die Rodungen zu reduzieren, werden jährlich schätzungsweise noch immer eine Million Hektar Regenwald geschlagen. Damit ist nicht nur die Wirtspflanze der Rafflesie vom Aussterben bedroht, sondern auch die einzigartige Tierwelt, zu der u. a. die Orang-Utans gehören.

Nepenthes rajah

Wissenschaftlicher Name
Nepenthes rajah
Botaniker
Thomas Lobb, Sir Hugh Low
Fundort
Sabah, Borneo, Malaysia
Jahr
1851

NEPENTHES RAJAH ist wahrhaft eine fürstliche Pflanze – die größte aller tropischen Kannenpflanzen hat bis zu 6 Meter lange lianenartige Stiele, ihre scharlachroten Kannen sind so geräumig, dass manch eine sorglose Ratte in ihnen ertrank. Diese imposanten Pflanzen wachsen nur in den bemoosten Wäldern an den Hängen der Berge Kinabalu und Tambuyukon im Bundesstaat Sabah auf der Insel Borneo, meist auf Lichtungen zwischen Felsen und Gräsern. Da der Boden nährstoffarm ist, brauchen sie eine clevere Überlebensstrategie.

Die *Rajah* ist wie alle *Nepenthes* (es gibt rund 120 Arten, 40 allein auf Borneo) fleischfressend. Ihre auffälligen Farben und der süße Nektar locken Insekten an, die am glatten Kannenrand abrutschen und in einen klebrigen Tümpel aus Verdauungssäften am Boden fallen. Da sie an den steilen wächsernen Wänden ihres Kerkers keinen Halt finden, ertrinken sie, und ihre Körper werden nach und nach aufgesaugt. Für eine so große Fleischfresserin wie die *Rajah*, und für ihre Nachbarinnen am Kinabalu *N. lowii* und *N. macrophylla*, ist eine Diät aus Ameisen und Käfern recht karg. Und so haben sie einen Kniff ersonnen, um sich von Tierkot zu ernähren.

Die Deckel der Kannen scheiden ein fruchtig riechendes Sekret aus, das zwei ganz bestimmte Nager anlocken soll: tagsüber das Hochland-Spitzhörnchen (*Tupaia montana*) und nachts die Kinabalu-Ratte (*Rattus baluensis*). Dieses Sekret hat abführende Wirkung. Und während die Tiere auf den Rändern balancieren, um die Deckel abzulecken, benutzen sie die Kannen als Toilettenschüssel und versorgen die Pflanzen mit reichlich stickstoffreicher »Zusatznahrung«.

Matilda Smith, *Nepenthes rajah*,
aus *Curtis's Botanical Magazine*, 1905.

J. N. Fitch lith.

Vincent Brooks, Day & Son Ltd. Imp.

Eine andere Kannenpflanze, *N. helmsleyana* aus dem Tiefland von Borneo, hat eine noch ausgefeiltere Strategie entwickelt. An Insekten hat sie praktisch gar kein Interesse. Stattdessen bietet sie den Hardwick-Wollfledermäusen (*Kerivoula hardwickii*) eine Fünf-Sterne-Unterkunft. Während die nageranlockenden Arten ihre Kannengröße an den Umfang der Hinterteile ihrer Besucher angepasst haben, formen die Kannen der *N. helmsleyana* einen Fledermaus-Schlafsack in Idealgröße und haben

Walter Hood Fitch, *Nepenthes rafflesiana*, aus *Curtis's Botanical Magazine*, 1847, gesammelt von Thomas Lobb.

überdies einen Rand zum Anklammern sowie eine erweiterte Öffnung, die die Ultraschallrufe der Fledermäuse zurückwirft. Die Fledermäuse bezahlen den Schlafplatz mit Kot, der die Pflanze mit 95 Prozent ihres Stickstoffbedarfs versorgt.

Botaniker waren daran gewöhnt, dass Tiere Pflanzen fraßen, aber dass Pflanzen Tiere fressen, mochten sie nicht glauben. Diese Vorstellung, erklärte der große Naturforscher Carl von Linné in den 1770er-Jahren, sei gänzlich »wider die natürliche Ordnung«. Und doch war sie schaurig faszinierend. Als Thomas Lobb 1844 die ersten beiden *Nepenthes*-Arten nach Großbritannien schickte, erkannte sein Arbeitgeber, der Züchter James Veitch, ihr Potenzial als exotische Kuriositäten für die neuen Gewächshäuser, die im viktorianischen England der letzte Schrei waren.

Die 1808 gegründete Firma Veitch entwickelte sich über fünf Generationen hinweg zum renommiertesten Gartenbaubetrieb Großbritanniens. Sie führte die aufregendsten neuen Pflanzen ein und züchtete sie mit größerem Erfolg als die Horticultural Society oder Kew. Sie war auch die erste Gärtnerei, die professionelle Pflanzensammler beschäftigte. In den 1840er-Jahren schickte sie die Brüder William und Thomas Lobb in die Welt hinaus. Zuerst ging William nach Amerika und kehrte mit Bäumen zurück, die unsere Landschaften veränderten (siehe Seite 236 und 275). Dann zog der 26-jährige Thomas, der im Alter von 13 Jahren als Lehrling angefangen und sich zum Orchideen-Experten gemausert hatte, nach Südostasien, um die heiß begehrten Schönheiten aufzuspüren (siehe Seite 295 f.).

Er hätte nach China gehen sollen, doch weil ihm die Einreise verweigert wurde, sammelte Thomas Lobb in Java, Singapur, Malaysia, Malakka und Penang. Seine erste Sendung mit Treibhausschätzen traf im bitterkalten Winter 1844 in England ein und wurde vom Zoll aufgehalten. Als sie schließlich freigegeben wurde, waren die Pflanzen erfroren. Veitch tat sein Bestes, um einigen Samen Leben einzuhauchen und konnte tatsächlich die apart gemusterte *N. rafflesiana* kultivieren.

Für die zweite Reise hatte Lobb konkrete Vorgaben: mehr Kannenpflanzen, Orchideen und neue Rhododendren fürs Treibhaus. Er sammelte in Indien, im südlichen Burma, in Sarawak, auf Sumatra und den Philippinen, und seine Ausbeute ermöglichte Veitch rechtzeitig zur Weltausstellung 1851 eine spektakuläre Kannenpflanzen-Präsentation. Lobb brachte auch die legendäre blaue Orchidee *Vanda coerulea* und die *Phalaenopsis* oder Schmetterlingsorchidee mit, die Urmutter aller Hybriden, die wir heute im Supermarkt kaufen.

Auf seiner dritten Reise wollte er *N. rajah* vom Kinabalu holen. Sie war von Hugh Low entdeckt worden, der den Berg 1851 als erster Europäer bestiegen und die Pflanze nach seinem Mentor Sir James Brooke, dem ersten »Weißen Rajah« von Sarawak, benannt hatte. Doch Low hatte nur Herbarexemplare mitgebracht. Lobbs Versuch, lebendes Material zu sammeln, wurde von Aufständen in der Region vereitelt. Er musste sich mit der kleineren epiphytischen *N. veitchii* begnügen. Auf seiner letzten Expedition scheiterte er 1856 erneut, denn die feindseligen Einheimischen wollten ihn nicht auf den Berg führen. Low meinte, Lobb sei zu maßvoll gewesen, um die Leute zu zwingen oder zu bestechen. Lobb hatte ganz andere Sorgen: Er hatte sich auf der Reise so schwer am Bein verletzt, dass es schließlich amputiert werden musste.

Erst 1877 fanden zwei andere Sammler in Diensten von Veitch, Peter Veitch und Frederick Burbidge, von Lows Feldnotizen geleitet, den Weg zum »König der Nepenthes«. »Alle Erschöpfung und aller Schmerz vergingen, als wir diesem lebenden Wunder der bornesischen Anden ansichtig wurden!«, schwärmte Burbidge. »Hier, an diesem wolkenumgürteten Berghang waren Pflanzenschätze, nach denen das imperiale Kew sich vergebens gesehnt hatte.« Außer der *N. rajah* sammelten sie noch die elegante, stundenglasförmige *N. lowii*, *N. edwardsiana* mit langen roten Kannen und scharf geripptem Mund sowie die ähnlich geformte *N. villosa*. Alle waren sie ungeheuer schwer zu kultivieren, erst in den Tagen der Mikrovermehrung wurden Kannenpflanzen ein kommerzieller Erfolg.

Selbst heutzutage werden noch neue *Nepenthes*-Arten entdeckt (Martin Cheek, Botaniker in Kew, veröffentlichte allein 2016 drei Erstbeschreibungen). Zu den aufregendsten jüngsten Entdeckungen gehört *N. attenboroughii*, die nach dem beliebten britischen Naturfilmer David Attenborough benannt wurde. Diese Riesin (wenn sie auch nicht ganz so groß ist wie *N. rajah*) wurde 2007 in den Bergen der philippinischen Insel Palawan gefunden. Die ersten Berichte über sie stammten von zwei christlichen Missionaren, die beim Versuch, den Gipfel des Mount Victoria zu besteigen, 13 Tage verschollen waren. Nach ihrer Rettung erzählten sie von riesigen Kannenpflanzen, doch man glaubte zunächst, sie redeten nach einem Hitzschlag im Fieberwahn. Kaum war diese staunenswerte Pflanze entdeckt, galt sie auch schon als vom Aussterben bedroht – wie viele ihrer tropischen Verwandten verliert sie ihr Habitat an den Tagebau, Palmöl-, Ananas- und ähnliche Plantagen.

Nepenthes veitchii, von Thomas Lobb auf seiner dritten Borneoreise (1854–1857) gesammelt und zu Ehren seines Dienstherrn benannt; William Jackson Hooker identifizierte sie anhand dieser Illustration aus *Curtis's Botanical Magazine* 1858 irrtümlich als die größere *N. villosa*, die auch einen charakteristisch gerüschten Mund hat.

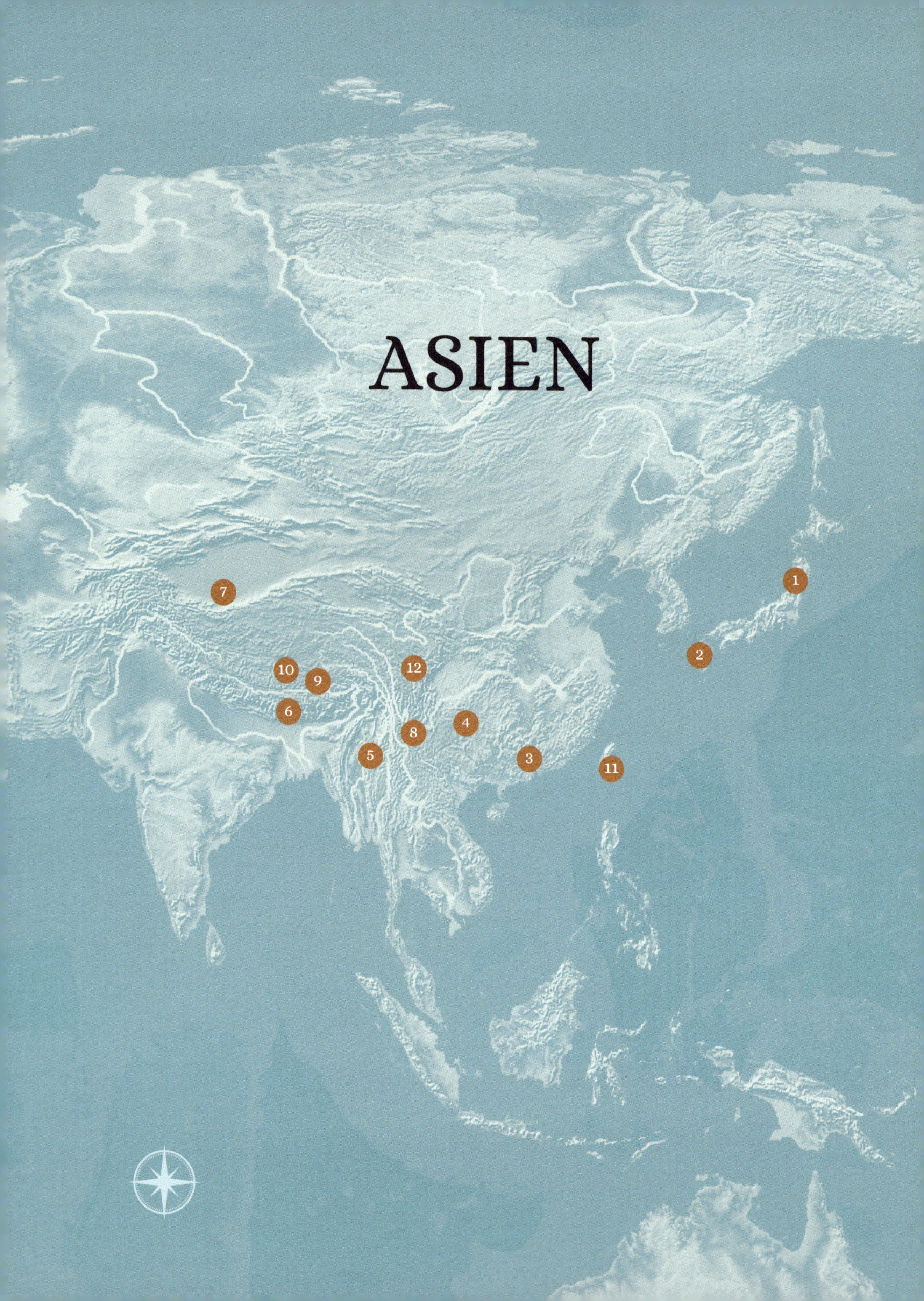
ASIEN
1
2
3
4
5
6
7
8
9
10
11
12

KEIN KONTINENT HAT MEHR zur westlichen Gartengestaltung beigetragen als Asien: Die meisten Pflanzen, die die weltweit bewunderten englischen Gärten charakterisieren, stammen aus Japan, China oder dem Himalaja.

Asiatische Pflanzen kamen seit der Antike in kleiner Zahl auf den Handelswegen, die durch Persien und Mesopotamien tief in den indischen Subkontinent und bis nach China reichten, nach Europa. Theophrast beschrieb den indischen Banyanbaum schon im 3. Jahrhundert v. Chr. Im 1. Jahrhundert n. Chr. trieb das Römische Reich Handel mit den Parthern in Mesopotamien, mit dem Reich der Kuschana im nördlichen Indien und der Han-Dynastie in China.

Holländische und portugiesische Händler führten die ersten Pflanzen aus Japan ein, bis das Shogunat, alarmiert von den aggressiven Bekehrungen portugiesischer Missionare, 1639 die Grenzen schloss. China schottete sich schon im 15. Jahrhundert ab, tolerierte aber die Jesuiten, die wichtige Pflanzenfunde machten, und im Norden russische Botaniker. Die wichtigsten Verteiler aber blieben die Britische und die Niederländische Ostindien-Kompanie, bis die britische Krone die Kontrolle über Indien übernahm und die Opiumkriege in China und die amerikanische Kanonenbootdiplomatie in Japan diese Länder in den 1850er-Jahren zur Öffnung zwangen. Eine entscheidende Rolle beim Transfer von Pflanzen, insbesondere von wirtschaftlich aussichtsreichen, spielten die in Indien gegründeten botanischen Gärten.

Der Westen Chinas und der Himalaja erwiesen sich für Pflanzenjäger auf der Suche nach Zierpflanzen als Paradiese. Diese Gebiete waren von der Vergletscherung weniger betroffen als Nordeuropa, und in hohen subtropischen Berglagen gedeiht eine gemäßigte Flora, die sich sehr gut an europäische Gärten anpasst. Der Himalaja faltete sich relativ spät auf und bildete eine Barriere gegen einwandernde Pflanzen sowie ökologische Nischen, die die Evolution neuer Spezies und somit eine erstaunliche Artenvielfalt begünstigten. Als man dann Wege fand, lebendes Pflanzenmaterial wohlbehalten zu transportieren, wurde die Ausbeute noch spektakulärer.

Das Leben eines Pflanzenjägers war nicht nur eitel Lust und Sonnenschein. George Forrest, einer der erfolgreichsten, schrieb vom Ufer des Saluen nach Hause:

> (…) die Insekten sind zahllos und lästig. Kreaturen mit überlangen Beinen plumpsen einem plötzlich in die Suppe; große Raupen mit prächtigen, aber giftigen Uniformen aus langen, kunterbunten Haaren erscheinen mit der entschlossenen Miene eines Gasts, der zu bleiben gedenkt, unter der Decke. Marienkäfer und andere Vertreter der *Coleoptera* fallen einem aus dem Dschungel in den Kragen, während weitere Unerwünschte unter die Wäsche kriechen (…), eine wahre Armee von Geschöpfen, die kriechen, krabbeln, summen oder stechen.

Er sollte noch viel größeren Gefahren begegnen …

Ginkgobaum

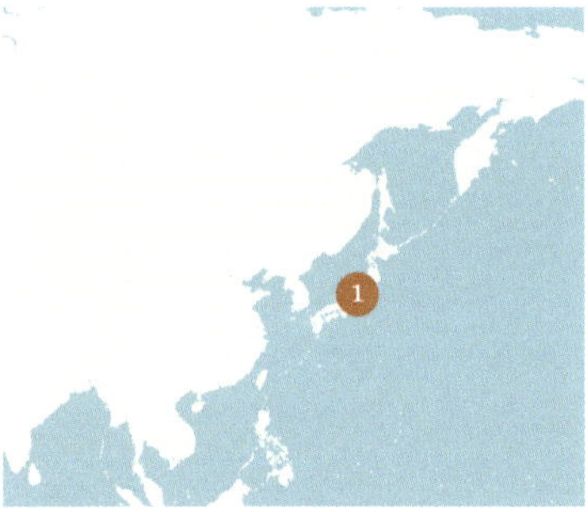

Wissenschaftlicher Name
Ginkgo biloba

Botaniker
Engelbert Kaempfer

Fundort
Japan

Jahr
1712

DER GINKGO IST der ultimative Überlebenskünstler. Er existiert seit wenigstens 240 Millionen Jahren auf diesem Planeten – aus dieser Zeit datieren die ältesten fossilen Überreste, die man auf dem Karoo-Hochplateau in Südafrika fand. Einst bedeckten Ginkgos weite Teile der Welt, sie wuchsen im arktischen Kanada, auf Grönland, in Nordamerika, Afrika, Asien und Europa. Doch vor etwa 100 Millionen Jahren begannen sie zu schwinden. Heute kommen sie nur noch an zwei Orten wild vor, beide liegen abgeschieden im Süden Chinas, und die Bestände sind so gering, dass man lange dachte, der Baum sei in der Natur ausgestorben. Über Jahrmillionen reduzierte sich eine große Vielfalt von Ginkgos auf nur eine einzige Spezies – doch auf eine Spezies, die so einzigartig ist, dass sie eine Gattung (*Ginkgo*), eine Familie (*Ginkgoaceae*) und eine Art (*Ginkgo biloba*) für sich allein bildet.

Der Ginkgo hat das Auseinanderbrechen von Superkontinenten, verheerende Meteoriteneinschläge, extreme Klimawandel und das Aussterben der Dinosaurier überlebt. Er überlebte sogar eine Atombombe: In Hiroshima wachsen noch immer sechs Ginkgobäume, keine zwei Kilometer vom Epizentrum der Detonation von 1945 entfernt, bei der 140 000 Menschen starben. Diese außerordentliche Widerstandsfähigkeit ermöglichte es dem Baum, im Anthropozän zu wachsen und zu gedeihen. Die wilde Population ist zwar vom Aussterben bedroht, doch in unseren Gärten und Parks ist der Baum ein vertrauter Anblick. Weltweit pflanzt man ihn an Straßen, allein in New York stehen mehr als 16 000 Ginkgos, in Japan ist er der verbreitetste Straßenbaum. Er widersteht Trockenzeiten, Krankheiten und Luftverschmutzung. Einen Nachteil jedoch hat er – er ist zweihäusig, d. h., es gibt männliche und weibliche Bäume. Die männlichen Bäume bilden winzige Zapfen, die weiblichen tragen gelbe Früchte, die Aprikosen ähneln. Doch sie duften nicht so

Unbekannter chinesischer Künstler, *Ginkgo biloba*, aus der Sammlung von Robert Fortune, Kew, um 1850–1860.

Chinese name
白 Pih
菓 kwo
樹 Shoo

Rory McEwen, *East 61st Street, New York* (*Ginkgo biloba*), aus der Shirley Sherwood Collection, 1980.

köstlich wie Aprikosen – wenn sie reifen, riechen sie nach Erbrochenem. Wen wundert es da, dass für gewöhnlich männliche Ginkgos gepflanzt werden ...

Der Ginkgo wurde für die westliche Forschung in Japan entdeckt. Wahrscheinlich gelangte er im 6. oder 7. Jahrhundert aus seiner Heimat, zusammen mit der chinesischen Schrift, chinesischer Medizin, chinesischen Bau- und Gartenstilen und dem Buddhismus, nach Japan. Wie in China wurden die Bäume auch dort häufig in Tempelbezirken gepflanzt und wegen ihrer Langlebigkeit verehrt. In China steht noch ein Baum, dessen Alter man auf 3500 Jahre schätzt. Und in einem Tempel sah Engelbert Kaempfer (1651–1716), ein deutscher Arzt in Diensten der Niederländischen Ostindien-Kompanie, denn auch seinen ersten Ginkgo und beschrieb in *Amoenitatum Exoticarum* (1712) die Ähnlichkeit seiner fächerförmigen Blätter mit denen des Frauenhaarfarns (*Adiantum*), weshalb der Ginkgo auch »Mädchenhaarbaum« genannt wird. Kaempfer beschrieb auch Aukube, Skimmie, Hortensie, Winterblüte, verschiedene Lilien und über 30 Kamelien-Arten.

Oft genug ist die Pflanzenjagd untrennbar mit kolonialer Arroganz verbunden, doch in Kaempfers Fall war das anders. Ab den 1630er-Jahren verfolgten die Tokugawa-Shogune, die militärischen Herrscher Japans, eine Isolationspolitik, die *Sakoku* (Abschließung) genannt wird. Kein Japaner durfte das Land verlassen, der Außenhandel wurde streng kontrolliert über fünf Niederlassungen abgewickelt, von denen nur eine dem Westen offenstand. 1639 wurden die letzten Portugiesen des Landes verwiesen. Nur der Niederländischen Ostindien-Kompanie war auf einer kleinen künstlichen Insel in der Bucht von Nagasaki eine Faktorei erlaubt, die aber selten ein Händler verlassen durfte. Kaempfer verbrachte als Arzt zwei Jahre (1690–1692) in der klaustrophobischen Atmosphäre auf Dejima. Eigentlich hatte er sich einen Posten in Batavia (Java) erhofft, um in den Tropen botanisieren zu können, doch zehn Jahre des Reisens durch Persien, Indien, Siam und Java hatten ihn zu einem ungewöhnlich flexiblen, vorurteilsfreien Menschen gemacht, und so kam er nur getrieben von seiner unersättlichen Neugier in Japan an.

Nur einmal im Jahr durfte eine holländische Delegation die streng bewachte Brücke passieren und sich auf die Reise nach Edo (heute: Tokio) machen, um dem Kaiser ihre Ehrerbietung zu erweisen. Diese Reise dauerte zwei Monate und gab Kaempfer Gelegenheit, nicht nur Pflanzen, sondern auch Eindrücke von einer dem Westen ganz fremden Kultur zu sammeln. Er gab vor, Pflanzen zu zeichnen, die er am Wegesrand gepflückt hatte (was streng verboten war), und machte sich schnell einige Notizen. Er beschrieb Städte, Dörfer und Flecken, Fürsten und Pferdewächter, das Heilbaden in heißem Quellwasser, Herbergen mit »artigen Gärten«, die besondere Blumensteckkunst, Bettelmönche und -nonnen, Burgen und Badestuben.

In Edo staunte die Delegation und wurde ihrerseits bestaunt: Während der Audienz musste sie auf höchsten Wunsch »ordentliche Affenpossen ausüben (...), tanzen, springen, einen betrunkenen Mann vorstellen (...), singen (...)« und wurde vom Kaiser ausgefragt. Den übrigen Japanern war es verboten, sich mit den verachteten Fremden frei zu unterhalten, doch Kaempfer bot den wenigen, die Dejima betreten durften, neben medizinischer Behandlung Informationen über westliche Medizin, Astronomie, Mathematik (dieses Wissen wurde als *Rangaku*, Hollandkunde, geschätzt) und Alkohol an: »Und (...) teilte mit ihnen dann auch ganz cordial bei diesem Unterricht beliebte europäische Liqueurs. Dies machte sie mir so gewogen, dass ich (...) nach allem, was ich wollte, mich erkundigen konnte.«

All dies floss in sein Buch *Die Geschichte und Beschreibung von Japan* ein, das den europäischen Blick auf Japan über 200 Jahre lang bestimmte und vom Tapetendesign bis zum Libretto der Operette *Der Mikado* von Gilbert und Sullivan alles beeinflusste. Nichts davon, so hielt Kaempfer dankbar fest, wäre ohne die Hilfe seines Dolmetschers und Kulturvermittlers Gen-emon Imamura möglich gewesen. Dieser »gelehrte Jüngling« aus Nagasaki erlernte nicht nur mit erstaunlicher Schnelligkeit Niederländisch (es war ein Kapitalverbrechen, Ausländern Japanisch beizubringen), sondern riskierte auch viel, um Kaempfer mit Büchern und verbotenen Landkarten zu versorgen.

Offenbar fehlten Kaempfer Zeit und Geld und so konnte sein Buch erst 1777, lange nach seinem Tod, auf Deutsch erscheinen. Doch schon 1727 kam (ebenfalls posthum) eine englische Ausgabe heraus und wurde ein Bestseller. Sir Hans Sloane (dessen Sammlungen den Grundstock für das British Museum legten) hatte das Manuskript gekauft und von seinem Schweizer Bibliothekar Johann Caspar Scheuchzer übersetzen lassen, der es mit eigenen Ausschmückungen und Zeichnungen versah.

Mehr als 300 Jahre lang glaubte man, Kaempfer habe den Ginkgo in Europa eingeführt, und die ehrwürdigen Bäume im Botanischen Garten Utrecht (Niederlande) seien aus Samen gesprossen, mit denen er 1693 heimkehrte. Doch 2010 ergab eine genetische Untersuchung, dass diese Bäume höchstwahrscheinlich aus

Korea stammen. Wie sie nach Europa gelangten, weiß niemand. Der Londoner Gärtner James Gordon zog in den 1750er-Jahren Ginkgos, die wohl direkt aus China kamen, und lieferte wahrscheinlich den Baum, der 1762 in Kew gepflanzt wurde. 1784 erreichten die Ginkgos auch Amerika, der Gärtner William Hamilton hatte sie für seine exotische Baumsammlung in Philadelphia geordert. Einen seiner drei Bäume schenkte er dem Pflanzenjäger John Bartram (siehe Seite 222 ff.), und noch heute steht dieser wohl älteste Ginkgo des amerikanischen Kontinents im Bartram-Garten am Schuylkill River.

Noch immer gibt der Ginkgo Rätsel auf. Ist er das fehlende Glied zwischen Farnen und Nadelbäumen? Ist er ein Wundermittel gegen Demenz? Selbst sein Name ist seltsam. Kaempfer transkribierte das sinojapanische *ginkyo*, das »Silber-Aprikose« bedeutet, als »Gink-go«. Inzwischen glauben einige Forscher, dass es sich nicht um einen Fehler handelte, sondern um eine getreue Wiedergabe der Aussprache im nagasakischen Dialekt, den Kaempfers Helfer Gen-emon sprach. Linné übernahm den »Ginkgo«, als er ihm seinen wissenschaftlichen Namen gab.

Thomas Duncanson, *Ginkgo biloba* (syn. *Salisburia adiantifolia*), Kew Collection, 1823. Pollentragende Kätzchen und junge Blätter (männlicher Ginkgo).

Hortensie 'Otaksa'

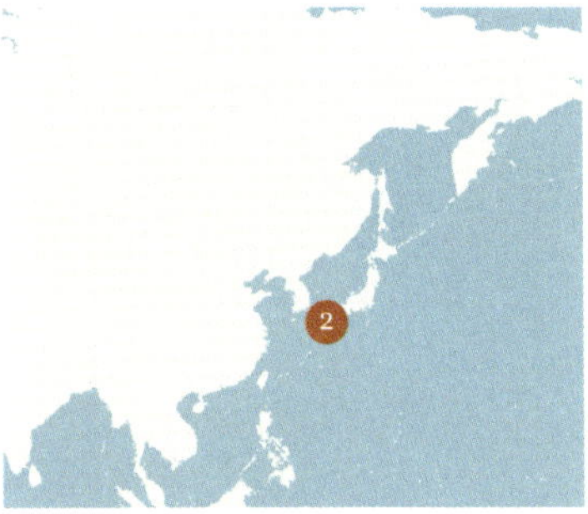

Wissenschaftlicher Name
***Hydrangea macrophylla* 'Otaksa'**

Botaniker
Philipp Franz von Siebold

Fundort
Japan

Jahr
1839

DAS JAPANISCHE FEST *Hanami* ist weltbekannt: Im Frühling versammeln sich Freunde und Familien, um die vergängliche Pracht der Kirschblüte zu betrachten. Weniger bekannt ist, dass in der Regensaison ab Juni eine andere Blüte die Blicke auf sich zieht – die der *Ajisai*, der Hortensie. Die in Japan, China und Korea heimische Pflanze wird in Japan spätestens seit dem 8. Jahrhundert kultiviert, doch während der Edo-Zeit sank ihr Ansehen beim Kriegerstand der Samurai. Das lag in einem Umstand begründet, dem sich ein anderer Name der *Ajisai* verdankt: *Nanahenge* (七変化), was »sieben Verwandlungen« bedeutet: Mehrere japanische Arten (insbesondere *Hydrangea macrophylla* und *H. serrata*) ändern ihre Farbe je nach Standort, auf sauren Böden bilden sie blaue oder lila Blüten aus, auf alkalischen rosa oder rote. Dieses Merkmal, in dem die Dichter ein Symbol für ein wankelmütiges Herz sahen, wurde von den Samurai, denen Treue und Beständigkeit als Kardinaltugenden galten, verachtet. (Trotzdem werden rosa Hortensien als Liebesbeweis traditionell zum vierten Hochzeitstag verschenkt.)

Andere, wie die Wald- (*H. arborescens*) und die Eichenblättrige Hortensie (*H. quercifolia*), sind in Nordamerika heimisch und waren die ersten Arten, die nach Europa kamen, importiert vom pflanzensüchtigen Londoner Tuchhändler Peter Collinson (siehe Seite 222). Die Einführung der ersten japanischen Hortensien beanspruchte der schwedische Botaniker Carl Peter Thunberg (1743–1828) für sich. Nach seinem Studium in Uppsala bei Linné, dem Vater der systematischen Biologie, setzte Thunberg alles daran, in das noch immer isolierte Japan zu kommen. Nachdem er in Kapstadt sein Niederländisch perfektioniert hatte (siehe Seite 183), verbrachte er 16 Monate (1775–1776) als Arzt im holländischen Handelsposten Dejima. Auf der streng bewachten Insel lebten nur 14 Europäer und einige

Die *Hydrangea macrophylla* var. *serrata* malte der japanische Botaniker und Entomologe Kan-en Iwasaki (1786–1842), bevor ein westlicher Botaniker sie beschrieb.

一種

土常山

一名三百頭牛薬 甘草 蘐明

きあまちや

草ニあまちやと云物ハ救荒本草の紋殿藍あり

諸国深山の産ニして生ル葉ハがくニ似て狭く六月花あり中ニ小さき碧花あつまる周ニ四五弁の白花を開き日を経て紅色を添形全くがくニ似たり葉の味ひ甘し葉を採蒸て青汁を去飲とし四月佛事ニ用るあまちや是なり

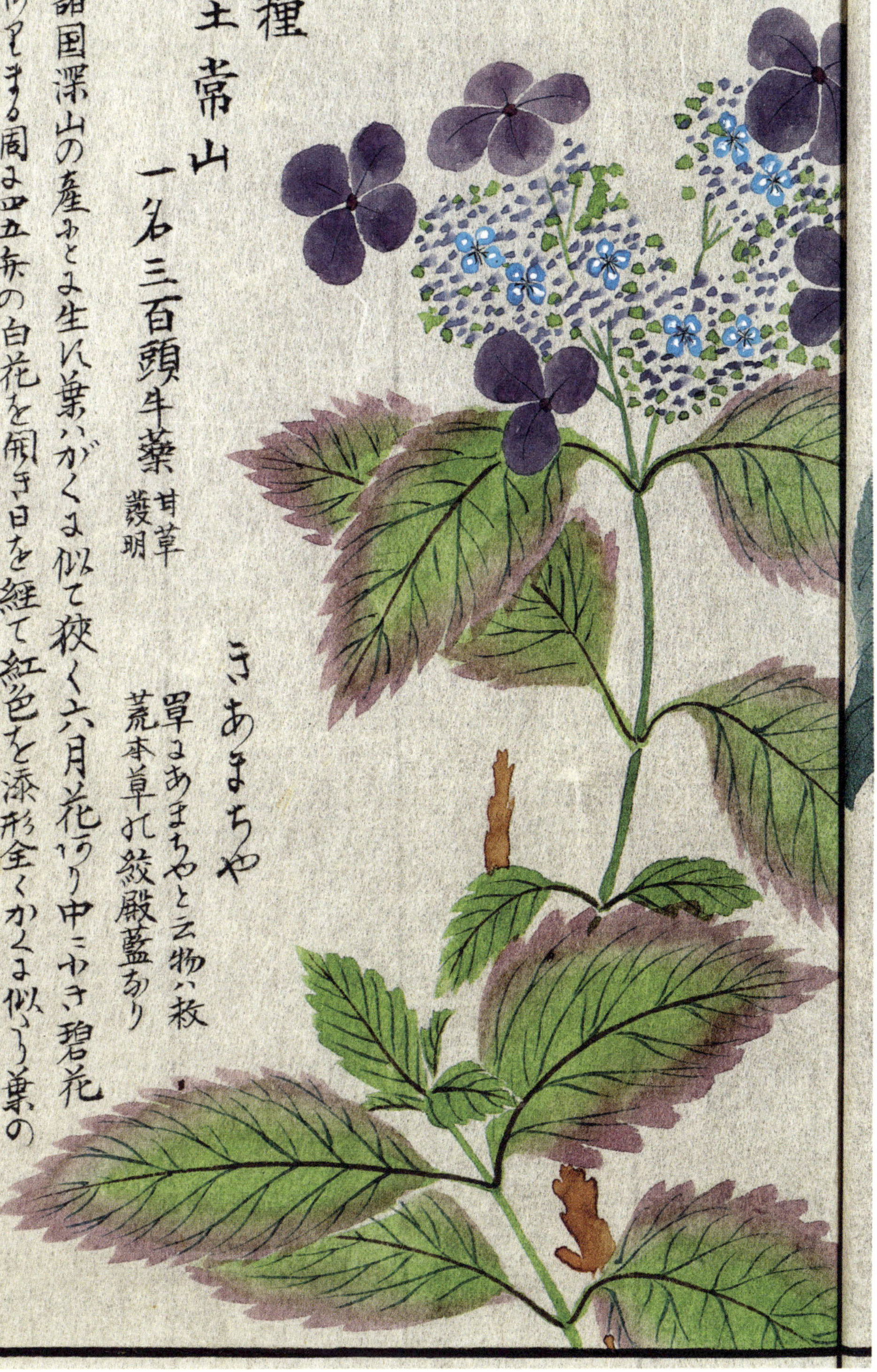

Sklaven, beaufsichtigt von Scharen japanischer Beamter und Dolmetscher, die abends die Insel verließen, wenn die Tore geschlossen wurden, und die Bewohner »wie tot und begraben« zurückließen. Pflanzen zu sammeln war da schwierig. Anfangs wühlte sich Thunberg durch das Grünfutter, das fürs Vieh geliefert wurde:

> Ich pflegte dies Futter, jedes Mal, so wie es gebracht wurde, zu durchsuchen, und die darunter befindlichen seltnen Gewächse herauszunehmen, die ich hernach trocknete und in Herbarien sammelte; denn auf dem Felde durfte ich dergleichen selbst nicht sammeln.

So fand er u. a. zwei Hortensien. Nach vielen bürokratischen Wirren durfte er endlich in der Umgebung von Nagasaki botanisieren, doch nur in Begleitung vieler »Ober- und Unterdolmetscher, Ober- und Unterbeamter«, die er anschließend in ein Wirtshaus einladen musste – seine Exkursionen kamen ihn teuer zu stehen. Doch es gelang ihm, einen Garten auf der Insel anzulegen und lebende Pflanzen nach Amsterdam zu schicken, darunter zwei Palmfarne (*Cycas revoluta*), mehrere Zierahorne und eine Berberitze (*Berberis thunbergii*). 1776 konnte er mit der jährlichen Gesandtschaft nach Edo an den Kaiserhof reisen und nutzte jede Gelegenheit, seiner »ängstlichen und keuchenden Begleitung« davonzulaufen und »eine ziemlich große Menge der seltensten Gewächse, die in Blüte gekommen waren, zu sammeln und in mein Schnupftuch zu legen«. In Osaka besuchte er den »botanischen Garten« und gab dort so viel Geld aus, wie er erübrigen konnte, für die »seltensten Sachen, besonders Bäume und Sträucher in Töpfe gepflanzt«. Thunbergs *Flora Japonica* erschien 1784, seine Notizen zur Tierwelt flossen in die *Fauna Japonica* ein, die Philipp Franz von Siebold, der dritte wissbegierige europäische Arzt auf Dejima, ab 1833 veröffentlichte.

Von Siebold (1796–1866) wurde in Würzburg geboren. Er stammte aus einer angesehenen Arztfamilie und wurde selbst ein Experte auf dem Gebiet der Augenheilkunde. Fasziniert von den südamerikanischen Abenteuern Alexander von Humboldts (siehe Seite 258 ff.) heuerte er als Stabsarzt bei der Niederländischen Ostindien-Kompanie an und erreicht Dejima im August 1823. Er sollte nicht nur in der Faktorei tätig sein, sondern auch wirtschaftliche, politische und militärische Informationen für die Republik der Niederlande sammeln. Es gelang ihm, wie zuvor

Thunberg, gute Beziehungen zu seinen japanischen Dolmetschern wie auch einigen Naturforschern und Medizinern aufzubauen. Nachdem er einen hohen Beamten erfolgreich behandelt hatte, erhielt Siebold die außerordentliche Erlaubnis, Patienten in Nagasaki zu besuchen. Er verlangte kein Geld für seine Dienste, ließ sich aber gerne beschenken, mit Handwerkskunst, Büchern – und Pflanzen, die er in seinem winzigen Garten auf Dejima hegte. 1824 erlaubte man ihm sogar, am Stadtrand von Nagasaki eine *Juku* (Schule) zu gründen, die bald zu einem Anziehungspunkt für alle wurde, die sich für westliche Medizin interessierten. Er demonstrierte den Einsatz von Belladonna zur Erweiterung der Pupillen bei Staroperationen – eine Methode, die in Japan unbekannt war –, führte Pockenimpfungen vor und hielt Vorträge auf Niederländisch, die von seinen Studenten übersetzt wurden. Sie verfassten auch Aufsätze, ebenfalls auf Niederländisch, über japanische Medizin und andere Themen, die ihm wertvolles Material für sein Monumentalwerk *Nippon* lieferten, das er nach seiner Rückkehr nach Europa veröffentlichte. An der *Juku* hatte Siebold einen zweiten Garten mit eigenen Funden und Pflanzen, die ihm aus ganz Japan gebracht wurden.

1826 war es an Siebold, an den Hof nach Edo zu reisen. Dort überredete er den Augenarzt des Shoguns, einen *Kosode* – einen zeremoniellen, mit dem Tokugawa-

Hydrangea serrata var. *japonica*, aus *Honzō Zufu*, 1835–1844, dem großen botanischen Werk von Kan-en Iwasaki, auch Iwasaki Tsunemasa genannt.

Wappen bestickten Kimono – gegen ein Fläschchen seiner »magischen« Belladonna-Tropfen einzutauschen. Auf dieser Reise gelang es ihm auch, einige Landkarten der besten Geographen Japans zu kopieren – er bot dem Hofastronom dafür ein ins Land geschmuggeltes Buch über die erste russische Weltumseglung an (ein faszinierendes Thema, denn seit gut 200 Jahren durften in Japan keine ozeantauglichen Schiffe gebaut werden). Beide, der Fremde und der Japaner, gingen ein hohes Risiko ein, ihr Tausch galt als Hochverrat, ihnen drohte die Todesstrafe.

Fast wäre Siebold ungeschoren davongekommen. Die niederländischen Händler waren gewiefte Schmuggler (Thunberg erzählte von einem Holländer, der einen Papagei in seinen überweiten Hosenbeinen versteckt fast außer Landes gebracht hätte – wenn der Vogel nicht gesprochen hätte). Die Karten und der Kimono wurden mitsamt einiger Pflanzen, mit denen Siebold in Gent eine Sammlung aufbauen wollte – viele waren Geschenke des japanischen Botanikers Keisuke Ito –, auf einem holländischen Segler verstaut. Doch das Schiff lief in einem Sturm vor Nagasaki auf Grund, wurde entladen – und Siebolds geheimer Schatz entdeckt. Die Strafe war hart: Der Hofastronom Takahashi Kageyasu starb in der Haft, vermutlich durch Selbstmord, Siebold wurde beschuldigt, für Russland zu spionieren, und unter Hausarrest gestellt.

Nach einem Jahr wurde Siebold am 22. Oktober 1829 aus Japan ausgewiesen und reiste nach Batavia. Zurück blieben seine zweijährige Tochter Ine und seine

Die künstliche Insel Dejima mit der niederländischen Faktorei war nur über eine streng bewachte Brücke mit der Stadt Nagasaki verbunden.

japanische »Ehefrau« Kusumoto Taki, die man nicht ausreisen ließ. Weil auf Dejima keine ausländischen Frauen leben durften, war es Brauch geworden, die Niederländer mit japanischen *Tajoz*, »Haushälterinnen«, zu versorgen. Die 16-jährige Taki hatte man aus Nagasakis Freudenviertel Maruyama auf die Insel beordert, daher dürften ihre Pflichten sich nicht aufs Staubwischen beschränkt haben. Sie lebten die sechs Jahre zusammen, die Siebold auf Dejima verbrachte, und es scheint, als habe Taki ihn lieb gewonnen. In einem Brief, den sie ein Jahr nach seiner erzwungenen Abreise schrieb, berichtete sie von ihrem Kummer: »Nicht ein Tag vergeht, an dem ich nicht weinen muss.« Ine, erzählte sie weiter, fragte ständig nach ihrem Vater. (Kusumoto Ine studierte später, wurde eine führende Augenärztin und die erste japanische Ärztin, die europäische Medizin praktizierte.) Taki unterschrieb den Brief mit »Sonogi«, ihrem Geisha-Namen. Siebolds Kosename für sie war »Otakusa« oder »Otaksa«, und als er in der Nähe seiner Schule eine besonders schöne blaue Hortensie mit großen Blütenköpfen fand, benannte er sie nach seiner Geliebten. Heutzutage gilt die *H. otaksa* nicht mehr als eigene Art, sondern wird den *H. macrophylla* zugeordnet (die Nomenklatur der Hortensien ist ein umstritte-

Siebold beobachtet ein holländisches Schiff bei der Einfahrt in den Hafen von Nagasaki. Bei ihm ist seine Geliebte Sonogi mit der kleinen Tochter. Kawahara Keiga, der für Siebold auf Dejima Pflanzen und Tiere malte, hielt die Szene fest.

nes Feld). Von Gärtnern wird sie wegen ihrer großen kugeligen Blüten und ihres leuchtend grünen Laubs hoch geschätzt. Auf Siebolds Herbarxemplar steht als Name übrigens »Sonogi«.

1830 kehrte Siebold nach Europa zurück und ließ sich im niederländischen Leiden nieder. Die 80 Pflanzen (darunter Bambus, Azaleen, Kamelien, Lilien und Hortensien), die die lange Reise von Nagasaki überlebt hatten, schenkte er dem berühmten botanischen Garten der Stadt. Der erste Teil seiner *Flora Japonica*, an der er mit dem Münchner Botaniker Joseph Gerhard Zuccarini gearbeitet hatte, erschien 1835 bis 1841, der zweite erst 1870.

1853 zwang Commodore Matthew Perry, der einen Verband amerikanischer Kanonenboote kommandierte, den Shogun, Japan für den Handel mit dem Westen zu öffnen. 1859 öffnete sich Nagasaki als Vertragshafen, und im selben Jahr noch wurde Siebolds Verbannung aufgehoben und er kehrte nach 30 Jahren nach Japan zurück. Taki hatte (wieder) geheiratet und auch er war verheiratet. Er nahm seinen 13-jährigen deutschen Sohn mit auf die Reise. Siebold fand eine andere japanische Geliebte, und sie wurde schwanger. Seine japanische Tochter Ine wollte daraufhin nichts mehr mit ihm zu tun haben. Auch Siebolds Hoffnung auf einen offiziellen Posten wurde enttäuscht, und so fuhr er 1861 betrübt nach Leiden zurück. Doch als Pflanzenjäger hatte er mehr Glück. Er brachte *H. paniculata*, den Japanischen Zierapfel *Malus* x *floribunda*, die Frühlingsspiere (*Spiraea thunbergii*) und die herrlich blühende Kirsche *Prunus* x *sieboldii* mit.

Unsere Gärten und Wohnzimmer verdanken Siebold viele weitere schöne Pflanzen, darunter zwei Funkien, *Hosta sieboldiana* und *H. sieboldii*, die Zimmeraralie (*Fatsia japonica*), die Japanische Zierquitte (*Chaenomeles japonica*), die aparte Siebold-Waldrebe (*Clematis florida sieboldii*) und den herrlich seidigen Blauregen *Wisteria brachybotrys*, der in Japan ob seines Dufts hoch geschätzt wird. Weniger glücklich ist man in Europa und Nordamerika mit dem Japanischen Staudenknöterich (*Reynoutria japonica* oder *Fallopia japonica*), der sich ohne natürliche Konkurrenz ungezügelt verbreitet. All dieser Wildwuchs entstand aus einer einzigen weiblichen Pflanze, die Siebold gesammelt hatte.

Anne Barnard, Japanischer Staudenknöterich, *Reynoutria japonica*, aus *Curtis's Botanical Magazine*, 1880.

Blauregen

Wissenschaftlicher Name
Wisteria sinensis
Botaniker
John Reeves
Fundort
China
Jahr
1816

DER BLAUREGEN GEHÖRT zur Familie der Schmetterlingsblütler. Die verholzende Kletterpflanze stammt aus Zentralchina und hat heute Liebhaber in Europa, Nord- und Südamerika. Selten wirkt er spektakulärer als in historischen italienischen Gärten wie Ninfa (bei Rom) oder La Pietra und Giardino Bardini in Florenz, wo er altes Mauerwerk einhüllt und in Kaskaden von Brücken und Pergolen wallt. Fast alle diese Pflanzen lassen sich auf einen einzigen Ort zurückführen: den Garten eines chinesischen Händlers in Kanton (heute: Guangzhou).

Aus diesem Garten gelangten 1816 zwei Stecklinge in den Westen. Geschickt hatte sie John Reeves (1774–1856), der Vize-Teeinspektor der Britischen Ostindien-Kompanie, der 1812 in Kanton eingetroffen war. Kanton war damals der einzige chinesische Hafen, der dem Westen für den Handel offenstand. Die Europäer lebten in wenigen Straßen zwischen Fluss und Stadtmauer und konnten ihre Geschäfte nur über eine Handvoll vom Kaiser auserwählter kantonesischer Mittelsmänner abwickeln, die Hong oder Co-Hong. Einige wurden unermesslich reich (kurz vor dem ersten Opiumkrieg [siehe Seite 84] galt der Kaufmann Howqua als reichster Mann der Welt) und legten einen guten Teil ihres Vermögens in prächtigen Gärten an.

Dort wurden opulente Feste gefeiert, zu denen die wichtigsten Händler eingeladen wurden. Der Kaufmann Puankhequa und dessen Bruder, der nur als »der Gutsherr« bekannt war, standen in dem Ruf, die schönsten Gärten von Kanton zu haben. Reeves berichtete staunend vom Garten des »Gutsherrn«, den 2000 bis 3000 Töpfe mit wunderbaren Chrysanthemen schmückten. – Er schrieb an Joseph Banks, der ihn vor seiner Reise nach China gebeten hatte, für ihn Pflanzen und Informationen zu allen möglichen Sujets von chinesischen Gottheiten bis zu Tee zu sammeln. – Doch den Blauregen entdeckte Reeves im Garten seines Freundes

Wisteria sinensis, aus John Reeves' Sammlung botanischer Zeichnungen aus Kanton, China.

Consequa. Dieser hatte die Wisterie von einer Pflanze vermehrt, die sein Neffe Tinqua aus Zhangzhou in der Provinz Fujian mitgebracht hatte, wusste aber nicht, ob es eine wilde oder eine kultivierte Pflanze gewesen war.

Nur dreimal im Monat war es den Europäern gestattet, flussaufwärts in einen Vorort zu rudern, in dem die reichen Chinesen ihre Gärten hatten und wo es eine Handelsgärtnerei gab, die Fa-Ti, »Blumenland«, genannt wurde. Für Reeves und nachfolgende Sammler, die von der Horticultural Society ausgeschickt wurden, wie

Wisteria sinensis wurde für den englischen Cottage-Garten schnell unverzichtbar, dieses prachtvolle Exemplar malte Stanley Spencer 1942 in Cookham.

etwa Robert Fortune, war sie ein Paradies. Die Gärtnerei vermietete Topfpflanzen und verkaufte Schnittblumen, Samen und Pflanzen aller Art, vor allem Pfingstrosen, Chrysanthemen, Orchideen, Kamelien und Azaleen. Doch Blauregen (oder andere Wildpflanzen) wollte man dort nur vermehren, wenn Reeves im Voraus zahlte.

Vielleicht vermehrte Reeves selbst einen Blauregen über einen Ableger. Er hegte jedenfalls wenigstens zwei Stecklinge und zog sie in den Kisten, in denen sie transportiert werden sollten, so groß, dass sie die Reise überstehen konnten. Während der 18 Jahre, die er in China verbrachte, verschickte er mehrere Hundert Pflanzen, wohlverpackt in Kisten mit »Fenstern« aus Austernschalen. Einen bewurzelten Steckling übergab er Robert Welbank, dem Kapitän des Ostindienfahrers *Cuffnells*, der Kanton Ende 1815 verließ und am 4. Mai 1816 England erreichte. Der zweite kam eine Woche später, am 11. Mai, mit Reeves an Bord der *Warren Hastings* unter dem Kommando von Richard Rawes an. (Beide Kapitäne wurden botanische Helden – sie brachten die ersten Kamelien nach Großbritannien.)

Der erste Steckling wurde an Charles Hampden Turner, einen begeisterten Londoner Gärtner, geliefert, der die Pflanze mitnahm, als er aufs Land nach Surrey zog. Es grenzt an ein kleines Wunder, dass sie überlebte: Zuerst stand sie in einem auf 29 °C geheizten Pfirsichhaus, wo Karminspinnmilben über sie herfielen, dann wurde sie an einen schattigen Ort versetzt, an dem sie wenigstens dreimal durchfror. Doch 1819 war sie so gesund, dass sie für *Curtis's Botanical Magazine* illustriert wurde – unter dem Namen *Glycine sinensis*, obwohl Reeves zu Ehren seines Freundes den Namen *Wisteria consequana* vorgeschlagen hatte. 1825 gedieh einer ihrer Abkömmlinge im Garten der Horticultural Society in Chiswick prächtig, über 500 Blütentrauben soll er getragen haben.

Die zweite Pflanze hatte es leichter. Sie ging an Rawes' Schwager Thomas Carey Palmer, der sie in seinem Garten in Bromley hegte. 1818 konnte er einen Ableger an den Gärtner James Lee in Hammersmith abgeben. Um 1820 kaufte die berühmte Gärtnerei Loddiges in Hackney eine Pflanze von Turner. Diese ersten Exemplare hatten einen astronomischen Preis: umgerechnet je etwa 170 000 Pfund.

1817 war Reeves wieder auf dem Weg nach China. Er war lange genug zu Hause geblieben, um zu heiraten (seine Frau blieb in England) und die Horticultural Society davon zu überzeugen, dass es sinnvoller wäre, anstelle von getrockneten Exemplaren Bilder zu schicken, die potenziell begehrenswerte Pflanzen wie den

Kan-en Iwasaki, *Wisteria sinensis*, aus
Honzō Zufu, 1835–1844.

Blauregen in all ihrer Pracht zeigen konnten. Sollten sie der Gesellschaft gefallen, könnte diese Sammler beauftragen, die Pflanzen zu besorgen. Das tat sie dann auch und schickte John Potts (1821) und John Dampier Parks (1823) aus. Reeves beschäftigte chinesische Künstler, die wir nur als Akut, Asung, Akan, Akew und Akona kennen (das Präfix »A« bezeichnet eine Person von niederem Stand), und sandte zwischen 1817 und 1831 mehr als 900 exquisite Zeichnungen nach England. In China gab es keine Tradition der akkuraten botanischen Malerei, Reeves musste den Künstlern also einen völlig neuen Malstil beibringen. Viele der so geschaffenen Bilder stellten Spezies dar, die in Europa bis dato unbekannt waren.

Reeves war nicht der erste Europäer, der mit chinesischen Künstlern zusammenarbeitete. 1767 war ein junger Händler der Ostindien-Kompanie, John Bradby Blake (1745–1773), für eine Saison in Kanton eingetroffen. Er machte die Bekanntschaft eines jungen Chinesen, Whang Atong (auch: Huang Ya Dong, 黃亞東, geb. 1753), der ihm beim Studium der chinesischen Flora und der chinesischen Sprache half. 1769 kehrte Blake nach Kanton zurück und begann die Arbeit an »einer vollständigen Chinensis von Zeichnungen nach der Natur kopiert«. Ein als Mauk-Sow-U bekannter Künstler fertigte die botanisch akkuraten Zeichnungen unter seiner Anleitung an, Whang Atong erklärte ihm, wie die Pflanzen verwendet wurden und half bei der Benennung. Blakes früher Tod beendete das Projekt 1773. Whang Atong reiste nach England, wo er von Blakes Vater willkommen geheißen und von Joshua Reynolds porträtiert wurde. Einige der Zeichnungen erhielt Joseph Banks als Geschenk. Er ließ sie als Merkhilfe für zukünftige Sammler kopieren.

Reeves kehrte 1831 nach England heim. Da wurde seine *Wisteria* schon begeistert in Europa und Nordamerika kultiviert. Der größte Blauregen der Welt soll in einem kalifornischen Garten stehen, in einigen der südöstlichen Bundesstaaten der USA sind Wisterien inzwischen zur Plage geworden. Der Chinesische Blauregen (*Wisteria sinensis*) hat einen sich gegen den Uhrzeigersinn windenden Stamm und nicht duftende Blüten, der Japanische (*W. floribunda*) einen sich im Uhrzeigersinn drehenden Stamm und duftende Blüten. In ihren natürlichen Habitaten leben diese Spezies geographisch isoliert. Doch wenn sie in einem Garten aufeinandertreffen, können sie sich kreuzen und ungeheuer wuchsfreudige Hybriden hervorbringen. Manche werden 20 Meter hoch, haben Stämme mit einem Umfang von 30 Zentimetern und sind schwer genug, den stärksten Baum umzuwerfen.

Tee

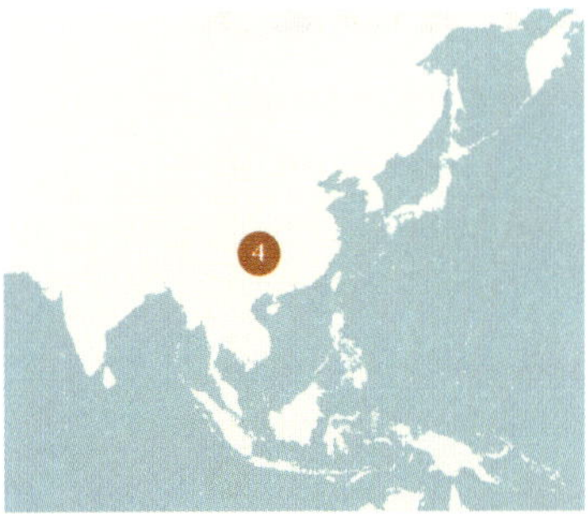

Wissenschaftlicher Name
Camellia sinensis* var. *sinensis

Botaniker
Robert Fortune

Fundort
China

Jahr
1849

»DIESES HOCHBERÜHMTE Land ist von den Nationen der westlichen Welt lange Zeit wie eine Art Feenreich betrachtet worden«, schrieb Robert Fortune in seinen Erinnerungen an die Jahre in China. Mitte des 18. Jahrhunderts waren Seiden, Porzellan und besonders der Tee aus diesem sagenhaften Land in Großbritannien heiß begehrt. Eine britische Delegation legte dem Qianlong-Kaiser 1792 vergebens einen Tauschhandel nahe. »Unser Himmlisches Reich besitzt alle Dinge im Überfluss und in seinen Grenzen herrscht kein Mangel«, schrieb der Kaiser George III. »Darum besteht keine Notwendigkeit, die Waren der ausländischen Barbaren im Tausch gegen unsere eigenen einzuführen.« – Wenn die Briten Tee wollten, mussten sie ihn mit Silber bezahlen. Und da die Chinesen die einzigen Anbieter waren, bestimmten sie den Preis.

Für die Britische Ostindien-Kompanie, die das Handelsmonopol mit China besaß, war das ein schwerer Schlag. Doch sie hatte eine Ware, an der Chinesen sehr wohl interessiert waren: Opium. Es wurde in Bengalen produziert, nach China geschmuggelt und gegen Silber verkauft. 1840 gab es in China 10 Millionen Süchtige, und man versuchte verzweifelt, den illegalen Handel zu stoppen. Und so brach Großbritannien den Ersten Opiumkrieg vom Zaun, um sein lukratives Drogengeschäft zu schützen. Es war eine Schande, doch die Briten profitierten. Ab 1757 hatten Ausländer nur in einem kleinen, streng bewachten Bezirk in Kanton (heute: Guangzhou) Handel treiben dürfen. Nun bekam Großbritannien die Kontrolle über Hongkong und Zugang zu vier neuen »Vertragshäfen«. Für China markierte der Vertrag von Nanking 1842 den Anfang des »Jahrhunderts der Demütigung«, und der Zorn auf die »Barbaren« war groß.

Und in diese angespannte Situation schickte die Horticultural Society of London einen Pflanzensammler – nur mit einem großen Stock (optimistisch als

Camellia sinensis, aus J. C. Lettsom,
The Natural History of the Tea-tree, 1799.

Green Tea.

Painted & Engrav'd by J. Miller. Publish'd according to Act of Parliament Dec 10th 1771.

»Lebensbewahrer« beschrieben, er bekam dann aber doch noch Pistolen) und einigen Empfehlungsschreiben bewaffnet. Robert Fortune (1812–1880) war damals für die Treibhäuser im Garten der Society in Chiswick verantwortlich. Dem 30-jährigen Schotten war es, obwohl er aus bescheidenen Verhältnissen stammte und seine Schulbildung begrenzt war, gelungen, die treibende Kraft der Society, den renommierten Botaniker John Lindley, und John Reeves (siehe Seite 78), ihren China-Experten, zu beeindrucken. Das offerierte Salär war mehr als bescheiden – umgerechnet 100 Pfund im Jahr –, die Wunschliste umso opulenter: Neben »Samen und Pflanzen der zierenden oder nützlichen Art, noch nicht in Großbritannien kultiviert«, sollte er »Informationen über den chinesischen Gartenbau und die Landwirtschaft einholen sowie über die Beschaffenheit des Klimas und seinen Einfluss auf die Vegetation«. Sein besonderes Augenmerk sollte den übergroßen »Pfirsichen von Peking, im Garten des Kaisers gezogen«, gefüllten gelben Rosen, »Teepflanzen von verschiedener Art«, »den Pflanzen, aus denen Reispapier gemacht wird« und »verschiedenen Sorten Bambus und ihrer Nutzbarmachung« gelten. Einiges auf der Liste existierte gar nicht, etwa blaue Pfingstrosen oder gelbe Kamelien, anderes klang phantastisch, existierte aber doch, wie die fingrige Zitrone (»Buddhas Hand«) und Lilien, »die gekocht und wie Maronen gegessen werden«.

Fortune kam pünktlich zur Taifun-Saison in China an. Als er in stürmischer See nach Amoy (heute: Xiamen) segelte, hätte ihn ein 14 Kilo schwerer Fisch, der

Walther Müller, *Camellia sinensis*, Farbtafel aus *Köhler's Medizinal-Pflanzen*, 1887.

durch das Oberlicht der Kajüte krachte, fast enthauptet. Das nächste Schiff tanzte drei Tage lang hilflos in den Wellenbergen, bevor es sich in einen Hafen retten konnte, und zwei Kisten mit Pflanzen, die er in Kanton gesammelt hatte, gingen verloren. Als er endlich an Land war, wurden er und seine Diener ausgeraubt. Amoy, schrieb er bitter, sei ein Nest von »Dieben und Piraten«, die Einwohner »zeichnen sich durch ihren Hass auf Fremde und aufgeblasene Vorstellungen von ihrer eigenen Wichtigkeit aus«. Trotz aller Unbill erreichte er Shanghai sicher und mit einer guten Ausbeute. Er war einer der ersten Europäer, die diesen Vertragshafen sahen, der im Verhältnis zum reichen Ningbo, mit seinen eleganten Gärten und reich bestückten Gärtnereien, noch recht klein war. Doch die Umgebung erwies sich als Zentrum des Pfingstrosenanbaus, und Fortune beschaffte viele neue Sorten, bevor er wieder nach Hongkong fuhr, um die ersten Pflanzen nach England zu schicken. Er verpackte sie in Wardschen Kisten – er nutzte sie als Erster regelmäßig. Und um ganz sicherzugehen, verteilte er die Lieferung auf drei robuste Schiffe.

Da »der Süden von China von früheren Botanikern schon geplündert war«, entschied Fortune, seine Bemühungen auf die nördlichen Vertragshäfen am Jangtse zu konzentrieren. Als Ausländer durfte er jedoch nur Tagesausflüge ins Umland machen. Wenn er ritt, hatte er vielleicht einen Aktionsradius von 50 Kilometern. Wenn es in Ningbo schon solch

Walter Hood Fitch, *Lamprocapnos spectabilis* (syn. *Dicentra spectabilis*), aus *Curtis's Botanical Magazine*, 1849.

Chinese name
Kin 金 golden
Tseen 銭 coin
Sung 松 pine
Young fruit.
Larix sp.
(Specimen 70,

eine Fülle von Pflanzen gab, wie viel mehr müsste er dann in der legendären Gartenstadt Suzhou finden, in der es die schönsten Blumen – und Frauen – Chinas geben sollte? Und so zog er in chinesischer Tracht, mit geschorenem Kopf und einem »ausgezeichnet schönen Zopf, auf den manch ein Chinese sich etwas eingebildet hätte«, flussaufwärts und erreichte Suzhou im Juni 1844. Er nannte sich übrigens Sing Wah, was »glückliche Blume« bedeutet. Obwohl er weniger Gärtnereien als erhofft fand, brachte Fortune »neue und wertvolle Pflanzen«, darunter eine gefüllte gelbe Rose, eine weiße Wisterie und eine »Gardenie mit großen weißen Blüten wie die einer Kamelie« mit. Zurück in Shanghai fand er zwischen den Gräbern vor den Stadtmauern die elegante Herbst-Anemone *Anemone hupehensis* var. *japonica*, die heute in so vielen europäischen Gärten blüht.

Nachdem er ein außerordentlich erfolgreiches, aber auch hartes und gefährliches Jahr für die Horticultural Society abgeleistet hatte, schrieb Fortune nach London und bat sehr höflich um eine Gehaltserhöhung. Doch die Herren, denen es an Geld nicht mangelte, lehnten ab:

> (...) die rein pekuniären Erträge Ihres Auftrags sollten in Ihren Erwägungen erst an zweiter Stelle kommen. Da Sie als Agent der Gesellschaft nach China reisten, wurden Ihnen Verbindungen und Gefälligkeiten zuteil, die vielen verwehrt bleiben, und durch Ihre Bemühungen in ihren Diensten werden Sie in einem ausgezeichneten Ansehen stehen, wie Sie es auf andere Weise schwerlich erlangen könnten (...)

Trotz dieser Abfuhr und ungeachtet der Malariaschübe, weiterer Raubüberfälle und zweier unerfreulicher Begegnungen mit Piraten sammelte er gewissenhaft weiter, brachte so viel wie möglich über Bonsais, Prachtglocken, Bambus, Reispapier und Tee in Erfahrung und schickte hunderte Pflanzen nach England. Im Dezember 1845 machte er sich samt 18 Kisten mit den wertvollsten Pflanzen auf die Heimreise. Besonders stolz war er auf die aparte Goldlärche *Pseudolarix amabilis* (noch immer eine Rarität). Er brachte auch einige Nutzpflanzen mit, wie Pak Choi, Kumquats und Chinesischen Spinat, und fand als Erster den Chinesischen Strahlengriffel, *Actinidia chinensis*, besser bekannt als Kiwi (die später von Ernest Wilson in Großbritannien eingeführt wurde) sowie einen rapsähnlichen Kohl.

Unbekannter chinesischer Künstler, *Pseudolarix amabilis* [Goldlärche], aus der Sammlung von Robert Fortune, Kew, um 1850–1860.

Fortunes Buch *Wanderungen in China* wurde ein großer Erfolg, und er selbst zum Kurator des Apothekergartens in Chelsea ernannt, dem er neues Leben einhauchte. Doch 1848 war er wieder auf dem Weg nach China, diesmal in Diensten der Ostindien-Kompanie, die sein Gehalt um 500 Prozent erhöht hatte. Sein Auftrag lautete, reichlich Samen und Sämlinge von Teepflanzen sowie Arbeiter, die sich mit der Kultivierung und der Verarbeitung auskannten, mitzubringen, denn die Kompanie wollte in Indien ihren eigenen Tee anbauen.

Man hat dieses Unterfangen als Industriespionage bezeichnet und Fortune als Spion, Betrüger und Dieb verurteilt, doch hätte er wohl kaum über 20 000 Samen und Sämlinge zusammen mit neun versierten Arbeitern außer Landes schaffen können, wenn ihm nicht chinesische Teebauern und -händler dabei geholfen hätten. Nachdem er die Gebiete, in denen die besten schwarzen und grünen Tees produziert wurden, erkundet hatte, musste Fortune Samen aus Gegenden mit unterschiedlichen klimatischen Bedingungen auftreiben, sie zu einem Sammelplatz bringen und von dort aus in den Botanischen Garten von Kalkutta verschiffen, wo sie gesichtet werden sollten. Er musste herausfinden, wie der Tee angebaut und wie er verarbeitet wurde. Als erster Europäer erkannte er, dass die schwarzen und grünen Tees nicht von verschiedenen Pflanzen stammten, wie man im Westen glaubte, sondern von derselben Spezies, die heute *Camellia sinensis* heißt. Es kommt allein darauf an, wie die Blätter getrocknet werden. Schließlich musste er Teearbeiter, die beide Geheimmethoden kannten, überreden, mitsamt ihrer Ausrüstung für drei Jahre nach Indien zu gehen, und sie für vier Monate im Voraus entlohnen. Wenn er in manchen Gegenden als Mandarin aus einer Provinz »hinter der Großen Mauer« verkleidet auftrat, war das wohl ratsam, denn das Land stand am Rand eines Bürgerkriegs – nicht zuletzt, weil die Kaiser die Briten nicht verjagt hatten.

Man sollte auch nicht vergessen, dass Fortune keineswegs der Erste war, der chinesische Teesamen nach Indien einführte. Schon 1774 war in Kalkutta mit Anpflanzungen experimentiert worden, und 1836 beschaffte George James Gordon, der Sekretär des neu gegründeten Tee-Komitees der Kolonie, eine große Lieferung, aus der 40 000 Pflanzen gezogen wurden. Außerdem war 1823 in Assam eine neue Teevarietät entdeckt worden: *C. sinensis* var. *assamica* – die chinesische ist *C. sinensis* var. *sinensis* –, und diese Varietät wurde später in ganz Indien angebaut und bescherte uns die berühmte britische Tasse Tee.

Fortune unternahm noch zwei erfolgreiche Sammelexpeditionen, bevor er in Indien nach seinen Teesamen sah. 1852 ging er noch einmal nach China, vor allem, um schließlich 17 »erstklassige Schwarztee-Macher für die experimentellen Teepflanzungen in Indien« anzuwerben. Die Teeplantagen der Ostindien-Kompanie waren seiner Ansicht nach schlecht verwaltet, viele lagen ungünstig im Nordwesten Indiens, die Böden waren häufig zu nass oder im Sommer zu trocken, oder die Sträucher wurden überpflückt. In diesen Regionen werden noch immer einige ausgezeichnete grüne Tees, die von chinesischen Pflanzen abstammen, produziert, doch die Vorliebe der Briten (sowie Australier und Ostfriesen) für kräftigen schwarzen Tee, den man mit Milch und Zucker trinkt, verlangt nach *Assamica*-Mischungen.

1858 bis 1859 sammelte Fortune in China für die Amerikaner Tee – diesem Versuch, in den Südstaaten eine Teeindustrie aufzubauen, setzte der Amerikanische Bürgerkrieg ein Ende. Da China während des Zweiten Opiumkriegs zu gefährlich war (die Briten hatten im Oktober 1860 den Kaiserlichen Sommerpalast in Peking zerstört), machte er 1860 bis 1861 seine letzte Reise nach Japan, wo er verschiedene Duftblüten, Primeln, die einfarbige männliche Form der *Aucuba japonica* (einen gefleckten weiblichen Klon kannte man in England schon) und die *Hosta fortunei* fand – die heute als alter japanischer Cultivar gilt, nicht als neue Art.

Als 1861 die Kämpfe einmal ruhten, konnte Fortune nach China zurückkehren und endlich Peking besuchen. Er fand wenige neue Pflanzen, dafür aber Insekten (21 Spezies sind nach ihm benannt). Mit der Zeit hatte er sich auch zu einem Kenner der chinesischen Kunst und des chinesischen Kunsthandwerks entwickelt, und der Handel mit diesen Objekten ermöglichte ihm ein gutes Auskommen, als er das Pflanzensammeln aufgab. Er starb als relativ wohlhabender Mann – ungewöhnlich für einen Pflanzenjäger. Unsere Gärten hat er reich beschenkt: Etwa 280 Pflanzen führte er ein (wobei einige nur in warmen Klimazonen wie in Australien gedeihen) – u. a. drei Mahonien, zwei Forsythien, den Winterjasmin (*Jasminum nudiflorum*), das Tränende Herz (*Dicentra spectabilis*, heute: *Lamprocapnos spectabilis*), den Japanischen Schneeball (*Viburnum plicatum* 'Sterile'), die Wohlriechende Heckenkirsche (*Lonicera fragrantissima*) und den Sternjasmin (*Trachelospermum jasminoides*).

Tohabaum

Wissenschaftlicher Name
Amherstia nobilis

Botaniker **John Crawfurd, Nathaniel Wallich**

Fundort
Myanmar

Jahr
1826

DER SCHOTTE John Crawfurd kam gleich nach dem Ende des Ersten Anglo-Birmanischen Kriegs als Gesandter nach Birma. Im April 1826 erblickte er an einer Biegung des Flusses Saluen eine Formation seltsam konischer Hügel. Ihr Kalkstein war von Höhlen durchlöchert, in denen man den Buddha verehrte. In der größten Höhle standen Hunderte Statuen und jede war mit Blumen geschmückt. Vor der Höhle lag ein verwilderter Klostergarten, und darin erspähte Crawfurd die Quelle dieses Schmucks: »einen Baum, etwa 20 Fuß hoch, reich behängt mit langen, hängenden Rispen von tiefrosa Blüten (...), so schön, dass nicht einmal ein der Botanik Unkundiger blicklos an ihm vorbeigehen könnte.« Vier Monate später zeigte er seinem Freund Nathaniel Wallich (1786–1854), dem Superintendenten des Botanischen Gartens von Kalkutta, getrocknete Blüten, und dieser war außer sich vor Freude: Der Baum, erklärte er, gehörte zu den Hülsenfrüchten, doch sei es eine völlig neue Gattung.

Wallich reiste im folgenden Jahr nach Birma und fand zwei kultivierte Exemplare des Baums, beide »verschwenderisch verziert mit hängenden Trauben von großen zinnoberroten Blüten, traumhaften Gebilden; sie sind in der Flora Ostindiens ohnegleichen, und ich nehme an, dass ihre Herrlichkeit und Eleganz in keinem Teil der Welt übertroffen wird.« Wallich nannte ihn *Amherstia nobilis*, als Verbeugung vor der Countess of Amherst, der Frau des Generalgouverneurs von Indien, und ihrer Tochter Lady Sarah Amherst. Beide Damen waren begeisterte Botanikerinnen und führten die weiße Form der *Clematis montana* in unsere Gärten ein.

Wallich musste die Expedition abbrechen, weil er schwer erkrankte. Während seines dreijährigen Genesungsurlaubs in England veröffentlichte er sein bahnbrechendes dreibändiges Werk über Pflanzen des indischen Subkontinents, *Plantae*

Vishnupersaud, *Amherstia nobilis*, aus N. Wallich, *Plantae Asiaticae Rariores*, 1830–1832.

Asiaticae Rariores (1830–1832). In den 1820er-Jahren hatten er und seine Assistenten fast 10 000 Arten für das Herbarium in Kalkutta (heute: Kolkata) gesammelt, und das Buch stellte wahre Wunder vor. Die rote Blütenpracht der *A. nobilis* weckte bei den europäischen Connaisseuren wie dem pflanzensüchtigen Duke of Devonshire sogleich Begehrlichkeiten. Aber so einfach war das nicht. Wallich war es gelungen, die *Amherstia* in Kalkutta zu etablieren, doch keiner der Sämlinge, die er nach Europa gesandt hatte, überlebte. So beschlossen der Herzog und sein überaus fähiger Gärtner Joseph Paxton, ihren eigenen Sammler nach Birma zu schicken.

Der Mann, den sie für diese Aufgabe auswählten, war John Gibson, ein 20-jähriger Untergärtner in Chatsworth, dem Landsitz des Herzogs in Derbyshire, der bis dato noch nicht einmal bis London gekommen war. Er wurde abwechselnd von Paxton, John Lindley, der als der führende Botaniker seiner Zeit galt, und einem Vertreter von Loddiges unterwiesen, einer Gärtnerei, die sich auf Exoten spezialisiert hatte und mit Neuerungen wie der Wardschen Kiste erfolgreich Pflanzen importierte. Gibson traf mit Geschenken für den botanischen Garten während der schwülen Regensaison im März 1836 in Kalkutta ein.

Wallich scheint Mitleid mit dem verwirrten jungen Mann empfunden zu haben, der in einem »furchtbar elenden« Zustand ankam. Er versprach Gibson, ihn nach Cherrapunji in den Khasi-Bergen zu schicken, dem vermutlich nassesten Ort auf diesem Planeten, an dem er aber mit Sicherheit alle Orchideen finden könnte, die sein Herr begehrte. Sollte es Gibson nicht gelingen, nach Birma zu kommen und eine *Amherstia* zu finden, so könnte er einen der jungen Bäume aus Kalkutta zu seinem Herzog bringen, der einer der Direktoren der Ostindien-Kompanie, der Eignerin des botanischen Gartens, war.

Nach Monaten des fieberhaften Suchens segelte Gibson mit vielen Orchideen und Wallichs beiden kostbaren *Amherstias*, in Wardschen Kisten an Deck verzurrt, nach England zurück. Doch dann geschah das Unglück: Die für den Herzog bestimmte *Amherstia* ging ein. Der untröstliche Mann schickte umgehend einen Brief an die Ostindien-Kompanie und bat um die verbleibende Pflanze. »Seien Sie versichert, dass es in England keinen Gärtner gibt, der fähiger wäre, sie zu ziehen und zu vermehren, als Mr. Paxton.« Doch selbst Paxtons legendärer grüner Daumen konnte dem Bäumchen keine Blüten entlocken, und irgendwann ging es ein – wie auch die drei Exemplare die 1846 nach Kew, an den Duke of Northumberland in Syon House und die Horticultural Society gingen. Erst die geduldige Pflege einer Frau brachte eine *Amherstia* zum Blühen. Im April 1849 konnte Louisa Lawrence, die Tochter eines wohlhabenden Kurzwarenhändlers, die ob ihrer gärtnerischen Fähigkeiten bewundert wurde, feiern, was keinem ihrer adligen Rivalen gelungen war: Wenigstens zwei üppige Blütentrauben hatte ihr knapp 3,4 Meter hoher Baum hervorgebracht. Die erste wurde »höchst angemessen« Königin Victoria überreicht, die zweite ging nach Kew, um für *Curtis's Botanical Magazine* illustriert zu werden. Ihr Bild erschien neben einem ausführlichen Bericht über die komplizierten Kultivierungsmethoden, die Mrs. Lawrence angewandt hatte. Der kleine Baum blühte unverdrossen für sie, bis er 1854 – ein Jahr vor ihrem Tod – nach Kew verpflanzt wurde. Dort wurde er der beherzten botanischen Malerin Marianne North zur Inspiration: »Er war der Erste, der in England blühte, und er weckte in mir die Sehnsucht nach den Tropen.« Drei Jahre später wurde er ins Palmenhaus versetzt und ging prompt ein. Glücklicherweise gelang es einer zweiten Frau, der Marchioness of Londonderry, die »seltenste Pflanze in England« zum Blühen zu bringen, und zwar in einem »speziell für sie erbauten Gewächshaus«. Die *Illustrated London News* berichtete im April 1857 über die Sensation.

In Kalkutta waren Wallichs seltene und schöne Bäume derweil zur Touristenattraktion geworden. Das freute Wallich, dem Besucher im botanischen Garten stets willkommen waren, doch für das Publikum war der Garten nicht gegründet worden.

Im Laufe des 19. Jahrhunderts entwickelte sich Kalkutta zum größten der kolonialen botanischen Gärten und zu einer bedeutenden wissenschaftlichen Institution, doch als Oberstleutnant Robert Kyd (1746–1793) den Garten 1786 gründete, wollte er nicht die botanische Forschung vorantreiben, sondern Bengalen zukünftig vor der »größten aller Katastrophen, der Entvölkerung durch eine Hungersnot« bewahren. Kyd wollte:

> (…) einen botanischen Garten, nicht zum Zwecke des Sammelns rarer Pflanzen (obzwar auch diese ihren Nutzen haben) als Objekte der Neugierde oder der Befriedigung eines wollüstigen Begehrens, sondern um einen Bestand anzulegen, der den Bewohnern Nutzen bringen möge, dergleichen auch der Bevölkerung von Großbritannien, und der letztendlich zur Steigerung des nationalen Handels und Wohlstands beitragen soll.

Er schlug vor, mit Nutzpflanzen aus anderen Ländern zu experimentieren, wie Brotfruchtbäumen, Dattel- und Sagopalmen sowie nahrhaften Früchten, wie Pfirsichen, Birnen, Lychees und Mangostanen. Er wollte auch Teakplantagen für den Schiffbau anlegen, denn schon damals war Hartholz knapp.

Die Ostindien-Kompanie, die Indien bis zum Aufstand von 1857 de facto regierte, leitete Kyds Vorschlag an ihren inoffiziellen Berater Joseph Banks weiter, der begeistert war und schon »ein Netzwerk kolonialer botanischer Gärten, die als Stützpunkte von Pflanzenjägern und als Experimentierfelder für Nutzpflanzen dienen (...)«, vor sich sah. Gärten hatten schon zuvor wissbegierig Pflanzen ausgetauscht, jetzt sollten sie es systematisch tun und Pflanzen aus ähnlichen Klimazonen importieren, die nicht nur den Einheimischen, sondern dem Empire als Ganzem nutzen könnten. Europa und seine Kolonien waren mit Pflanzen reich geworden, und die Niederländer hatten schon 1694 in Kapstadt einen botanischen Garten als Zwischen- und Verteilerstation angelegt. Die Ostindien-Kompanie erkannte sofort den wirtschaftlichen Vorteil. Da es billige Arbeitskräfte zuhauf gab, konnte Indien zu einem Großlieferanten von Rohstoffen, Arzneien und sogar lukrativen Gewürzen wie Muskat, Zimt und Nelken werden. Außerdem konnte die Kompanie, der man vorwarf, die Hungersnot verschärft zu haben, nun Kyds humanitäres Projekt als Musterbeispiel ihrer aufgeklärten Herrschaft anführen.

Nach Kyds Tod 1793 übernahm William Roxburgh (1751–1815), ein studierter Botaniker, die Verantwortung. Er hatte schon in einem kleinen Garten in Madras Kaffee- und Pfeffersträucher, Zimt-, Muskatnuss-, Maulbeer- und Brotfruchtbäume etabliert. Bald verteilte er von Kalkutta aus Samen von Teak, Hanf, Indigo, Kaffee und Tabak an verschiedene Regionen Indiens, während Banks drängte, es auch mit Zuckerrohr, Vanille und Kakao zu versuchen. Roxburgh baute weiterhin Gewürz- und Nutzpflanzen an, lenkte den Garten aber in eine überwiegend wissenschaftliche Richtung. Als er sich zur Ruhe setzte, wuchsen dort 3500 verschiedene Pflanzen, bei seiner Ankunft waren es 300. 30 Jahre lang hatte er einen umfangreichen Katalog indischer Pflanzen zusammengetragen, der nach seinem Tod als *Flora Indica* (1820–1830) veröffentlicht wurde. Auch 2542 lebensgroße Pflanzenporträts hatte er malen lassen. Dieses spektakuläre Vermächtnis wird nun in Kew bewahrt. Er war einer der ersten westlichen Botaniker, die mit einheimischen Künstlern zusammenarbeiteten, und schätzte die Kunstfertigkeit der indischen Mi-

Marianne North, *Laub und Blüten der birmanischen Thaw-ka oder Soka, gemalt in Singapur*, 1876. Der Tohabaum war der Grund, warum Marianne North die Tropen sehen wollte.

niaturmaler. Sein Nachfolger Nathaniel Wallich folgte seinem Beispiel, die meisten Farbtafeln in *Plantae Asiaticae Rariores* stammen von zwei indischen Künstlern, die als Vishnupersaud und Gorachand bekannt sind.

Wallich war Roxburghs größter »Fund«. Der dänische Arzt geriet in Gefangenschaft, als die Briten 1808 Serampore von der Dänischen Ostindien-Kompanie eroberten, und machte sich schnell im Garten nützlich. Er folgte Roxburgh 1815 und diente dem Garten fast 30 Jahre lang, botanisierte in Nepal, im westlichen Hindustan und in Singapur (trug auch Material zu Roxburghs *Flora Indica* bei), ließ Institutionen in Europa und Nordamerika an seiner großen Sammlung von Pflanzenproben teilhaben und tat alles, um neue kommerzielle Pflanzen in Indien zu etablieren, vor allem Chinarindenbäume und Tee. Abertausende neue Pflanzen wurden in Indien und in andere Weltgegenden verteilt. Wallich kämpfte auch unermüdlich gegen den Raubbau an indischen Harthölzern und forderte die Ostindien-Kompanie auf, nachhaltige Forstwirtschaft zu betreiben und Plantagen mit Teakbäumen und schneller wachsenden Alternativen wie Indischem Palisander (*Dalbergia sissoo*) anzulegen – vergeblich.

1842 erkrankte Wallich erneut und musste Genesungsurlaub nehmen. Er war bestürzt, als man seinen Gegner William Griffith als Interimsdirektor einsetzte, einen progressiven jungen Botaniker, der Wallichs Methoden für überholt hielt. Seine Sorge war gerechtfertigt: Als Wallich zurückkam, waren Blumenbeete umgegraben, seine schattigen Gewürzbaumhaine und eine Allee von Palmfarnen, ein Prunkstück des Gartens, gefällt worden. Griffith hatte entschieden, der Garten sei nicht wissenschaftlich genug ausgerichtet, und drei neue Schaugärten anlegen lassen: zwei demonstrierten neue »natürliche« Pflanzenklassifizierungssysteme, denn Griffith hielt das Linnésche System, dem Wallich anhing, für veraltet. Der dritte Garten war indischen Pflanzen vorbehalten, und so überstand die *Amherstia* den Kahlschlag, ging aber fast ein, weil ihre Wurzeln nun nicht mehr beschattet wurden.

Von diesem Schlag erholte Wallich sich nie. Er blieb lange genug auf seinem Posten, um eine Pension einfordern zu können, und setzte sich dann in England zur Ruhe. 1864, zehn Jahre nach seinem Tod, warf ein Zyklon zwei Schiffe auf einer Flutwelle in den Garten. Der Garten erholte sich auch von dieser Verheerung und war am Ende des Jahrhunderts hinter Kew der führende imperiale Garten. Der Tohabaum ist bis heute eines seiner größten Schaustücke.

Roxburgh ließ u. a. den Baum der Reisenden, *Ravenala madagascariensis* (damals *Urania speciosa* benannt), malen. Er holte drei Bäume nach Kalkutta und pflanzte sie in unterschiedlichen Böden und Lagen. Der Baum am feuchtesten Ort gedieh am besten und blühte als Erster. William Roxburgh Collection, Kew, um 1800.

Rhododendron

Wissenschaftlicher Name
Rhododendron

Botaniker
Sir Joseph Dalton Hooker

Fundort
Sikkim, Indien

Jahr
1849

»**ALL DAS GELD,** das in den letzten 20 Jahren in diesem Land für Rhododendren ausgegeben wurde, hätte fast gereicht, um die Staatsschulden zu begleichen«, seufzte der englische Gartenschriftsteller Shirley Hibberd 1871. Gärtnern war immer auch ein Wettkampf, und für die Industriemagnaten des 19. Jahrhunderts, die Pendants der heutigen Internetmilliardäre, war der Rhododendron die perfekte Pflanze. Seine reichlichen Blüten hatten leuchtende Farben und waren so groß, dass man sie auch aus der Ferne bewundern konnte. Es störte nicht, dass sie vergänglich waren, damals mussten Gärten noch nicht das ganze Jahr über prunken, außerdem war der Strauch modisch immergrün. Doch es waren vor allem der saftige Preis, das Novum und die exotische Herkunft aus dem eisigen Himalaja, die seinen Besitzern ein gewisses Ansehen versprachen. Bald waren Rhododendren beim neuen Mittelstand in den Vororten genauso beliebt wie bei den Superreichen.

Ausgelöst hatte dieses Rhododendronfieber, das sich seit den 1850er-Jahren in Nordeuropa und bald auch in Nordamerika ausbreitete, Joseph Dalton Hooker (1817–1911). Er war von 1848 bis 1851 durch Nordindien und den Himalaja gereist und hatte 43 Rhododendronarten mitgebracht. 25 davon waren der Wissenschaft neu, die meisten stammten aus dem Königreich Sikkim. Zuerst wurden sie in »amerikanischen« Gärten gepflanzt, die dazu gedacht waren, Bartrams Neuheiten (siehe Seite 222 ff.) zur Schau zu stellen, dann in formaleren Gestaltungen als Solitäre oder in Gruppen auf Rasenflächen. Nach dem Erscheinen von Hookers Reisebericht (1854) begann man, »himalajische Haine« mit ihnen zu bepflanzen und später ganze Täler. Und als gegen Ende des Jahrhunderts der Trend wieder zu naturalistischen Anlagen ging, kamen Waldgärten in Mode, in denen sich der Rhododendron als farbenfrohe Unterpflanzung von seiner besten Seite zeigen konnte.

Rhododendron hodgsonii, aus J. D. Hooker, *Rhododendrons of the Sikkim-Himalaya*, 1849–1851.

6.
7.
5.
1.
8
2.
4.
3.

Rhododendron dalhousieae, aus J. D. Hooker,
Rhododendrons of the Sikkim-Himalaya, 1849–1851.

Hooker war bereits ein erfahrener Entdecker, als er nach Indien ging. Mit nur 22 Jahren hatte er sich 1839 der Expedition von Kapitän James Clark Ross zum magnetischen Südpol angeschlossen und war als Arzt und Botaniker an Bord der *Erebus*. Während der vier Jahre, in denen sie so gut als möglich den riesigen antarktischen Kontinent kartierten, durchs Packeis fuhren, unbekannte Meere und Berge, rauchende Vulkane und Schelfeiswände sahen, sammelte Hooker bei jedem Landgang Flora und Fauna, von Neuseeland über die Falkland-Inseln bis nach Feuerland. Und als er auf einer subantarktischen Insel auf einer Pflanze saß (das war die einzige Möglichkeit, sie anzutauen), fragte er sich, wie schon Alexander von Humboldt (siehe Seite 258 ff.): Warum wuchsen Pflanzen, wo sie wuchsen?

Über dieses Thema diskutierte Hooker in den folgenden 40 Jahren mit Charles Darwin, der sein engster Freund wurde, unermüdlich. Schon bald nach seiner Heimkehr wurde Hooker von Darwin gebeten, die Pflanzen von der Forschungsreise mit der *Beagle* zu klassifizieren. Und in einem Brief an Hooker gab Darwin im Januar 1844 zum ersten Mal seiner Überzeugung Ausdruck (es käme, schrieb er, einem »Mordgeständnis gleich«), dass Spezies »nicht (...) unveränderlich sind«. Die beiden korrespondierten regelmäßig, während Darwin Beweise für seine Theorie der Evolution durch natürliche Auslese sammelte. Als Alfred Russel Wallace Darwin im Juni 1858 seine fast identische Hypothese zuschickte, stellte Hooker gemeinsam mit dem Geologen Charles Lyell beide Thesen bei einem Treffen der Linné-Gesellschaft vor. Hooker verteidigte Darwin auch am 30. Juni 1860 in Oxford bei der berühmten »Evolutionsdebatte« und war einer der Ersten, der (trotz einiger Vorbehalte) in einem wissenschaftlichen Werk – seiner *Flora of Tasmania* – Darwins Theorie anführte. Nach Indien reiste Hooker mit einer langen Liste geologischer, zoologischer und botanischer Fragen, die er für seinen Freund klären sollte.

Den Anstoß zu dieser Reise hatte Hookers Vater, William Jackson Hooker, gegeben, der 1841 zum ersten offiziellen Direktor des königlichen Gartens in Kew ernannt worden war. Wie Joseph Banks vor ihm war er entschlossen, Kew zu einer wissenschaftlichen Institution von Weltrang zu machen. Und wie sein Mentor ließ auch er geschickt seine Beziehungen spielen und trieb genug Geld auf, um seinen Sohn auf diese Pflanzenexkursion für den Garten schicken zu können. Hugh Falconer, der die Leitung des Botanischen Gartens von Kalkutta übernommen hatte, und Lord Auckland, der Erste Lord der Admiralität, der seine Erlaubnis gegeben hatte (offiziell war Hooker noch immer Marinearzt), schlugen Sikkim als Ziel vor – ein abgeschiedenes Königreich im Himalaja, zwischen Nepal im Westen und Bhutan im Osten, das von Europäern noch gänzlich unerforscht war. Im April 1848 kam Hooker in Darjeeling in den Ausläufern des Himalajas an. Dort lernte er Brian Houghton Hodgson (1801–1894) kennen, einen außergewöhnlichen Mann mit der »Wissbegier eines Renaissancegelehrten« – Künstler, Ornithologe, Ethnograph und Linguist, ein Kenner des Buddhismus, Sammler von Sanskrit-Manuskripten und ehemaliger britischer Gesandter in Nepal, der aber, uneins mit seinem Dienstherrn, den Dienst quittiert hatte. Nun lebte er in der Nähe von Darjeeling in einem Bungalow mit einer spektakulären Aussicht auf den Kanchenjunga, der damals als höchster Berg der Welt galt. Er lud Hooker zu sich ein und ließ ihn großzügig an seinem Wissen teilhaben. Viele Rhododendren, wie etwa *Rhododendron dalhousiae* (heute: *dalhousieae*) und *R. campbelliae*, benannte Hooker, ganz Kavalier, nach den Frauen von Amtsträgern, die ihm den Weg geebnet hatten. Die Benennung von *R. hodgsonii* aber, der laut Hooker das Bild der Täler von Sikkim prägte, war ein Ausdruck des tiefen Respekts vor seinem »vorzüglichen Freund und freigebigen Gastgeber«, dessen Wissen »unermesslich« sei. In *Rhododendrons of Sikkim-Himalaya*, einem dreibändigen Werk, das 1849 bis 1851 erschien, beschrieb er das »prächtige«, großblättrige Laub, das sich »durch seinen glänzend dunkelgrünen Farbton auszeichnet« und die »Härte und Unnachgiebigkeit« seines Holzes. Aus diesem Holz wurden Becher, Löffel, Schöpfkellen und Yaksättel gefertigt, die Blätter dienten als »Teller« und auch das »übliche Präsent von Butter oder Quark wird stets in dieses glänzende Laub eingewickelt überreicht«.

Nach Sikkim hineinzukommen war nicht einfach. Der britische Bevollmächtigte in Darjeeling, Archibald Campbell (der ebenfalls ein guter Freund wurde), konnte Hooker die Erlaubnis beschaffen, im nordöstlichen Nepal die Passhöhen nach Tibet zu erforschen und über Sikkim zurückzukehren. Von dieser Reise kamen 80 Traglasten mit Pflanzen für Kew in Kalkutta an, doch die wenigsten überlebten die Schiffsreise. Vor der zweiten Reise zögerte der Rajah von Sikkim, einem Briten eine Reiseerlaubnis zu geben, denn er wollte seinen mächtigen nördlichen Nachbarn China, der über Tibet herrschte, nicht verärgern. Auf Druck des britischen Generalgouverneurs von Indien gab der Rajah dann doch nach. Hooker brach im Mai 1849 mit einem Tross von über 50 Personen auf, darunter Baumkletterer, Jäger, Lastenträger und eine Schutzmannschaft. Besonders wichtig waren ihm die zuverlässigen Lepchas, die binnen einer Stunde ein »wasserfestes Heim« mit »einem Tisch und einer Bettstatt« aufbauten, in dessen Schutz er dann bei einem Glas Sherry behaglich die Funde des Tages studieren konnte. Allerdings machte der Dewan, der erste Minister und de facto Herrscher von Sikkim, Hooker das Leben schwer. Dorfbewohner wurden angewiesen, dem Tross Unterkunft und Verpflegung zu verweigern, Brücken an wichtigen Flussübergängen abzubauen und Hooker nicht einmal in die Nähe der Grenze zu Tibet zu lassen. Hinzu kamen die natürlichen Probleme im Himalaja – gewaltige Höhenunterschiede, schmale Pfade an tiefen Abgründen entlang, eisige Nächte und blendender Schnee. Die Höhenkrankheit verursachte Hooker »Kopfschmerzen, die stundenlang anhalten«. Doch das hielt ihn nicht davon ab, den 5880 Meter hohen Donkia zu besteigen – einen der höchsten Berge, die ein Europäer bis dato bezwungen hatte. Er war in der Regenzeit unterwegs, ständig nass, von Wolken umhüllt und pflückte jeden Abend unzählige Blutegel von seiner Haut.

Im Oktober stieß Campbell in Sikkim zur Expedition – und als er mit einem Grenzposten verhandelte, rannte Hooker seinen Wachen davon und drang nach Tibet ein. Der unerlaubte Grenzübertritt gab dem Dewan einen Grund, Campbell zu verhaften und zu foltern. Hooker wurde nicht offiziell festgenommen, aber einige Wochen unter Hausarrest gestellt. Als die Briten Truppen an die Grenze schickten und drohten, nach Sikkim einzufallen, wurden die beiden Männer freigelassen. Einige Monate später annektierten die Briten einen Teil von Sikkim. Das alles bedrückte Hooker weniger als der Verlust vieler Pflanzen. Die Karte, die er von Sikkim angefertigt hatte, benutzte das Militär dann, und in dem neuen Territorium wurden später Chinarindenbäume und Tee angepflanzt.

Hookers letzte indische Expedition führte ihn, in Begleitung seines alten Freunds Thomas Thomson, nach dem er *R. thomsonii* benannte, in die Khasi-Berge in Assam. Später zerstritten sie sich bei der Arbeit an der monumentalen *Flora of British India*, nun aber sahen sie entsetzt, wie Sammler körbeweise Orchideen aus den Wäldern plünderten.

Im Januar 1851 verließ Hooker Indien. Sein Vater war mit seiner Ausbeute nicht recht zufrieden, doch Hooker wies gereizt darauf hin, dass »es eine Sache ist, sie zu entdecken, und eine völlig andere, sie lebend zu sammeln. Wären deine

Schienbeine so zerkratzt wie meine, nachdem du dich durch ein unendliches Dickicht von Rhododendren gekämpft hast, hättest du diese Pracht ebenso satt wie ich.« Viel faszinierender fand er, dass er auf 5790 Meter Höhe Flechten entdeckte, wie er sie in der Antarktis gesehen hatte. Beim Durchqueren der unterschiedlichsten Klimazonen hatte er beobachtet, wie rasch sich die Vegetation veränderte, manchmal im Laufe eines Tages. »Reist man gen N., sieht man, wie eine Gattung die andere ablöst. Natürliche Ordnung löst natürliche Ordnung ab. Reist man nach O. oder W. (d. h. N.W. oder S.O. entlang der Höhenzüge), findet man Spezies von Spezies abgelöst, seien es Tiere oder Pflanzen.«

Sein Vater sorgte für das Erscheinen von *Rhododendrons of Sikkim-Himalaya*, mit herrlichen Illustrationen von Walter Hood Fitch, die auf Hookers Feldskizzen basierten. 1854 veröffentlichte er seinen Reisebericht *Himalayan Journals*, der ein Bestseller wurde. Im Jahr darauf sicherte sein Vater ihm den Posten eines Vizedirektors in Kew, und zehn Jahre später war er dann Direktor. Er machte Kew zum Forschungs- und botanischen Machtzentrum des Empires, das ökonomisch wichtige Pflanzen über ein Netzwerk botanischer Gärten auf dem ganzen Globus verteilte. Hooker ließ Chinarindenbäume (in Südamerika beheimatet) in Indien und Ceylon (heute: Sri Lanka) kultivieren und 70 000 Gummibaumsamen von Brasilien nach Kew bringen. Von dort gingen Sämlinge nach Ceylon und Singapur – die gesamte malaiische Kautschukindustrie entstand aus nur 22 Pflanzen.

Hooker wurde der Nestor der britischen Botanik. Mit George Bentham arbeitete er 25 Jahre daran, in *Genera Plantarum* alle samentragenden Pflanzen der Welt zu beschreiben. Er wurde mit Orden bedacht, zum Ritter geschlagen, zum Präsidenten der Royal Society gewählt und unterstützte als Berater Scotts Südpolmission. In seinen letzten Jahren erforschte er die Gattung *Impatiens* (zu der die Fleißigen Lieschen gehören), doch es ist der Rhododendron, mit dem sein Name auf immer verbunden bleiben wird.

Als Hooker 1848 in Indien ankam, wurden nur 33 Rhododendren kultiviert, darunter der vor allem bei Jagdpächtern als Deckung für das Wild beliebte *R. ponticum*, eine Handvoll amerikanischer Arten und der scharlachrot blühende *R. arboreum*, den Nathaniel Wallich 1827 eingeführt hatte. Heute gibt es über 20 000 benannte Sorten. In Kew wurde eine Senke mit winterharten Schätzen von Hooker bepflanzt – sie gedeihen dort noch immer.

Rhododendron thomsonii, aus J. D. Hooker, *Rhododendrons of the Sikkim-Himalaya*, 1849–1851.

Tab. XII.

J. D. H. del. Fitch lith.

Reeve, Benham & Reeve, imp.

Taschentuchbaum

Wissenschaftlicher Name	***Davidia involucrata***
Botaniker	**E. H. Wilson, Augustine Henry**
Fundort	**Westliches China**
Jahr	**1897/1901**

DR. AUGUSTINE HENRY (1857–1930) langweilte sich fast zu Tode. Der junge irische Arzt war 1881 in China angekommen und als kleiner Beamter des Kaiserlichen Seezollamts in die Stadt Yichang am mittleren Lauf des Jangtse in der Provinz Hubei geschickt worden, tausende Meilen vom Seehafen Shanghai entfernt. Er fühlte sich nicht sonderlich gefordert. Das 1854 gegründete Amt sorgte für die Einhaltung der Zollbestimmungen in den Vertragshäfen. Es gehörte zwar zum chinesischen Staatsapparat, wurde aber von britischen Beamten kontrolliert. Henry suchte Abwechslung von den schier endlosen Tennis- und Bridgepartien und wandte sich der Botanik zu. Zunächst interessierte er sich für die Heilpflanzen seiner chinesischen Nachbarn, dann immer stärker für die noch unerforschte Flora der Region. 1885 verbrachte er jede freie Minute mit botanischen Studien, hatte zwei ausgedehnte Sammelausflüge in die Berge gemacht und den Mut gefunden, an Joseph Dalton Hooker, den Direktor des Botanischen Gartens in Kew zu schreiben: Er verstehe nicht viel von der Botanik, sei aber willens, Pflanzen zu schicken, wenn man dies denn wünschte. Nebenbei bemerkt sei dies ein exzellenter Vorwand, um Briefe zu schreiben und zu erhalten, »der einzige gesunde Anreiz, um einen Verbannten in Augenblicken der Niedergeschlagenheit aufzurichten (…), die einzige kleine Freude, die wir haben«.

Es war der Beginn einer unglaublich fruchtbaren Beziehung: Im Laufe von 15 Jahren schickte Henry rund 158 000 Herbarexemplare von 6000 Arten, knapp 2000 waren der Forschung neu. Darunter war auch Material von einem allein stehenden Baum, den er im Mai 1888 entdeckte. Er stand in voller Blüte und »winkte mit seinen geisterhaften Taschentüchern«. Im Herbst sandte er ein paar harte grüne, walnussgroße Früchte des »Taschentuchbaums« nach Kew, wo Daniel

Matilda Smith, *Davidia involucrata*, aus *Curtis's Botanical Magazine*, 1912.

8432

Oliver, der Leiter des Herbariums, sie mit wachsender Spannung untersuchte. Oliver identifizierte den Baum als *Davidia*, die neue Gattung war 1869 von dem französischen Missionar Armand David entdeckt worden, allerdings fast eintausend Meilen von Henrys Exemplar entfernt. Man sollte, schrieb Oliver, Sammler nach China »entsenden, um zu prüfen, ob er sich in europäische Gärten einführen ließe«. Die Samen, die er bereits hatte, brachte offenbar niemand zum Keimen.

Henry dachte wie Oliver und schrieb an William Thiselton-Dyer (Hookers Nachfolger in Kew): »(...) die Mannigfaltigkeit und Schönheit der chinesischen Flora ist so groß, und die Pflanzen sind so gut für das europäische Klima geeignet, dass man eine kleine Expedition aussenden sollte (...)«. Die Aufgabe erfordere ausgebildete Botaniker, die sämtliche infrage kommenden Pflanzen identifizieren konnten und ausreichend Zeit und Kenntnisse, die er nicht hätte, mitbrachten, um später die dazugehörigen Samen zu sammeln. »Ich weiß nun, dass ich bei meinem früheren Botanisieren Hunderte interessanter Pflanzen hätte bemerken können, wenn ich über die Erfahrung oder den Verstand oder das Wissen verfügt hätte.« Doch die Zeit drängte. Als Henry von einem Posten zum anderen versetzt wurde, erkannte er, dass die chinesische Flora nicht nur reich, sondern auch bedroht war. Täglich fielen Tausende seltener Pflanzen unkontrollierten Rodungen zur Holzkohleproduktion zum Opfer. An der Grenze zum heutigen Vietnam sah er ganze Wälder verschwinden.

Auch an Charles Sprague Sargent, den Direktor des Arnold-Arboretums an der Universität Harvard in Boston, wandte Henry sich. Die Flora von China sei »die mit Abstand interessanteste auf diesem Planeten & einem Amerikaner muss sie sogar noch mehr bieten als einem Europäer, gleicht China doch mit seinen großen Flüssen, Bergen, seinem Klima etc. den Vereinigten Staaten«. Sargent bat Henry Ende der 1890er-Jahre mehrmals, doch selbst eine Expedition anzuführen, doch Henry lehnte ab. Er wollte nach Hause: »Es mag absurd erscheinen, doch die Isolation, Freudlosigkeit und Monotonie eines Ortes wie diesem ist schwer zu ertragen.«

Als er das schrieb, war er in Simao in der Provinz Yunnan. Und hier tauchte, kurz bevor er China für immer verließ, auch der langersehnte Sammler auf. Den Verantwortlichen in Kew waren die Kosten zu hoch erschienen. Deshalb hatten sie die Idee Harry Veitch angetragen, dem Inhaber der berühmtesten britischen Gärtnerei, die eigene Pflanzenjäger beschäftigte (siehe Seite 59 und 236). Veitch glaubte zwar, alle gartenwürdigen Pflanzen Chinas seien schon entdeckt, doch er teilte Henrys Ansicht, dass die *Davidia* »jeden Preis wert ist«. Und so fand sich Ernest Henry Wilson (1876–1930), der in Kew gelernt hatte und eigentlich Botanik unterrichten wollte, auf einer streng geheimen Mission nach China wieder:

> Zweck dieser Reise ist es, Samen einer Pflanze zu sammeln, deren Name uns bekannt ist. Das ist der Zweck – verschwenden Sie weder Zeit noch Energie noch Geld auf anderes. Um dies zu erreichen, werden Sie zunächst danach trachten, Dr. A. Henry in Simao, Yunnan aufzusuchen und von ihm genaue Angaben zum Habitat dieser Pflanze im Besonderen sowie Informationen über die Flora Zentralchinas im Allgemeinen zu erhalten.

Das war leichter gesagt als getan. Als Wilson 1899 in Hongkong ankam, grassierte dort die Beulenpest. Er brauchte drei Monate, um nach Simao zu kommen, überlebte Stromschnellen und Begegnungen mit Boxern, deren Aufstand sich im Jahr darauf gegen alle Ausländer richtete. Henry war von seinem jungen Gast sehr angetan und überzeugt, dass er der Aufgabe gewachsen war. Denn wenn er auch kein Wort Chinesisch sprach, so war er doch »gelassen und besonnen, und darauf kommt es beim Reisen und Arbeiten in China an«. Henry gab ihm so viele Tipps wie möglich, seinen Rat, man müsse Zeit und Geduld mitbringen, wenn man in China erfolgreich Pflanzen sammeln wollte, nahm Wilson sich zu Herzen. Henry gab ihm auch eine aus einem Notizbuch herausgerissene »Skizze von einem Landstrich von der ungefähren Größe des Staates New York« – also rund 50 000 Quadratkilometern. Ein Kreuz markierte den groben Standort eines einzelnen Baums.

Henry fuhr bald darauf glücklich nach England zurück, wo er zunächst seine Kew-Sammlungen sortierte und dann eine erfolgreiche zweite Karriere in der Forstwirtschaft begann. Wilson machte sich auf den gefährlichen Weg nach Yichang und fand von dort aus tatsächlich am 25. April 1900 den kleinen Weiler Mahuanggou, in dem man sich noch an den seltsamen »ausländischen Teufel« erinnerte, der in einen Freudentaumel geraten war, nur weil er einen Baum gesehen hatte. Nun führten die Dorfbewohner auch diesen neuen Verrückten an die Stelle. Wilson muss das Herz gestockt haben, als er ein schmuckes neues Holzhaus sah, und daneben den Stumpf von Henrys *Davidia*. Er war umsonst um die halbe Welt gereist.

Was nun? Er könnte 1600 Kilometer nach Westen reisen, an die Grenze zu Tibet, wo Armand David seine *Davidia* gefunden hatte. Oder in der Umgebung weitersuchen. Henry war sich sicher gewesen, dass in den Wäldern noch weitere Exemplare verborgen waren. Fürs Erste ignorierte Wilson Veitchs Anweisungen und sammelte anderes: den Zimtahorn (*Acer griseum*) mit seiner aparten, sich schälenden Rinde, zwei Clematis, *C. armandii* und *C. montana* var. *Rubens*, und die Kletterpflanze, deren Früchte wir nun als Kiwis kennen (*Actinidia chinensis* oder *deliciosa*). Nur drei Wochen später entdeckte er am 19. Mai zufällig eine *Davidia* in voller Blüte und am 30. Mai sah er abends am Steilhang über der Bauernkate, in der er übernachtete, eine große Anzahl von Davidien, die weiß leuchteten »als die Schat-

Unbekannter Künstler, *Actinidia* sp. [Strahlengriffel], aus der William Kerr-Sammlung chinesischer Pflanzen, Kew, um 1803–1806.

ten der Nacht heranrückten«. Es war nicht einfach, an sie heranzukommen oder auf einen benachbarten Baum zu klettern, um ihre schneeweißen Hochblätter fotografieren zu können. »Das Holz ist (…) brüchig, und das Wissen darum ist wenig beruhigend, wenn man rittlings auf einem etwa zehn Zentimeter dicken Ast hockt und darunter ein Abhang von ein paar hundert Fuß gähnt. Doch es ging alles gut und wir berauschten uns an der Schönheit dieses außergewöhnlichen Baums.« Die paarweise angeordneten Hochblätter, das eine fast doppelt so groß wie das andere, umrahmten den kleinen roten, kugelförmigen Blütenstand »und flatterten in der sanftesten Brise wie Schmetterlinge«. Diese zarten, flatternden Hochblätter waren so zahlreich, dass der Baum wie von Schnee umhüllt schien. »Ich halte *Davidia involucrata* für einen der interessantesten und schönsten Bäume der nördlichen gemäßigten Breiten.«

Als Wilson im April 1902 mit Samen des Taschentuchbaums (auch Taubenbaum genannt) nach London zurückkehrte, bedachte Veitch ihn hochbeglückt mit einer goldenen Uhr. Doch er hatte auch schlechte Nachrichten: In einem Arboretum in Paris wuchs inzwischen eine *Davidia*, der einzige Sprössling aus 37 Samen, die ein weiterer französischer Missionar, Paul Guillaume Farges, 1897 gesammelt hatte. Außerdem war noch keiner der Samen, die Wilson im Vorjahr an Veitch geschickt hatte, gekeimt. George Harrow, Veitchs bester Pflanzenvermehrer, hatte alles versucht: einige Samen in heißem Wasser eingeweicht, einige in kaltem, einige abgerieben, andere bei unterschiedlichen Temperaturen in Gewächshäuser gestellt – doch keine Spur von Grün. Es waren dann die Samen, die man im Freilandbeet dem Frost ausgesetzt hatte, die keimten. (*Davidia*-Samen brauchen bis zu 18 Monate bei wechselnder Hitze und Kälte, bis sie sich zum Keimen bequemen, und auch dann überleben nur wenige Sämlinge.) Von den 13 000 zarten Pflänzchen, die Harrow und Wilson eintopften, trug das erste im Mai 1911 Blüten.

Wilson heiratete im Juni 1902, war aber im Januar 1903 schon wieder auf dem Weg nach China, diesmal auf der Suche nach dem Gelbhaarigen Scheinmohn (*Meconopsis integrifolia*). Nachdem er in Tibet alpine Wiesen voll der goldenen Blumen entdeckt hatte, sammelte er anschließend ihren noch schöneren roten Cousin *M. punicea*. Den Erfolg dieser mühevollen Expedition über 20 900 Kilometer, vor allem die Meisterung der gefährlichen Passage durch die Jangtse-Schluchten, bei der ein Mann ertrank, rechnete er allein seinen chinesischen Begleitern an: »Als wir schließlich auseinandergingen, geschah es mit Bedauern auf beiden Seiten. Sie sind treu, intelligent, zuverlässig, unter widrigsten Umständen noch heiter und immer bereit, alles zu geben, bessere Dienste vermag wohl niemand zu leisten.«

Im März war Wilson wieder in London. Im Gepäck hatte er Samen von 510 Arten, etwa der purpurnen Etagen-Primel *Primula pulverulenta*, des Kissen-Schneeballs (*Viburnum davidii*) und der blutroten *Rosa moyesii*, sowie 2400 Herbarexemplare. Doch Veitch verfügte nun über so viele exotische chinesische Pflanzen, dass er auf Wilsons Dienste verzichten konnte. Glücklicherweise war Charles Sprague Sargent höchst interessiert, und so unternahm Wilson seine beiden letzten Reisen nach China (1907–1909 und 1910–1911) im Auftrag des Arnold-Arboretums und sammelte nicht länger für den Kommerz, sondern für die Wissenschaft.

Doch Wilson hatte immer noch einen Blick für Gartenliebhaberstücke. Und deshalb zog es ihn auf der Suche nach einer Lilie, die er 1903 zum ersten Mal gesehen hatte, ins entlegene Min-Tal in Sichuan. In dieser rauen, windgepeitschten Landschaft blühte die elegante Königslilie (weiß mit gelbem Schlund) zu »Hunderten, Tausenden, ja Zehntausenden« und schwängerte die Abendluft mit ihrem schweren Duft. 1908 sammelte Wilson Zwiebeln, denn sie »sollten die Gärten der westlichen Welt schmücken«, doch fast alle verrotteten, bevor sie Amerika erreichten. Er ging 1910 zurück – und bezahlte das fast mit dem Leben. Er war auf einem Mulipfad entlang eines jäh abfallenden Flusshangs unterwegs, als ein Erdrutsch niederging. In letzter Sekunde rettete er sich aus der Sänfte, bevor diese in den Abgrund stürzte, und brach sich das Bein zweifach. Aus seinem Kamerastativ wurde schnell eine Schiene improvisiert, doch als er drei Tage später in ein Lazarett kam, hatte sich das Bein entzündet. Es konnte gerettet werden, aber Wilson behielt für den Rest seines Lebens ein »Lilienhumpeln«.

Danach ging er es ruhiger an und reiste in Begleitung von Frau und Tochter nach Japan, Korea und Taiwan. Das hohe Niveau der japanischen Gartenkunst beeindruckte ihn tief und er war überwältigt, als er in Kurume einen Azaleengarten besuchte, in dem prächtige, über 100 Jahre alte Cultivare blühten. Von dort kamen »Wilsons 50«, eine Auswahl von nicht 50, sondern 51 immergrünen Azaleen, die in den amerikanischen Südstaaten bald sehr beliebt waren.

1919 wurde Wilson zum Vizedirektor des Arnold-Arboretums ernannt, doch er reiste weiter und machte u. a. eine Tour mit Zwischenstopps in Südostasien,

Australien und Neuseeland. Er war entsetzt, als er in Australien Zeuge einer massiven Abholzung wurde, die er als »Baumtötungswahn« verdammte. Als Sargent 1927 starb, folgte er ihm als Direktor nach und rief in einer heute prophetisch erscheinenden Weise zum Schutz der Bäume und Wälder auf. Drei Jahre später starb er bei einem Autounfall. Gärtner auf der ganzen Welt trauerten um ihn: »Chinese« Wilson hatte über 1000 neue Arten eingeführt und es gibt wohl keinen Garten, egal in welcher Klimazone, in dem nicht wenigstens eine dieser Pflanzen steht – wahrscheinlich sogar mehrere.

Coral Guest, *Lilium regale* [Königslilie], aus der Shirley Sherwood Collection, 1980.

Chinesischer Herbstenzian

Wissenschaftlicher Name
Gentiana sino-ornata
Botaniker
George Forrest
Fundort
Provinz Yunnan, China
Jahr
1910

ZU DEN VIELEN Menschen, denen Augustine Henry von seinen einsamen chinesischen Zollposten aus schrieb, zählte der reiche Liverpooler Baumwollmakler Arthur K. Bulley (1861–1942), der sich in Ness (Cheshire) einen Garten schuf und dafür rare und exotische alpine Pflanzen suchte. Er bat darum, ihm Samen zu schicken. Und Henry war ihm gerne gefällig, obwohl sein Dienst ihm kaum Zeit zum Sammeln ließ, denn ihm gefielen Bulleys maßlose Begeisterung (»Ich habe eine Schwäche für Schwärmer, Sonderlinge etc.«) und sein Wunsch, »in die Häuser der Armen schöne Pflanzen zu bringen«: Bulleys Garten stand jedermann kostenlos offen, täglich, mit Ausnahme von Weihnachten. Ein Vollzeitsammler könnte ihm aber wesentlich mehr einbringen, meinte Henry.

Bulley wandte sich um Rat an seinen alten Freund Isaac Bayley Balfour, den Direktor des Königlichen Botanischen Gartens in Edinburgh. Balfour hatte erst vor Kurzem einen recht ungewöhnlichen jungen Mann für das Herbarium des Gartens eingestellt. Dieser kraftstrotzende Schotte war als kaum 18-Jähriger nach Australien gesegelt und hatte Jahre im Outback auf Goldsuche verbracht. Er ging jeden Tag zu Fuß zur Arbeit, zehn Kilometer hin und zehn zurück, und setzte sich tagsüber nicht ein Mal hin. Er war kerngesund, konnte jagen und fischen und verfügte über rudimentäre medizinische Kenntnisse, denn er hatte auch einmal in einer Apotheke gearbeitet. Kurz und gut, Balfour konnte den 31 Jahre alten George Forrest nur wärmstens empfehlen: »Er ist ein kräftig gebauter Bursche und scheint mir vom rechten Schlag für einen Pflanzensammler.«

Lilian Snelling, *Gentiana sino-ornata*, aus *Curtis's Botanical Magazine*, 1928.

George Forrest (1873–1932) kam im August 1914 in Yunnan, nahe der Grenze zu Tibet, an und staunte ob der reichen Flora. Er war nicht der Erste, schon 1283 hatte der venezianische Reisende Marco Polo von »wundersamen Pflanzen« berichtet, und der französische Jesuit Jean Marie Delavay hatte in den 1880er-Jahren mehr als 200 000 Herbarexemplare in Yunnan gesammelt, darunter wenigstens 1500 der Wissenschaft neue Arten. Es waren immer noch katholische Missionare in der Region, und so quartierte sich Forrest, nachdem er ein Jahr lang die Sprache erlernt und einheimische Sammler angeworben hatte, im folgenden Sommer in der Missionsstation im Dorf Tsekou bei zwei alten französischen Priestern ein.

An einem sicheren Ort befand er sich nicht. 1905 revoltierten tibetische Lamas, erzürnt über den britischen Einfall in ihr Land und die Schändung der heiligen Stadt Lhasa zwei Jahre zuvor, und richteten Massaker unter christlichen Missionaren, Konvertiten und chinesischen Beamten an. Als die Gefahr näher rückte, flehte Forrest die beiden Priester an, die Missionsstation zu verlassen, doch sie entschlossen sich erst zur Flucht, als die rachedurstigen Tibeter fast auf der Türschwelle standen. Ihr Tross von rund 80 Personen, darunter ihre Konvertiten und Forrests 17 Sammler, wurde bald entdeckt. Forrest berichtete Balfour in einem langen Brief von seiner wachsenden Verzweiflung über das gemächliche Tempo. Bei einer Frühstücksrast kletterte er auf einen Hügel, um nach den Tibetern Ausschau zu halten, doch da fielen sie schon über den Tross her. »Sofort brach allenthalben Chaos aus, und von diesem Moment an war jeder auf sich allein gestellt.« Die meisten seiner Männer rannten bergan, doch Forrest lief bergab Richtung Mekong. »Dieses furchtbare Wettrennen werde ich niemals vergessen, und wie ich entkam, kann ich nicht sagen. Der Pfad bestand an den meisten Stellen aus Balken entlang der Steilwände, tief unten donnerte der Fluss. Es waren nur zwei knapp 20 Zentimeter breite Baumstämme, schlüpfrig und von der ständigen Feuchtigkeit und der Gischt verrottet, und doch rannte ich über sie wie über eine ordentliche Straße.« Als die Tibeter ihm den Weg abschnitten, warf er sich in ein Gebüsch und rührte sich nicht, bis seine Verfolger abzogen und es Nacht wurde.

Als der Mond aufging, beschloss Forrest, doch einen der Bergrücken über dem Tal zu erklimmen. Der Weg war steil und gefährlich, er brauchte fünf Stunden bis zum Grat – den er streng bewacht vorfand. Es ging nicht anders, er musste wieder hinab und versteckte sich den Tag über »in einer Kuhle unter einem Felsen«. Am

Abend wagte er sich heraus und stellte fest, dass er verräterische Fußabdrücke hinterlassen hatte. Er vergrub seine Stiefel, »stieg zum Fluss hinab, ging ins Wasser und watete fast eine Meile nach Westen; als ich herauskam, achtete ich darauf, ja keine Spuren zu hinterlassen (...). Dies dauerte die gesamte zweite Nacht.«

In der dritten Nacht versuchte er, an anderer Stelle aus dem Tal herauszukommen, doch wieder standen Wachen auf dem Grat. Immerhin fand er ein paar Getreideähren auf der Erde. »Diese waren acht Tage lang körnerweise meine einzige Nahrung.« Nacht für Nacht versuchte er zu entkommen, Tag für Tag lag er versteckt, manchmal keine 50 Meter von den Verfolgern entfernt. Am achten Tag war er so schwach, dass er kaum stehen konnte. Er musste Hilfe suchen. »Tat ich es nicht, war mir der Tod gewiss, ich würde entweder hungers oder in den Händen der Lamas sterben.«

Als er in einen kleinen Weiler taumelte, bot Forrest »den abscheulichsten Anblick, die Kleider in Fetzen und schlammverkrustet, die Hosen fast völlig hinüber, Gesicht und Hände verschrammt und verkratzt vom nächtlichen Kampf durchs Gestrüpp, dito die Füße, und so angeschwollen, dass sie Füßen kaum ähnelten, zottiger schwarzer Bart und Schnauzer, und, da hege ich keinen Zweifel, mit einem äußerst erschrockenen, hungrigen und gehetzten Gesichtsausdruck«. Glücklicherweise lebten im Dorf keine Tibeter, sondern Lisu, eine chinesische Minderheit, die bereit waren, ihm zu helfen. Der einzige Fluchtweg führte durch dichte Bambus- und Rhododendronwälder, dann über hohe, verschneite Pässe. »Bitterkalt war es, in solch einer Höhe ohne den geringsten Schutz zu schlafen. In einer Nacht regnete es so stark, dass wir kein Feuer hatten und uns mit einer winzigen Menge Regenwasser, in einem Stück Kiefernrinde aufgefangen, begnügen mussten.« Und bei all dieser Pein humpelte er durch ein florales Paradies, vorbei an Primelwiesen und Rhododendronhainen, dem »herrlichsten« Mohn und ungezählten schönen Blumen, und konnte nichts sammeln. Doch er hatte Glück im Unglück: Nur einer seiner 17 einheimischen Helfer überlebte, und die beiden Priester wurden tagelang gefoltert, bevor sie eines langsamen, qualvollen Todes starben. Als Forrest schließlich Talifu (Dali) erreichte, hatte man ihn für tot erklärt. Flugs meldete er telegraphisch nach Edinburgh, er sei gesund und munter.

Das war vielleicht etwas übertrieben. Er litt immer noch an den Folgen der Unterernährung, als er mit seinem Freund George Litton vom britischen Konsulat nach Tengyue (Tengchong) im Saluen-Distrikt reiste. Er hatte in Tsekou alles verloren und musste sein Sammeln wieder bei null anfangen. Die beiden Männer verbrachten zwei Monate im moskitoverseuchten Dschungel. Litton starb an Malaria, Forrest erkrankte, überlebte auch dieses Mal und kehrte 1906 reich beladen nach England zurück.

Forrest reiste unerschrocken noch sechsmal nach China. Als er sich später mit Bulley nicht einigen konnte, arbeitete er für eine Reihe von Syndikaten, zu deren Mitgliedern J. C. Williams mit einem Garten in Caerhays, Cornwall, und Lionel Rothschild mit einem Garten in Exbury, Hampshire, gehörten. Beide waren passionierte Sammler von Gehölzen, vor allem von Rhododendren, und Forrest enttäuschte sie nicht. Aus einem Sämling der wunderschönen *Magnolia campbellii* subsp. *mollicomata*, die Forrest zuerst in dichtem Schneetreiben sah, wurde Williams' berühmte Hybride 'Lanarth'. Seine *Camellia saluenensis* wurde in Caerhays mit *C. japonica* zur reich blühenden Tribus *Camellia* x *williamsii* gekreuzt. Der scharlachrote *Rhododendron griersonianum* wurde gar ein Elternteil von 150 Hybriden. Den majestätischen *R. sinogrande*, der fast einen Meter lange Blätter mit samtweichen Unterseiten trägt und Forrest solchen Ruhm einbrachte, fand nicht er selbst, sondern sein Sammlerteam, das er mit Mulis vorausgeschickt hatte. Forrest sammelte mit seinen Helfern 5375 Rhododendren, darunter mehr als 300 neue Arten. Die Rhododendron Society, in deren Auftrag er seine vier letzten Reisen machte, nahm erstaunt zur Kenntnis, dass Rhododendren, die doch als säureliebend gelten, auch auf Kalk gedeihen, »viele wachsen auf blankem Fels«.

Trotz seines Erfolgs mit Bäumen und Sträuchern pflegte Forrest eine Passion für die exquisiten, juwelenartigen Pflanzen der alpinen Wiesen. Er brachte viele begehrte Primeln mit, wie die Orchideen-Primel (nach seinem Freund Litton *Primula littoniana* benannt, aber als *P. vialii* bekannt). Bulley stand Pate für

del. J.N.Fitch lith.

Matilda Smith, *Magnolia campbellii*,
aus *Curtis's Botanical Magazine*, 1885.

Matilda Smith, *Primula littoniana*,
aus *Curtis's Botanical Magazine*, 1910.

zwei Etagen-Primeln, *P. bulleyana* und *P. beesiana* (mit der Samenhandlung »Bees« finanzierte Bulley seine Sammelleidenschaft). Den wohl prächtigsten Chinesischen Herbstenzian (*Gentiana sino-ornata*), mit bis zu 3 Zentimeter langen lapislazuliblauen Blütenkelchen, fand er auf dem Mi-Chang-Pass.

Er entdeckte ihn auf seiner zweiten Reise (1910–1911) in sumpfigem Boden auf einer Höhe von 4270 bis 4570 Metern, wo er einen Teppich aus sattgrünem Laub und gestreiften Blüten bildete. Enziane galten lange als Heilmittel gegen Verdauungsbeschwerden, und noch heute machen sie Aperitifs wie den italienischen Aperol bitter. Ihren Namen hat die Gattung vom illyrischen König Gentius, der im 2. Jahrhundert v. Chr., so erzählt es der römische Naturforscher Plinius, aus ihren Blättern und Wurzeln einen Trank gegen die Pest braute.

1930 brach Forrest zu seiner letzten Expedition auf, um alle Pflanzen zu sammeln, die ihm bisher entgangen waren – »ein glorreicher und zufriedenstellender Schlusspunkt all der arbeitsamen Jahre«. Er wollte sich in Edinburgh zur Ruhe setzen, seine Memoiren schreiben und die Arbeit in die fähigen Hände seines Chefsammlers Zhao Chengzhang legen. Sie arbeiteten ab Anfang 1906 zusammen, als Forrest sich Helfer bei den Naxi, einer der Minderheiten in Südwestchina, gesucht hatte. Sein Team, zu dem auch Frauen gehörten, deren Zähigkeit und Findigkeit ihn tief beeindruckten, spürte nicht nur Pflanzen auf, sondern trocknete und presste sie auch geschickt zwischen absorbierendem Bambuspapier und verpackte riesige Mengen Samen. Zhao leitete ein Vierteljahrhundert lang eine Gruppe gut ausgebildeter Pflanzenjäger, meist Verwandte und Freunde aus seinem Dorf Xuecongcun. In den 1920er-Jahren musste er Forrest nicht mehr fragen, was er sammeln sollte.

Forrest schrieb nie seine Memoiren, im Januar 1932 erlag er bei einem Jagdausflug in die Hügel bei Tenchong einem Herzinfarkt. Sein Vermächtnis ist gewaltig: Er sammelte über 31 000 Pflanzen, Vögel, Säugetiere und Insekten, entdeckte 1200 noch unerforschte Pflanzenarten und stand für mehr als 30 Taxa Pate. Es kann kein Zweifel daran bestehen, dass er die Menschen in Yunnan liebte und achtete. Er zahlte sogar aus eigener Tasche tausende Impfungen gegen die Pocken, die damals immer wieder in tödlichen Epidemien ausbrachen. Doch keiner seiner Pflanzenfunde wurde nach Zhao Chengzhang oder einem anderen seiner Helfer benannt. Im Juni 2020 machte man dieses Versäumnis wett: Bei einer Revision der Gattung *Berberis* wurde eine neue Art *Berberis zhaoi* getauft.

Tibet-Scheinmohn

Wissenschaftlicher Name
Meconopsis baileyi

Botaniker
Frank Kingdon-Ward

Fundort
Tibet

Jahr
1924

WAS BRINGT einen Mann, der unter Höhenangst leidet, Schlangen fürchtet und die Kälte hasst, dazu, Pflanzenjäger im Himalaja zu werden, fünf Jahrzehnte lang durch den Dschungel zu irren und im Land des ewigen Schnees ungezählte Entbehrungen zu ertragen?

Frank Kingdon-Ward (1885–1958) blieb eigentlich nichts anderes übrig, denn nur als bezahlter Pflanzensammler konnte er seinen Entdeckerdurst stillen.

Irgendwie lag ihm das Botanisieren im Blut: Sein Vater hatte die Botanik-Professur in Cambridge inne, und er hatte, fasziniert von den Bildern in dessen Büchern, seit seiner Kindheit davon geträumt, tropische Wälder zu erforschen. Zunächst suchte er sich mit 22 Jahren eine Anstellung als Lehrer in Shanghai. Weil dieses Dasein aber doch nicht recht exotisch war, ergatterte er einen Platz bei einer zoologischen Expedition ins westliche China. Er sammelte ein paar Herbarexemplare, vor allem aber lernte er einiges über das bewegte Leben eines Feldforschers. Und so sagte er, als er im Januar 1911 aus heiterem Himmel ein Jobangebot bekam, »überschwänglich« zu.

Das Angebot kam vom pflanzenverrückten Baumwollmakler Arthur Bulley, der George Forrest als Sammler beschäftigt hatte, aber nun, nachdem Forrest sich einen spendableren Sponsor gesucht hatte, einen neuen Mann brauchte. Kingdon-Ward hatte vielleicht wenig Erfahrung, aber er war immerhin schon in China. »Bulleys Brief«, schrieb dieser, »entschied über die nächsten 45 Jahre meines Lebens«.

In diesen 45 Jahren machte er 22 Expeditionen in die Grenzregionen von Tibet, China, Birma (Myanmar) und Indien, einem Land, in dem sich unvorstellbar

Lilian Snelling, *Meconopsis baileyi*,
aus *Curtis's Botanical Magazine*, 1927.

4
1
6
7
3
5
2

hohe Gipfel mit tiefen Flusstälern abwechselten und die Flora innerhalb eines Tagesmarschs »das gesamte Spektrum von tropisch bis arktisch« abdecken konnte. Alles in allem sammelte er mehr als 23 000 Pflanzen und beschrieb 119 neue Arten, darunter 62 Rhododendren, 11 *Meconopsis* und 37 Primeln, doch sein Hauptaugenmerk galt immer dem lebenden Pflanzenmaterial für die neuen Waldgärten seiner reichen Sponsoren. Kingdon-Ward bestand viele Gefahren: Obwohl er einen ausgezeichneten Orientierungssinn hatte und selbst im Schnee nach Monaten zum Fundort einer Pflanze zurückfand, um deren Samen zu sammeln, brachte er es doch immer wieder fertig, tagelang herumzuirren. Wenigstens zweimal stürzte er einen Abhang hinunter (einen Sturz überlebte er nur, weil eine Bambusstange sich durch seine Achsel bohrte), er litt unter wiederkehrenden Malariaschüben, wurde von zornigen Yakhirten, Tibetdoggen und seinem betrunkenen Koch angegriffen (diesen wehrte er ab, indem er ihm die Daumen auf »Jiu-Jitsu-Art« zurückbog) und fast von einem Baum erschlagen. Doch nichts war so furchtbar wie das Erdbeben, das ihn 1950 an der Grenze von Assam nach Tibet überraschte. Er lag an seine junge Frau Jean und zwei Sherpas geklammert auf dem buckelnden Grund und erwartete, dass sie alle ins brodelnde Innere der Erde gerissen würden. Am nächsten Morgen verdunkelten dichte Wolken die Sonne. Sie bahnten sich durch Düsternis und Schlamm einen Weg und fanden den hinreißenden Chinesischen Blumen-Hartriegel (*Cornus kousa* var. *chinensis*).

Von diesen Abenteuern berichtete er in 25 Büchern und zahllosen Artikeln. Lebhaft schilderte er atemberaubende Landschaften und erzählte von den Menschen, denen er begegnet war. Seine Darstellungen sind stets wissenschaftlich genau, manchmal poetisch und oft sehr komisch. Kein anderer Pflanzenjäger konnte mit Worten so umgehen wie Kingdon-Ward. 1926 landete er einen Bestseller: *Das Rätsel der Tsangpo-Schluchten* erzählt von seiner elfmonatigen Erkundung eines unkartierten Flusses, der in Tibet durch die tiefste Schlucht der Welt rauscht.

»Die Flora dieser Region am äußersten östlichen Rand des Himalajas war praktisch unbekannt«, schrieb er. Doch es war nicht die Flora, die ihn eigentlich dorthin gezogen hatte. Was er wirklich suchte, war ein sagenhafter Wasserfall, den tibetische Legenden als donnerndes Tor nach Pemakö beschrieben, dem »verborgenen Land, dem tausendblättrigen Lotus gleich«, einem Himmelreich auf Erden. Über den genauen Verlauf des heiligen Flusses Tsangpo wusste man lange Zeit nichts. Er entspringt östlich des heiligen Bergs Kailash, fließt 2090 Kilometer über die raue tibetische Hochebene nach Osten und stürzt dann abrupt aus einer Höhe von über 2740 Metern in ein undurchdringliches Gewirr von Gipfeln und Schluchten – und dort verlor sich damals seine Spur. 240 Kilometer weiter tritt dann in Assam der Brahmaputra aus den Abor-Bergen in die Ebene und fließt auf einer Höhe von nur 300 Metern in die entgegengesetzte Richtung. Die Tibeter glaubten, Tsangpo und Brahmaputra seien ein und derselbe Fluss. Das aber hieß, dass in einer Folge unergründlicher Schluchten (fast dreimal tiefer als der Grand Canyon), in deren Verlauf der Fluss in einer Schleife zwischen den Gipfeln des Namjagbarwa und des Gyala Peri (von den Tibetern als Brüste der Göttin Dorje Phagmo verehrt) hindurchtoste, das Wasser unerklärliche 2,5 Kilometer in die Tiefe rauschen musste. Die britischen Landvermesser argumentierten jedenfalls, es müsse einen Wasserfall geben, mindestens so gewaltig wie die Victoriafälle in Afrika.

Doch wie sollte man ihn finden? Im Süden stellten sich die feindseligen Stämme der Abor und Mischmi in den Weg, im Norden hatte China die Grenzen zu Tibet geschlossen. In das heilige Land durften nur Pilger, die geheimen, von Lamas gehüteten Hinweisen folgten. Doch im Zuge einer verdeckten britischen Operation gelang es in den 1880er-Jahren einem höchst findigen tibetischen Schneider namens Kintup, das einsame Kloster Pemaköchung zu erreichen. Und dort sah er seinem offiziellen Bericht zufolge einen 45 Meter hohen, in Regenbogen gehüllten Wasserfall. 1913 zogen die britischen Entdecker F. M. Bailey und Henry Morshead heimlich 2400 Kilometer durch die Berge – nur um zu hören, dass sich Kintups »Regenbogenfall« nicht bei diesem Kloster befand, sondern – eventuell – in einer der unbegehbaren Schluchten. Ein Jahrzehnt verging. Dann tauchte 1924 Kingdon-Ward bei Bailey auf, wild entschlossen, diesem rätselhaften Land »das letzte Geheimnis aus dem Herzen zu reißen«.

Es war nicht einfach, den Pilgerweg nach Pemaköchung zu finden. Und von dort mussten er und seine Gefährten sich durch dichten Dschungel tasten, senkrechte Felsenkamine überwinden und auf Baumstämmen über donnernde Katarakte, die alles erzittern ließen, balancieren. Schließlich sahen sie »eine große Gischtwolke, die keine halbe Meile vor uns über den Felsen hing. ›Der Wasserfall, endlich‹, dachte ich. Doch er war es nicht – nicht *der* Fall. Ein Wasserfall, gewiss, wohl 12 Meter hoch und mit den Regenbogen, die im Sprühnebel aufglühten und wieder ver-

Meconopsis baileyi, aus *Revue horticole*, 1933.

gingen, ein schöner Anblick. Aber ganz offensichtlich waren es nicht die sagenhaften Fälle, nicht die ›Fälle des Brahmaputra‹, die schon so viele entdecken wollten.«

Von da an machten die senkrechten Felswände ein Weiterkommen unmöglich. Kingdon-Ward kehrte um und glaubte, er wäre einer Chimäre nachgejagt. Doch er hatte die Schluchten bis auf läppische 16 Kilometer erforscht und aus botanischer Sicht war die Expedition ein Triumph: »Wo immer die Natur hinkam und sich festklammern konnte, wuchsen Bäume.« Und so kam er mit Unmengen von Rhododendren, Berberitzen, Iris, Trollblumen und Primeln zurück, darunter die Tibet-Primel (*Primula florindae*), die er nach Florinda, seiner ersten Frau, benannte. Eine andere benannte er nach seinem Reisegefährten Lord »Jack« Cawdor, einem jungen schottischen Adligen, der einen Teil des Abenteuers finanziert hatte. Doch Cawdor hatte wenig Freude daran, er fand das Essen ungenießbar und das Tempo des älteren Manns frustrierend. »Es macht mich wahnsinnig, hinter ihm herzulaufen. Sollte ich je wieder auf Reisen gehen, dann garantiert nicht mit einem Botaniker. Ständig bleiben sie stehen und gaffen Unkraut an.«

Doch selbst Cawdor war beeindruckt, als sie in einem »tückischen dornigen Dickicht« eine Kolonie von strahlend blauem Mohn fanden. Bailey hatte ihn auf seiner Expedition 1913 entdeckt und eine einzelne Blüte in seinem Notizbuch gepresst. Es war nicht der erste blaue Mohn, den Kingdon-Ward fand, doch seiner Ansicht nach der beste. Denn er war nicht nur schön (»inmitten eines Paradieses von Primeln flattern die Blüten über den meergrünen Blättern wie blau-goldene Schmetterlinge«), sondern, wie er hoffte, auch »winterhart und in Großbritannien leicht zu kultivieren. Als Waldpflanze wird er nicht so sehr unter den Kapriolen unseres wechselhaften Klimas leiden. Da er aus mittleren Höhenlagen stammt, ist er an dieses flaue Durchschnittswetter, das bei uns vorherrscht, gewöhnt, und als Staude wird er die Gärtner nicht zur Verzweiflung bringen.« Doch es erwies sich, dass er nicht leicht zu kultivieren ist, obwohl er in kühlen Gärten in Schottland und an der amerikanischen Ostküste gut gedeiht. Man nannte ihn *Meconopsis baileyi*, dann glaubte man 1934, es handele sich um dieselbe Pflanze, die der französische Missionar Delavay 1886 in Yunnan entdeckt hatte, und gab ihr den älteren Namen *M. betonicifolia*. 2009 meinte man, es handele sich doch um zwei Arten, und so erinnert Kingdon-Wards blauer Scheinmohn wieder an F. M. Bailey, dessen Leben als Soldat, Entdecker und Geheimagent noch abenteuerlicher war als sein eigenes.

1919 verbrachte Kingdon-Ward ein paar Tage in Gesellschaft von Euan Cox, einem jungen schottischen Pflanzenjäger. Cox' Sohn Peter wurde ebenfalls Pflanzenjäger, und auch sein Enkel Kenneth sammelte – er reiste mit Kingdon-Wards Büchern durch den Himalaja und folgte ihnen auf Schritt und Tritt. Er wusste, dass Kingdon-Ward viele Arten, die in seinen Büchern erwähnt waren, nicht gesammelt hatte, weil sie seine Geldgeber nicht interessierten, und dass andere sich nicht hatten kultivieren lassen. Er war sich sicher, dass noch vieles zu entdecken war – nicht zuletzt der sagenumwobene Wasserfall in den Tsangpo-Schluchten …

1996 schloss Kenneth Cox sich dort zwei amerikanischen Entdeckern an, Ken Storm Jr. und Ian Baker. Die beiden waren überzeugt, dass der Wasserfall existierte, und auch sie zogen mit einem zerlesenen Exemplar von Kingdon-Wards Buch herum. Ein glücklicher Zufall wollte es, dass ihr Bergführer der Enkel des Jägers war, der Kingdon-Ward geführt hatte. Wenn sie an denselben Stellen lagerten und fotografierten, was er gesehen hatte, schien es, als sei er nur Sekunden vorher vorbeigegangen. Als sie 1998 zurückkehrten, zeigte ein anderer Jäger namens Jyang ihnen eine neue Route zu einem höhergelegenen Aussichtspunkt. Und von dort sahen sie auf die Regenbogenfälle herunter, die halb von Sprühnebel verborgen waren. Und direkt dahinter machte der Fluss eine Linkskurve und donnerte über eine weitere Stufe hinab. Es gab die Fälle also doch, keine 400 Meter von der Stelle entfernt, an der Kingdon-Ward gestanden hatte, hinter einer Biegung verborgen. Storm vermaß sie: Der erste war 21 Meter hoch, der zweite über 30 Meter. Damit ist er der höchste vermessene Wasserfall an einem tibetischen Fluss.

Die Erste, die davon erfuhr, war Kingdon-Wards Witwe. Er hatte Jean Macklin 1947 geheiratet, da war er 62 und sie 26, und von diesem Tag an begleitete sie ihn bis zu seinem Tod im Jahr 1958 auf all seinen Expeditionen und wurde selbst eine versierte Pflanzenjägerin. Sie sei froh, erklärte sie, dass »Frank Ihnen eine Entdeckung übrig gelassen hat«.

Doch vielleicht gibt es die Fälle bald nicht mehr. 2015 wurde in der oberen Schlucht ein Staudamm fertiggestellt, der erste von elf geplanten Staudämmen entlang des Tsangpo. An der großen Biegung soll ein Megastaudamm mit dem größten Wasserkraftwerk der Menschheitsgeschichte entstehen – dreimal leistungsstärker als das des – aus ökologischer Sicht katastrophalen – Drei-Schluchten-Staudamms am Jangtse.

Lilium mackliniae, ihre Namenspatin war Kingdon-Wards zweite Frau und furchtlose Reisebegleiterin Jean Macklin. Illustration von Stella Ross-Craig, aus *Curtis's Botanical Magazine*, 1950.

Tibet-Pfingstrose

Wissenschaftlicher Name
Paeonia ludlowii

Botaniker
Frank Ludlow und George Sherriff

Fundort
Tibet

Jahr
1936

Weite Teile des Himalajas sind noch immer unkartiert und unerforscht; noch größere Regionen jungfräulicher Boden für Feldbotaniker (…). Wir fühlten uns als Pioniere und frohlockten. Wie gut war es, in einer Zeit zu leben, in der es noch neue Länder und Blumen und Vögel zu entdecken gab.

DAS SCHRIEB Frank Ludlow (1885–1972) im Jahr 1940 im *Himalayan Journal*. Er hatte 1929 George Sherriff (1898–1967) in Kashgar kennengelernt, und sich auf Anhieb mit ihm verstanden. Beide Männer begeisterten sich für Naturkunde, Sherriff interessierte sich mehr für Pflanzen, Ludlow vor allem für Vögel. Ludlow hatte Jahre im Dienst der indischen Schulbehörde verbracht und war 1923 nach Tibet gezogen, um Direktor einer neuen Eliteschule nach englischem Vorbild zu werden. Nach drei frustrierenden Jahren kündigte er und ließ sich in Kaschmir nieder. Doch er brach den Kontakt zu seinen einflussreichen Freunden in Tibet nicht ab, und erhielt von ihnen Reisegenehmigungen, die kein anderer Ausländer bekam. Sherriff war erst Soldat und dann britischer Konsul in Kashgar gewesen und hatte ebenfalls ausgezeichnete Verbindungen: Einer seiner Freunde war der Herrscher von Bhutan. Und so war denn auch Bhutan 1933 das Ziel ihrer ersten gemeinsamen Expedition. Nachdem sie mehr als 500 Pflanzen gesammelt hatten, beschlossen sie, die kaum bekannte Himalajaregion im Osten Sikkims weiter zu erkunden und arbeiteten sich systematisch ostwärts bis zur großen Biegung des Tsangpo vor, wo es unvorstellbare botanische Schätze geben sollte.

Und nach diesen suchten sie in den nächsten 15 Jahren, manchmal in Begleitung von britischen Botanikern oder Sherriffs furchtloser Frau Betty, immer mit einem großen Team von Sammlern aus Bhutan, Sikkim und Kaschmir, das von Tsongpen, einem Lepcha angeführt wurde. Sherriff sorgte dafür, dass sie »gut ge-

Lilian Snelling, *Paeonia ludlowii*, aus *Curtis's Botanical Magazine*, 1927.

nährt, gut gekleidet und gut bezahlt waren, und gab ihnen das Gefühl, dass ihre Arbeit von großer Bedeutung war, und das war sie tatsächlich«, schrieb Ludlow. »Sherriff und ich wussten (…), dass wir ohne ihre Hilfe nicht weit gekommen wären und nicht viel erreicht hätten.«

Wie sie das alles finanzierten, war unklar, und so kam der Vorwurf auf, sie seien keine Botaniker, sondern Spione. In diesem Fall hätten sie ihre Tarnung sehr effizient aufrechterhalten: Sie sammelten wenigstens 21 000 Herbarexemplare und eine erhebliche Menge Samen, die sie als Erste per Luftfracht nach Europa schickten.

Während des Zweiten Weltkriegs blieben sie in Lhasa und arbeiteten für die britische Gesandtschaft. 1946 machten sie sich wieder auf den Weg zu den legendären Schluchten des Tsangpo (siehe Seite 126) im Südosten Tibets. Doch auf dieser Reise wurden sie vom Pech verfolgt: Sherriff hatte Herzprobleme, Ludlow vergiftete sich mit Rhododendronblütenhonig. Selbst Sherriffs Hund erging es schlecht, ihn lähmten Stiche von Killerbienen. Als sie im Jahr darauf nicht mehr nach Tibet einreisen durften, machten sie 1949 ihre letzte Expedition nach Bhutan, doch auch diese Tür schloss sich: Bis 1974 durfte kein westlicher Reisender mehr ins Land. Sie zogen sich nach Großbritannien zurück, Sherriff nach Schottland, wo er einen gefeierten Himalajagarten schuf, und Ludlow in Londons Naturkundemuseum, wo er sich die nächsten 20 Jahre seinen Sammlungen widmete.

Matilda Smith, *Paeonia lutea*, nun *Paeonia delavayi*, aus *Curtis's Botanical Magazine*, 1901.

So viele Herbarexemplare sie auch zusammentrugen, fanden sie doch das Sammeln von Samen besonders befriedigend. Denn »außer den Experten, verbringt kaum jemand Zeit in Herbarien«, schrieb Ludlow. Aber »die lebende Pflanze in unseren Gärten und Parks ist für jeden Betrachter ein Genuss«. – So wie die herrliche gelb blühende Strauchpfingstrose. Anfangs hielt man sie für eine großblütige Varietät der Gold-Pfingstrose (*Paeonia lutea*), doch 1997 wurde *P. ludlowii* als eigene Art anerkannt. Ihre leuchtenden Blüten und das schön geschlitzte Laub machen sie zur beliebten Gartenpflanze. In ihrer Heimat im Südosten Tibets, wo sie auf 2750 bis 3350 Meter Höhe an sonnigen Felshängen wächst, gilt sie als gefährdet.

Ludlow und Sherriff führten mindestens 66 *Primula*-Arten, 23 *Meconopsis*, mehr als 100 Rhododendren und auch die Tibetanische Bergkirsche (*Prunus serrula*) mit ihrer glänzend mahagonifarbenen Rinde und die orange blühende Himalaja-Wolfsmilch (*Euphorbia griffithii*) ein. Vielleicht aber waren sie als Ethnographen noch bedeutender. Sherriff war nicht nur ein ausgezeichneter Fotograf, der mit noch neuen Farbfilmen arbeitete, sondern auch einer der ersten Dokumentarfilmer. Seine Filme, die im British Film Institute bewahrt werden, zeigen neben den Gefahren ihrer Reisen, wie Gratwanderungen und furchteinflößenden Flussquerungen, auch die fast untergegangene tibetische Alltagskultur: Frauen, die Yakwolle zum Trocknen aufhängen, kichernde Kinder an Spinnrädern, religiöse Rituale und Dorffeste mit Tänzern in aufwendigen Trachten. Viele Botaniker verfassten Berichte über ihre Reisen, doch kaum einer hinterließ so bewegende Aufnahmen wie George Sherriff.

Reispapierbaum

Wissenschaftlicher Name
Tetrapanax papyrifer 'Rex'

Botaniker
Bleddyn und Sue Wynn-Jones

Fundort
Taiwan

Jahr
1993

ES WAR DER Rinderwahn – er machte aus den Waliser Bauern Bleddyn und Sue Wynn-Jones Pflanzenjäger. Sie waren immer gerne gereist, und als sie dann keine Rinder mehr hatten, packten sie ihre Rucksäcke und fuhren nach Jordanien. In der Wüste entdeckten sie an den roten Felswänden des Wadi Rum einen aparten schmalblättrigen Seidelbast. Es war sicherlich keine Pflanze für die verregneten Waliser Hügel, aber sie ließ in den beiden einen Wunsch aufkeimen – nach einer einzigartigen Gärtnerei, die nur unbekannte Pflanzen, in allen Ecken der Welt gesammelt, führen sollte.

»Wir verfügten über die erste Qualifikation, die man als Pflanzenjäger braucht«, sagt Bleddyn Wynn-Jones, »wir wussten, wie man komfortlos reist«. Dann machten sie sich daran, die nächste zu erwerben, studierten die Flora der Orte, die sie bereisen wollten, brüteten über Herbarbögen in Kew und lernten im Botanischen Garten von Bangor, wie man Beeren sammelt, säubert und trocknet. Sie erfuhren auch, wie viele bekannte Gattungen in unseren Gärten noch unterrepräsentiert waren. In Taiwan etwa, ihrem nächsten Reiseziel, gab es wenigstens 13 vielversprechende Arten der Hortensien-Familie, die im westlichen Handel kaum zu finden waren. E. H. Wilson (siehe Seite 108 ff.) hatte gegen Ende seiner Karriere dort botanisiert, doch das Hochland von Taiwan blieb Ausländern weitestgehend unbekannt. Dort müssten für kühlere Klimazonen geeignete Bergwald-Pflanzen zu finden sein. Die taiwanesische Nationalparkbehörde gab ihre Erlaubnis, und als die Wynn-Jones dann ankamen, staunten sie über den Artenreichtum, vor allem in der atemberaubenden Taroko-Schlucht.

Das war 1991. Seither sammelten sie noch sechsmal in Taiwan und von der zweiten Reise brachten sie den spektakulären *Tetrapanax papyrifer* 'Rex' mit. Der große immergrüne Strauch oder Kleinbaum wurde von Gartengestaltern in ganz

Tetrapanax papyrifer, aus W. J. Hooker, *Hooker's Journal of Botany and Kew Garden Miscellany*, 1849–1857.

1.
2.
3.
4
5.

Europa sofort zum ultimativen »Urban chic« im Stadtgarten erklärt (trotz seiner schlechten Angewohnheit, sich über Ausläufer zu vermehren), denn er trägt auf seinem aufrechten Stamm apart gelappte Blätter, die bis zu einem Meter breit werden. Später fanden die Wynn-Jones noch anderen Varianten des *Tetrapanax*, die höher werden und winterhärter sind, weil sie aus größeren Höhen stammen. Crûg Farm Plants genießt inzwischen international den Ruf, herrlich exotische Pflanzen zu führen, die in kühleren Breiten gedeihen, wie Strahlenaralien aus Taiwan, *Oreopanax* aus Südamerika und Schusterpalmen aus Vietnam. *Holboellia latifolia* subsp. *chartacea* und *H. brachyandra* klettern mit ihren duftenden Trauben von Blütenglöckchen inzwischen in vielen britischen Gärten.

Das Paar hat nun fast 40 Länder bereist, darunter Laos, Kolumbien, Guatemala und Gegenden in Südkorea und Vietnam, in die kaum je ein Botaniker vordrang. Jede Tour vermehrt auch ihr Wissen. Als sie zu sammeln begannen, kannte die Wissenschaft etwa 20 Arten der Schusterpalme, heute sind es fast 200, mehrere entdeckten die Wynn-Jones. Seit 2017 arbeiten sie eng mit russischen Botanikern zusammen, um die Gattung *Ruscus* zu erforschen – Floristen kennen vor allem *Ruscus aculeatus*, den Stechenden Mäusedorn. Das machte einen haarsträubenden Sammeltrip durch ein Kriegsgebiet in Abchasien notwendig, und es war nicht die einzige lebensgefährliche Situation, in die sie gerieten: Sie wurden von Banditen in Guatemala überfallen, von Maoisten in Nepal bedroht und mussten sich in Thailand vor Bewaffneten verstecken, die Opiumfelder bewachten.

Büschel von Pflanzen, aus deren Mark Papier gemacht wird, wahrscheinlich *Tetrapanax papyrifer*, aus L. van Houtte, *Flore des serres et des jardins de l'Europe*, 1845–1880.

Sie tun solche Gefahren mit einem Lachen ab. Was sie aber in Angst und Schrecken versetzt, ist der Klimawandel, dessen Auswirkungen ihrer Ansicht nach für das Pflanzenreich katastrophaler sind als jeder direkte menschliche Eingriff. Für das enorme Artenschwinden, das sie in den letzten 30 Jahren beobachteten, machen sie häufiger und heftiger auftretende extreme Wetterereignisse verantwortlich.

»Wir schaffen es kaum, Pflanzen zu finden und zu beschreiben, bevor sie für immer verschwinden, von Feuer, Fluten, Erdrutschen, Erdbeben oder Taifunen vernichtet. Wir haben erlebt, wie in einer einzigen Nacht ein Meter hoch Regen fiel. Wir haben gesehen, wie Felsbrocken von der Größe eines Hauses einen Wald niedermähten.«

Auch deshalb sammeln die Wynn-Jones Samen und versuchen, Pflanzen zu ziehen, die anderswo eine Überlebenschance haben können. Doch oft genug gelingt das nicht. In neun von zehn Fällen lassen sich Pflanzen nicht kommerziell erfolgreich vermehren. Crûg Farm Plants war immer eher eine lebende Bibliothek als ein gewinnabwerfendes Unternehmen. Sie arbeiten eng mit Forschungseinrichtungen und botanischen Gärten der Länder, in denen sie sammeln, zusammen, und teilen Wissen, Pflanzenfunde und Samen zuerst mit diesen, damit die Pflanzen auch in ihrer Heimat eine Zukunft haben. Da sie ihre Reisen selbst finanzieren, arbeiten sie manchmal mit anderen Gärtnern, wie etwa dem schon legendären amerikanischen Pflanzensammler Dan Hinkley, zusammen, und teilen sich die Kosten. Wenn mehrere Züchter beteiligt sind, steigen auch die Chancen, Pflanzen erfolgreich einführen zu können.

»Wir versuchen, neue Pflanzen einzuführen und zu kultivieren, damit wir eine möglichst große Artenvielfalt erhalten können«, erklärt Bleddyn Wynn-Jones. »Je gefährdeter eine Pflanze in der Wildnis ist, desto dringender ist es, ihr einen sicheren Ort in Gärten zu bieten. Wir können es uns nicht leisten, das allein den Wissenschaftlern und botanischen Gärten zu überlassen – jeder muss etwas tun.«

Epimedium ogisui

Wissenschaftlicher Name
Epimedium ogisui

Botaniker
Mikinori Ogisu

Fundort
Provinz Sichuan, China

Jahr
1993

DER BOTANIKER Mikinori Ogisu (Jg. 1951) wird in seinem Heimatland Japan als »Lebender Nationalschatz« verehrt. Im Vereinigten Königreich existiert ein solcher Ehrentitel nicht, doch der Botaniker, Bestsellerautor, Rundfunk- und Fernsehgärtner Roy Lancaster (Jg. 1937), dessen Garten in Südengland auch einige der raren und wunderschönen Pflanzen, die Ogisu einführte, zieren, ist dort sicherlich gleichermaßen beliebt. Die beiden sind seit annähernd einem halben Jahrhundert befreundet und haben in Japan und China gemeinsam ausgedehnte Botanisierreisen unternommen. Dabei geben sie ein recht seltsames Paar ab: Lancaster ist überschwänglich, beredt und kommunikativ, Ogisu ein nüchterner Mensch, den man wegen seiner Askese und Rigorosität auch den »Grünen Samurai« nennt.

Diesen Namen verdankt er auch seiner großen Kenntnis und Bewunderung der blumenliebenden Samuraikultur der Edo-Zeit (1603–1868). Während dieser Jahrhunderte währenden Isolation Japans förderten die Shogune die Entwicklung einer sublimen Gartenkultur, die zu herausragenden Erfolgen auf dem Gebiet der Pflanzenzucht führte, lange bevor Gregor Mendel sich im Westen mit Auslese und Vererbung befasste, und bestimmten Pflanzengruppen wie Kamelien, Chrysanthemen, Ahornen und Iris eine kulthafte Verehrung bescherte. Beunruhigt vom Verschwinden dieser Traditionen im modernen Japan begann Ogisu, der nebenbei ein exzellenter Gärtner ist, diese Pflanzen zu sammeln. Er regte auch den Industriellen Seizo Kashioka an, einen dem Schutz der Iris gewidmeten Garten zu finanzieren. 1978 wurden tausende Sorten der herrlichen Japanischen Iris *Iris ensata* var. *spontanea* gepflanzt. In den folgenden zehn Jahren kamen weitere historische Pflanzengruppen wie Funkien, Hortensien und immergrüne Azaleen sowie ein Forschungsinstitut hinzu. 1997 veröffentlichte Ogisu die

Christabel King, *Epimedium flavum*, aus *Curtis's Botanical Magazine*, 1995, eine der zahlreichen neuen *Epimedium*-Arten, die Ogisu entdeckte.

一種
かまやましやうぶ
琉球釜山より来るといふ葉狭くして本
より長く三尺許花深紫色にて美し

Früchte seiner jahrzehntelangen Arbeit in seinem Werk *Die Geschichte und Prinzipien der Blumenzucht in Japan*, in dem er ausführlich 33 Gruppen von Zierpflanzen behandelte, die während der Edo-Zeit hoch geschätzt wurden. Nach Kashiokas Tod musste das Forschungsinstitut 2012 schließen. Ogisu stand vor der Herausforderung, für Tausende seltener Pflanzen ein neues Zuhause zu finden – wahrlich keine leichte Aufgabe, denn viele dieser Pflanzen verlangten sorgfältige Pflege. Einige gingen an botanische Gärten, die robusteren blieben im Japanischen Iris-Garten, der in den Besitz der Kommune überging, und etwa 3000 Pflanzen wurden an ausgesuchte japanische Spezialgärtnereien verteilt, wo Ogisu sie mehrmals im Jahr besucht und jede Einzelne hätschelt, als wäre sie sein liebstes Enkelkind.

In den Bann dieser traditionellen Pflanzen geriet Ogisu, als er gerade einmal zehn Jahre alt war. Pflanzen waren ihm schon vorher ein Trost gewesen, er wurde streng erzogen, um die Zen-Tugenden der Selbstdisziplin und Selbstverantwortung zu erlernen, und wenn er die Tränen nicht mehr zurückhalten konnte, schlich er sich in den Garten und verbarg sich unter den Zweigen seines Lieblingsbaums. Mit 15 wollte er Gärtner werden, mit 18 studierte er Pflanzengenetik und als er 20 war, setzte er sein Studium in Europa fort. (Roy Lancaster, der damals Direktor des Sir Harold Hilliers Garden war, fiel der schüchterne junge Mann auf, weil er sich ausführliche Notizen machte, als er den Garten mit Kommilitonen besuchte.) Danach ging er an die Universität von Sichuan, sein Doktorvater war der renommierte chinesische Botaniker Professor Wen-Pei Fang. Doch weil damals Ausländer keinen Doktortitel bekamen, musste er sich mit dem eines »Forschungsstipendiaten ehrenhalber« begnügen. Seither wurde Ogisus herausragender Beitrag zur chinesischen Botanik mit zahlreichen Auszeichnungen und Preisen gewürdigt. 2017 nahm man ihn – als einzigen Ausländer – in die Ruhmeshalle der Erforscher der Flora in der Provinz Sichuan auf.

»Wohl niemand weiß mehr über die chinesische Flora als er«, sagt Lancaster dazu. »Er ist weiter durch China gereist als sonst ein Mensch, hat mehr Pflanzen an den abgelegensten Orten gesehen als irgendein Botaniker seiner Generation und zahllose neue Arten vieler verschiedener Gattungen entdeckt. Noch beeindruckender ist aber der Respekt, den er den Leuten entgegenbringt, nicht nur den chinesischen Botanikern (...), sondern auch den einfachen Menschen, denen er bei seinen Erkundungen begegnet.« Wissenschaftler sollten bescheiden sein, meint Ogisu, und

Blumen wurden während der Edo-Zeit von den Samurai hoch geschätzt; dieses Aquarell einer *Iris sanguinea* stammt aus *Honzō Zufu*, 1835–1844, einem botanischen Werk des Samurais Kan-en Iwasaki. Er dokumentierte neben Pflanzen auch Tiere und Insekten und war ein anerkannter Experte der Pflanzenvermehrung.

sich nicht einbilden, sie wüssten mehr über Pflanzen, als die Menschen, die in ihrer Umgebung leben. Sie sollten vielmehr respektvoll schauen, zuhören und lernen.

Auch zur westlichen Gartenkultur trug Ogisu erheblich bei. Er entdeckte eine »verlorene« chinesische Wildrose wieder, eine Vorfahrin vieler europäischer Cultivare. Seit den 1920er-Jahren hatte kein ausländischer Botaniker *Rosa chinensis* var. *spontanea* zu Gesicht bekommen. Und so machte sich Ogisu auf Drängen des britischen Rosenkenners Graham Stuart Thomas auf die Suche und fand sie 1983 an einem Hang in Sichuan. Sein Wissen über die Flora dieser Region und insbesondere die Erforschung des Bergs Emei (Emei Shan), eines botanischen Hotspots mit über 3700 Pflanzenarten, von denen Ogisu 106 für endemisch hält, brachten ihm ersten Ruhm ein. Hier gingen schon E. H. Wilson und Ogisus Mentor Professor Fang bevorzugt auf Pflanzenjagd. (Ogisu führt noch immer eine von Professor Fang begonnene Liste über die Flora des Bergs.) Der Berg ist auch für ein kurioses Wetterphänomen bekannt: Ab und an legt sich ein Regenbogenring um seinen Gipfel, die buddhistischen Pilger nennen ihn »Buddhas Heiligenschein«. Der Emei Shan ist einer der vier heiligen Berge Chinas. An seinen Flanken stehen 76 Klöster und Tempel, in denen schon früh die Kampfkunst geübt wurde. Ogisu hat wenigstens 30 Mal dort gesammelt und verschiedene Pflanzen in die Kultivierung eingeführt, wie das feurige Geißblatt *Lonicera calcarata*, die elegante weiß blühende *Bergenia emeiensis* sowie zwei Vertreter seiner Lieblingsgattungen, *Mahonia* x *emeiensis* und *Epimedium* x *omeiense*.

Herbarexemplar von *Epimedium ogisui*, gesammelt 1992 von M. Ogisu in China, aufbewahrt im Botanischen Garten, Kew.

Den Mahonien und Elfenblumen (*Epimedium*) galt lange Zeit Ogisus Vorliebe (in den letzten Jahren wandte er sich auch Schusterpalmen, Clematis und Salomonssiegeln zu). Er hat viele neue Mahonien entdeckt. Etwa 15, darunter die imposante *M. ogisui*, gedeihen in Lancasters Garten. Ende der 1990er-Jahre, als Ogisu in China bereits viele neue Elfenblumen-Arten gefunden hatte, stellte Lancaster ihn dem führenden *Epimedium*-Experten William Stearn vor. Stearn war ob der reichen Vielfalt in China verblüfft, begann sofort an einer neuen Beschreibung der Gattung zu arbeiten und kam danach auf die doppelte Anzahl bekannter Arten. Niemand, erklärte er, habe mehr zum Verständnis dieser Pflanze beigetragen als Ogisu. Seither wächst und wächst die Gattung dank Ogisus Funden (ein weiterer großer Elfenblumenentdecker ist Darrell Probst aus Massachusetts) und einer immer größer werdenden Flut von Gartenhybriden. Inzwischen gibt es 65 benannte Arten dieser kleinen schattenliebenden Stauden (die im Deutschen trotz ihrer eleganten Blüten auch »Sockenblumen« genannt werden). 13 der 52 chinesischen Arten entdeckte Ogisu, seinen Namen tragen die immergrüne *E. ogisui*, mit apart rot gesprenkeltem Laub und großen reinweißen Blüten, und *E. mikinorii*, mit weiß-purpurnen Blüten. Die elegante *E. leptorrhizum* 'Mariko', die sich mit großen spinnenartigen Blüten schmückt, benannte er nach seiner Frau.

Wie Augustine Henry vor mehr als einem Jahrhundert ist auch Ogisu von der Vernichtung vieler Habitate im westlichen China alarmiert. (Der chinesische Botaniker Yin Kaipu und die britischen Baumexperten Tony Kirkham und Mark Flanagan haben dies in zwei Büchern, die Fotografien von Ernest Wilson neben heutige Aufnahmen stellen, nachdrücklich aufgezeigt.) Ogisu findet keine Ruhe, sagt Lancaster, »ständig ist er irgendwo unterwegs und sucht nach einer epiphytischen Lilie, die zuletzt von Kingdon-Ward gesehen wurde, oder einer *Nomocharis*, die Forrest als Letzter sah«. Lancaster fürchtet, dass sein Freund, wie George Forrest, niemals dazu kommen wird, zu erzählen, was er gesehen hat und was er weiß. Es wäre ein großer Verlust, denn Ogisu, so Lancaster, »gehört mit Wilson und Forrest zu den wahrhaft Großen. Er hat nicht weniger als 80 neue Arten entdeckt. Er hat ganz allein eine jahrhundertealte Tradition der Blumenzucht bewahrt. Man nennt ihn auch den ›japanischen Linné‹ und wie ich glaube, völlig zu Recht.«

Noch sind Ogisus Memoiren nicht angekündigt, doch auf Instagram zeigt er regelmäßig staunenswerte neue Pflanzen.

EUROPA UND DIE LEVANTE

JAHRHUNDERTELANG WURDEN PFLANZEN durch Kriege oder Handel über Europa verteilt. Das Römische Reich dehnte sich nach Norden bis ins kühle Britannien und Germanien aus und im Süden fast rund ums Mittelmeer. Pflanzen gehörten zu den Gütern, die durch dieses riesige Reich reisten. Manche wurden, zusammen mit etwas botanischem Wissen, in den christlichen Klöstern bewahrt, als das Reich unterging. Im Westen Europas erstand aus seinen Ruinen das Heilige Römische Reich, und gegen Ende des 8. Jahrhunderts tat Karl der Große das Seine zur Verbreitung von Pflanzen: In der Landgüterverordnung schrieb er vor, welche Pflanzen (Obstbäume, Gemüse, Heilkräuter etc.) in jeder seiner Pfalzen angebaut werden sollten. Manche mediterrane Pflanze musste deshalb über die Alpen ziehen.

Im christlichen Europa geriet das meiste Wissen der Antike fast 1000 Jahre lang in Vergessenheit. In der islamischen Welt wurden dagegen viele griechische und lateinische Texte ins Arabische übersetzt, darunter Dioskurides' *De Materia medica*, der bedeutendste antike Text über die Verwendung von Heilpflanzen, verfasst von einem römischen Militärarzt im 1. Jahrhundert n. Chr. Als das Werk in der Renaissance wiederentdeckt wurde, forderte es die ersten europäischen Pflanzenjäger dazu heraus, die aufgeführten Pflanzen zu identifizieren – ein Bemühen, das noch bis in die 1780er-Jahre andauerte. Der Arzt Ibn Juljul aus Cordoba war ihnen weit voraus, 983 ergänzte er die *Materia* noch um Pflanzen, die Dioskurides nicht gekannt hatte. Die maurischen Eroberer hatten ihr botanisches Wissen und ihre Gartentraditionen mitgebracht, und als die Normannen im 12. Jahrhundert das muslimische Sizilien eroberten, lernten sie nicht nur Pflanzen, sondern auch die islamische Tradition der Jagdparks kennen, und führten sie in der Normandie ein. Die Kreuzfahrer waren an islamischem Wissen nicht sonderlich interessiert. Bis auf die rote Damaszenerrose *R. gallica* 'Officinalis' brachten sie kaum eine Pflanze aus dem Orient mit.

Im 16. Jahrhundert war das christliche Europa weise genug, diplomatische Beziehungen zum Osmanischen Reich aufzubauen (das in seiner Glanzzeit fast bis nach Wien reichte) – und mehr als entzückt, als Blumenzwiebeln aus der Türkei und dem Nahen Osten kamen.

Diese fanden ihren Weg in die neu gegründeten botanischen Gärten, wie die 1543 und 1545 in Pisa und Padua entstandenen. Sie sollten Ärzten ermöglichen, ihr Handwerk zu erlernen. Damit legitimierten sie das Studium der Botanik, d. h. das Studium der Pflanzen an sich, nicht allein als Heilmittel. Als mehr und mehr dieser Gärten in ganz Europa aufblühten, wurden sie zu Zentren für Sammlungen und für den Austausch von Pflanzen und Pflanzenwissen. Auch Privatgelehrte standen im Austausch, wie die Geschichte der Duftwicke erzählt.

Safrankrokus

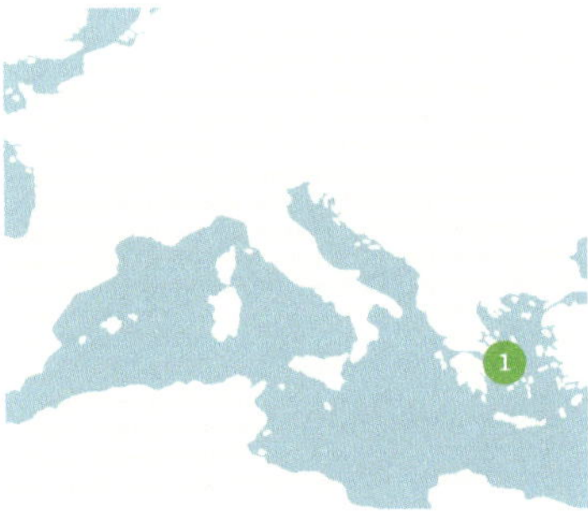

Wissenschaftlicher Name
Crocus sativus

Fundort
Griechenland

Jahr
vor 2400 v. Chr.

DER MENSCH kennt den Safrankrokus seit Urzeiten: Spuren von Safran wurden in Farben von 50 000 Jahre alten Höhlenmalereien im heutigen Irak gefunden. Seine wilde Herkunft geriet in Vergessenheit, so lange ist er schon domestiziert. Doch nun legen zwei neue Studien (2019) überzeugend dar, dass *Crocus sativus* seinen Ursprung in der Gegend von Athen in Griechenland hat, obwohl es scheint, als wäre er erstmals in Persien (heute: Iran) kultiviert worden. Der kultivierte *C. sativus* ist ein Nachkomme des herbstblühenden *C. cartwrightianus*. Über Jahrtausende wurden durch Auslese Blüten mit immer längeren Narben (weiblichen Organen) oder Stempelfäden gezüchtet. Diese werden ausgezupft und zu Safran getrocknet. Doch jede Blüte produziert nur drei dieser Fäden, die so zart sind, dass sie von Hand gezupft werden müssen – und für ein Kilo Safran braucht man etwa 170 000 Blüten. Deshalb ist er das teuerste Gewürz der Welt.

Der Safrankrokus ist steril und produziert keine Samen, deshalb braucht er für sein Weiterbestehen den Eingriff des Menschen. Schon in der Bronzezeit wurde er angebaut, Fresken von der ägäischen Insel Thera (heute: Santorin), die vor 1500 v. Chr. gemalt wurden, zeigen minoische Frauen bei der Krokusernte.

Diese Fresken lassen darauf schließen, dass der Krokus nicht nur kommerziell in Färbemitteln, Kosmetika und Parfüms genutzt wurde, sondern für die Frauen auch von ritueller Bedeutung war. Über die Ernte wacht eine Göttin, umgeben von blauen Affen – die in der minoischen Kunst regelmäßig als Begleiter von Göttern erscheinen. Auf den Fresken ist auch eine Frau zu sehen, die einen blutenden Fuß mit Safran behandelt. In der antiken Welt war er so etwas wie ein Allheilmittel, man nahm ihn bei Magenschmerzen und Melancholie, gegen Menstruationskrämpfe und als Schmerzmittel bei Geburten.

Pierre Joseph Redouté, *Crocus sativus*, aus P. J. Redouté, *Choix des plus belles fleurs*, 1827–1833.

Crocus sativus.

Safran cultivé.

P. J. Redouté.

Langlois.

170/1 Crocus Cashmerianus
Valley of Cashmere (cultivated).
Lat. 34½ N
"Royle, Carey & Othe

Safran zieht sich durch die Geschichte und die Mythen der Antike. Sargon, der um 2300 v. Chr. in Mesopotamien das Reich Akkad gründete, soll in Azupiranu, der »Safranstadt«, am Ufer des Euphrats geboren worden sein. Die Perser webten Safran in Teppiche und Leichentücher ein. Kleopatra streute ihn mit erotischen Absichten in ihr Badewasser; Alexander der Große tat desgleichen, um seine Wunden zu heilen. Der römische Dichter Ovid erzählte von dem Jüngling Krokus, der die Nymphe Smilax liebt und in eine Blume verwandelt wird. Plinius der Ältere empfahl Safran prosaischer bei Nieren- und Leberleiden. Händler trugen die kostbare Knolle und das Gewürz in die weite Welt: Im 6. Jahrhundert v. Chr. wurde Safran in Kaschmir angebaut, von dort breitete er sich über den gesamten indischen Subkontinent aus, im 3. Jahrhundert n. Chr. hatte er China erreicht.

Als das Römische Reich niederging, verschwand auch der Safran aus Europa. Er kam, zusammen mit lange vergessenem Kulturwissen, mit den maurischen Eroberern Spaniens zurück. Die Pestepidemie (1347–1351) trieb Nachfrage – und Preise – in schwindelnde Höhen, denn Safran war auch Bestandteil von »Pestilenzpillen«. 1374 raubten Adlige eine für Basler Kaufleute bestimmte Lieferung, und es brach der »Safrankrieg« aus, der gute vier Monate währte. Die Basler bauten daraufhin ihren Safran selbst an, und die Stadt entwickelte sich zu einem wichtigen Handelszentrum, wurde bald aber schon von Nürnberg übertroffen, wo die »Safranschau« die Reinheit des Gewürzes garantierte und man Fälscher drakonisch bestrafte.

Der Safran erfreute sich im mittelalterlichen Europa wachsender Popularität. Mönche verwendeten ihn als Goldersatz in illuminierten Manuskripten, königliche Köche tischten mit Safran glasierten Schwanenbraten auf, modebewusste Damen färbten sich das Haar mit ihm. Er wurde in Frankreich, im Osten Englands (um das heutige Städtchen Saffron Walden, Essex) und in Thüringen großflächig angebaut. In den 1730er-Jahren hatten Schweizer und deutsche Aussiedler ihn nach Amerika eingeführt. Doch das 18. Jahrhundert bot neue aufregende Aromen wie Vanille, Kakao und Kaffee auf, die dem Safran den Rang abliefen.

Heute werden 90 Prozent des angebotenen Safrans im Iran angebaut. Er macht weiterhin den »Kuchen gel[b]« und ist etwa für die spanische Paella unverzichtbar, aber auch wegen seiner Wirkung als Entzündungshemmer und Antioxidans interessant. Zudem haben Studien gezeigt, dass Safran, wie in der Antike angenommen, tatsächlich gegen Depressionen hilft.

Unbekannter Künstler, *Crocus sativus*,
aus der Royle Collection, Kew, 1828–1831.

Tulpe

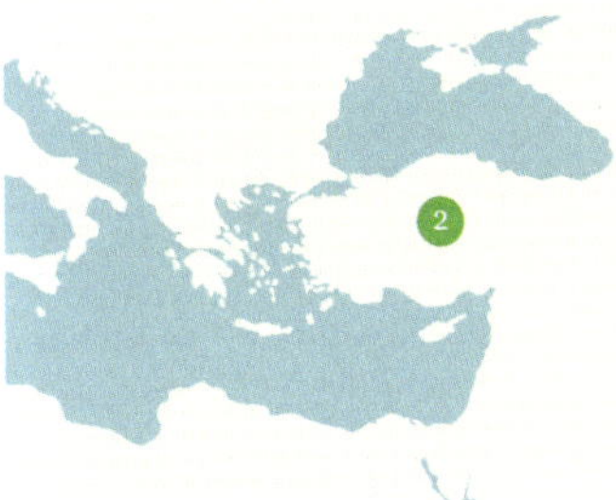

Wissenschaftlicher Name
Tulipa

Botaniker
Ogier Ghiselin de Busbecq

Fundort
Türkei

Jahr
1540er-Jahre

MAN KANN DIE kulturgeschichtliche Bedeutung der Tulpe gar nicht überschätzen. Sie begleitete Händler und religiös Verfolgte auf ihren Wegen, regte neue Stilrichtungen der Kunst an, brachte Volkswirtschaften ins Wanken und Herrscher zu Fall. Sie war ein Symbol der Schönheit, des Martyriums, des Göttlichen (»Allah« und *lale*, das türkische Wort für Tulpe, werden mit denselben arabischen Buchstaben geschrieben) und des verfeinerten Genusses. Eine Tulpenzwiebel konnte bewegliches Kapital sein, wie ein Juwel in den Taschen eines Flüchtlings versteckt. Oder einer jungen Frau im Persien des 17. Jahrhunderts »mit der Farbe der Blüte [zu verstehen geben], dass ihr Galan von ihrer Schönheit entflammt, und mit der schwarzen Basis, dass sein Herz zu Kohle verbrannt war«. Und keine andere Blume gab einer ganzen Epoche ihren Namen.

Die meisten verbinden die Tulpe mit der Türkei, und von dort trat sie auch ihren Siegeszug durch die Gärten der Welt an, doch sie kommt wild in vielen Gegenden vor. Zwischen den felsigen Küsten Südeuropas und dem Tian-Shan-Gebirge in Zentralasien wachsen 120 Arten, auch im Kaukasus zwischen dem Schwarzen und dem Kaspischen Meer gedeihen Tulpen. In der Türkei gibt es rund 16 heimische Arten. Die Damen-Tulpe (*Tulipa clusiana*) kam wahrscheinlich auf den alten Handelswegen von Zentralasien in den Mittelmeerraum, im (christlichen) Konstantinopel wurden Tulpen schon 1055 kultiviert. In dieser Stadt sah sie der französische Naturforscher Pierre Belon, der die nun osmanische Türkei 1546 bereiste. Er verglich sie mit roten Lilien und notierte, kaum ein Garten schmücke sich nicht mit Tulpen, und »kein Volk findet mehr Gefallen am Blumenschmuck«, den Männern gefiel es, einzelne Blüten am Turban zu tragen.

Daher rührt wohl auch ihr Name. Ogier Ghiselin de Busbecq (1522–1592), der Gesandte des römisch-deutschen Kaisers am Hof Süleymans des Prächtigen in Istan-

Die rote Tulpe mit schwarzer Basis drückte leidenschaftliche Liebe aus. Mary Grierson, *Tulipa eichleri*, Kew Collection, 1973.

MAG
x 1/3

bul war der Erste, der die Blume »Tulipan« nannte. Es heißt, Busbecq habe sich erkundigt, wie denn die Blume heiße, die den Kopfputz seines Begleiters zierte, und die Bezeichnung »Tulband« (Turban) gehört. Busbecq, der sieben Jahre (1555–1562) im Osmanischen Reich verbrachte, heimst oft die Ehre ein, die Blume in Europa eingeführt zu haben, doch schon Belon hatte Handelsschiffe gesehen, die türkische Blumenzwiebeln nach Europa brachten. – Ihre Empfänger wussten sie nicht immer zu würdigen, es wird von einem Antwerpener Kaufmann erzählt, der Tulpenzwiebeln in eine Lieferung Stoff gewickelt fand, sie für Speisezwiebeln hielt und sie gegrillt mit Öl und Essig verspeiste. – Man weiß, dass 1559 im Augsburger Garten des Patriziers Heinrich Herwart eine rote Tulpe blühte, deren Samen er aus dem Türkenreich bekommen hatte, bevor Busbecq von dort zurückkehrte. Dort sah sie der Schweizer Botaniker Conrad Gessner (1516–1565), der 1561 in seinem Werk *De Hortis Germaniae* die erste europäische Illustration einer Tulpe veröffentlichte. Busbecq schickte allerdings Tulpenzwiebeln nach Wien, an seinen Freund Carolus Clusius, den Direktor des Kaiserlichen Botanischen Gartens.

Der in Flandern geborene Clusius (eigentlich Charles de L'Écluse, 1526–1609) war ein umfassend gebildeter Mann. Er beherrschte sieben Sprachen und korrespondierte mit Gelehrten in ganz Europa. Er war anpackender Gärtner, neugieriger Botaniker und der erste Europäer, der Pflanzen wissenschaftlich und systematisch beschrieb. Die Blumenzwiebeln – von Anemonen, Kaiserkronen, Iris, Hyazinthen, Ranunkeln, Narzissen, insbesondere Tulpen – die nun aus dem Osmanischen Reich kamen, faszinierten ihn, und er legte sie, wie auch Samen, seinen Briefen

Tulipa clusiana wurde zu Ehren des Botaniker Clusius benannt, der Tulpen in Europa als Erster sammelte und bekannt machte. Aquarell von Sydenham Teast Edwards, aus *Curtis's Botanical Magazine*, 1801.

bei. Diese farbenfrohen Frühblüher müssen in den eher eintönigen europäischen Gärten spektakulär ausgesehen haben. Man stellte sie in den damals modischen formalen Gärten als Solitäre wie Edelsteine zur Schau.

1593 wurde Clusius gebeten, für die neu gegründete Universität Leiden in den Niederlanden einen botanischen Garten anzulegen. Er nahm viele seiner Tulpen mit, doch sie wurden ihm regelmäßig gestohlen – vielleicht, weil er seine seltensten Zwiebeln nicht hergeben wollte. Tulpen waren da schon marktgängige Waren. Der flämische Miniaturmaler Joris Hoefnagel stellte 1561/1562 eine Clusiana-Tulpe neben einer exotischen Meeresschnecke dar – beide galten schon als Objekte der Begierde. Tulpen begannen auch in europäischen Florilegien zu erscheinen, einem neuen Genre von Pflanzenbüchern, das Anfang des 17. Jahrhunderts aufkam und die Schönheit jeder Blume feierte, nicht mehr nur ihren Nutzen.

Für Sammler bestand der Charme der Tulpen in ihrem nie gesehenen Farbenspektrum: Sie blühten rein gelb, rot, weiß oder violett, aber manchmal mischten sich die Farben auch. Schon Clusius hatte beobachtet, dass Tulpen »brachen«: Eine im Vorjahr noch einfarbig blühende Blume zeigte unvorhergesehene Streifen und Flammen in einer zweiten Farbe. Dies schien die Pflanzen zu schwächen, sie wuchsen niedriger und hatten missgebildete Blätter, das sensationelle Farbenspiel war so etwas wie ein Abschiedsgruß an ihren Gärtner. Liebhaber versuchten vergeblich, diesen Effekt gezielt zu züchten, sogar Farben gossen sie in die Erde. Erst in den 1920er-Jahren fand man heraus, dass für diese Musterungen ein Virus verantwortlich ist, der von Blattläusen übertragen wird. Er behindert die Verteilung von Pigmenten in der Blüte: Die dunklere Farbe wird unterdrückt, die helleren Farben (stets weiß oder gelb) scheinen durch.

Nach England gelangten die Tulpen wahrscheinlich mit protestantischen Flüchtlingen aus Flandern und Frankreich, und als der Wundarzt John Gerard 1597 sein berühmtes (wenn auch zu einem guten Teil plagiiertes und an vielen Stellen höchst ungenaues) Kräuterbuch veröffentlichte, konnte er 14 Tulpenkategorien beschreiben – ins Detail zu gehen aber hieße »Sandkörner zu zählen«. Niederländische Protestanten nahmen Tulpen auch nach Neu Amsterdam – das heutige New York – und in die niederländische Kapkolonie in Südafrika mit.

Zu dieser Zeit hatte sich in Flandern und Frankreich der Tulpenanbau schon etabliert, und in der prosperierenden Republik der Niederlande erzielten Blumen mit den begehrten Streifen- und Flammenmustern in den 1620er-Jahren bereits hohe Preise. Die berühmteste dieser Tulpen war die rare rot-weiß geflammte 'Semper Augustus' (von der nur zwölf Zwiebeln existierten), die 1623 schon für 1000 Gulden gehandelt wurde. (Das durchschnittliche Jahreseinkommen betrug 150 Gulden.) Als die »Tulpomanie« das ganze Land erfasste, stieg ihr Wert auf 10 000 Gulden. So viel kostete ein Haus an einer der vornehmeren Amsterdamer Grachten. 1636 wurde von einem ob dieser Frivolität empörten Pamphletisten vorgerechnet, dass man für die 2500 Gulden, die eine einzelne 'Viceroy'-Zwiebel gekostet hatte, 27 Tonnen Weizen, 50 Tonnen Roggen, 4 fette Ochsen, 8 fette Schweine, 12 fette Schafe, 2 große Fässer Wein, 4 Fässer Bier, dieselbe Menge Butter, 3 Tonnen Käse, ein Bett mit Leinenwäsche, einen Anzug und einen Silberbecher hätte kaufen können. Manch einer, der sich da keine echte Tulpe, geschweige denn mehrere, leisten konnte, wollte zumindest ein Bild haben, und so entstand eine neues Kunstgenre.

Das Tulpenfieber, dass zwischen 1634 und 1637 in den Niederlanden grassierte, führte zu den ersten Termingeschäften an der Börse. Die Zwiebeln wurden verkauft, wenn sie noch in der Erde waren, und niemand wusste, wie sie im nächsten Jahr blühen würden. Es war ein riskantes Geschäft, doch weil satte Gewinne winkten, investierten immer mehr Liebhaber und Spekulanten – bis im Februar 1637 die Blase plötzlich platzte. Die Auswirkungen dieses Börsenkrachs scheinen nicht so desaströs gewesen zu sein, wie oft erzählt wird. Einzelne Händler verloren ihre Vermögen, doch die niederländische Wirtschaft war nie ernsthaft gefährdet. Die Preise für die rarsten Sorten brachen nicht ein, und die Tulpe blieb das 17. Jahrhundert hindurch in ganz Europa die begehrteste Blume. Mit der englischen Landschaftsgartenbewegung kam sie dann, zusammen mit formalen Blumenbeeten, aus der Mode. Nur Spezialisten, die sogenannten »Blumisten«, wetteiferten weiterhin darum, die Blume mit den schönsten Musterungen zu züchten.

Im Osmanischen Reich hatte die Tulpen derweil Hochkonjunktur, die Regierungszeit (1703–1730) des Sultans Ahmed III. ging als Tulpen-Ära in die Geschichte ein. Tatsächlich hatten die Osmanen in ihrer Liebe zu Tulpen nie nachgelassen. Nach der Eroberung Konstantinopels im Jahr 1453 war in der Türkei eine Gartenkultur aufgeblüht. Der erste osmanische Sultan, Mehmed II. (1432–1481), besaß zwölf Gärten, die im Frühling ein Tulpenmeer waren, und beschäftigte 920 Gärtner. Süleyman der Prächtige (um 1495–1566), der sein Reich von Marokko

Joseph Constantine Stadler, *Tulipa*, nach einem Gemälde von Peter Henderson, aus R. J. Thornton, *The Temple of Flora*, 1799–1804.

im Westen, dem Yemen im Süden und dem Irak im Osten bis vor die Tore Wiens ausdehnte, ritt mit einem tulpenverzierten Harnisch in die Schlacht und trug mit Tulpen bestickte Gewänder. Sein Sohn Selim II. (1524–1574) ließ 50 000 Tulpenzwiebeln aus Syrien heranschaffen. Tulpenmotive schmückten Kacheln, Teppiche, Miniaturen, illuminierte Manuskripte und die exquisiten Töpferwaren aus Iznik.

Während weiterhin wilde Tulpen in entlegenen Winkeln des riesigen Osmanischen Reichs gesammelt wurden, begannen türkische Anbauer, neue Sorten zu züchten. In den 1630er-Jahren gab es in Istanbul und Umgebung 300 Blumisten. Sultan Mehmed IV. (regierte 1648–1687) ließ ein offizielles Tulpen-Verzeichnis anlegen, das eine Beschreibung jeder Blume, ihren Namen und den ihres Züchters aufführte. Während die Holländer ihre Tulpen nach Generalen und Admiralen benannten, gaben die Türken den ihren poetische Namen wie »Die das Herz verbrennt«, »Scharlachrote Schwalbe« oder »Unvergleichliche Perle«. Nur die perfektesten Exemplare schafften es ins Verzeichnis, jedes wurde von einem Expertengremium genauestens geprüft. Das Ideal war eine schmale Blütenform, in der Ära Ahmeds III. waren nicht länger bauchige Blüten, sondern elegant-längliche Kelche mit spitz zulaufenden Blütenblättern en vogue (im Westen präferierte man gerundete Formen).

Für Ahmed III. symbolisierte die Tulpe das Schöne, Verfeinerte und aufregend Kosmopolitische. Während der Tulpen-Ära überließ er die Regierungsgeschäfte seinem Großwesir Ibrahim Pascha, der die Beziehungen zum Westen ausbaute, und widmete sich der Verschönerung Istanbuls, baute prächtige Sommerpaläste am Bosporus und am Goldenen Horn und füllte ihre Gärten mit Tulpen. Dort feierte er opulente Feste, von den Gästen wurde erwartet, dass ihre Roben den Blumen glichen, darunter auch den neuen Sorten, die in einem merkwürdigen Kreislauf aus Holland importiert wurden. Zu den extravagantesten Festen lud der Sultan in der Tulpensaison Nacht für Nacht in den Çirağan-Palast des Großwesirs ein. Die Gartenszenerie wurde von Schildkröten erleuchtet, die mit Kerzen auf ihren Panzern durch die Beete wanderten. Tulpen waren auch zu Pyramiden und Türmen arrangiert, dazwischen standen verspiegelte Laternen und Käfige mit Singvögeln. Musiker spielten auf und Dichter rezitierten Tulpen-Gedichte. Der französische Botschafter schätzte 1726 die Zahl der Tulpen im Garten auf wenigstens eine halbe Million.

Manche sahen in der Tulpen-Ära einen Höhepunkt der osmanischen Kultur, andere eine Zeit der maßlosen Ausschweifung. Im September 1730 nahm sie ein trauriges Ende: Ahmed III. musste nach einem Aufstand abdanken und Ibrahim Pascha wurde erdrosselt. Mit ihnen fiel auch die Tulpe in Ungnade, und die tausend oder mehr benannten Tulpen Istanbuls verschwanden spurlos.

Im Westen lösten im 18. Jahrhundert die Franzosen die Niederländer als eifrigste Tulpenzüchter ab. Heute dominieren wieder die Niederlande den weltweiten Handel. Es ist schon seltsam, dass die Tulpe, die als wilde Pflanze unwirtliches Terrain mit heißen Sommern und eisigen Wintern bevorzugt, sich so gut an die milde Polderlandschaft angepasst hat. Das in Holland geführte internationale Tulpenregister listet 5500 Cultivare auf, doch auf einem Drittel der insgesamt 13 000 Hektar einnehmenden Tulpenfelder werden nur 18 Sorten angebaut. Aus der Blume, die einst ein kostbares Juwel war, ist grellbunte Massenware geworden.

Simon Verelst, *Tulipa*, Kew Collection, um 1604–1651.

Duftwicke

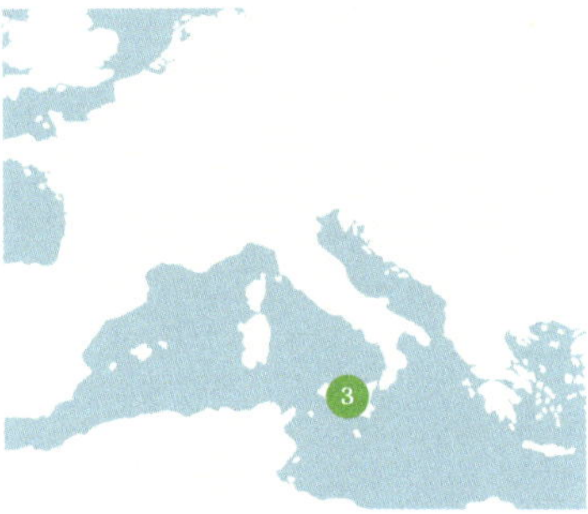

Wissenschaftlicher Name
Lathyrus odoratus

Botaniker
Francesco Cupani

Fundort
Sizilien, Italien

Jahr
1696

DIE DUFTWICKE (*Lathyrus odoratus*) ist eine einjährige Kletterpflanze aus der Gattung der Platterbsen, die auf Sizilien und Sardinien heimisch ist und wild an steinigen Hängen und Straßenrändern gesehen – und gerochen – werden kann, denn sie trägt ihren Namen zu Recht. Sie wurde erstmals von Francesco Cupani (1657–1710) beschrieben, einem sizilianischen Mönch, der in Misilmeri bei Palermo einen berühmten botanischen Garten hegte. Sein *Hortus Catholicus*, der 1696 in Neapel erschien, führte viele seiner Pflanzen auf, darunter auch die Duftwicke. Cupani schickte ihre Samen an Briefpartner – an den Botaniker Casper Commelin in Amsterdam, an Jacob Bobart, den Direktor des Botanischen Gartens Oxford, und 1699 an Robert Uvedale in Enfield (heute in Nord-London), einen so lustlosen Schulmeister wie passionierten Gärtner. Er gehörte zu den Ersten, die mit beheizten Gewächshäusern experimentierten, und wurde »Herr über die größte und erlesenste Sammlung exotischer Gewächse, die es in diesem Land gibt«.

1704 hatte Uvedale die Duftwicke dem renommierten englischen Botaniker John Ray gezeigt. Er beschrieb sie als »sehr süß duftende sizilianische Blume mit einer roten Fahne, die lippenförmigen Blätter zu Seiten des Schiffchens sind blassblau«. Commelin aber beschrieb die Fahne als violett, die übrigen Kronblätter als himmelblau. Die Pflanzen, die heute als 'Cupani' und 'Cupani Original' verkauft werden, sind sizilianischer Herkunft, dunkellila und weinrot.

Es wird noch verwirrender: 1753 beschrieb der große Carl von Linné eine Duftwicke, die er *Lathyrus odoratus* var. *zeylanicus* nannte, als rosa und weiß und auf Ceylon beheimatet. Woher diese Pflanze kam, ist noch immer ein Rätsel, denn auf Sri Lanka wachsen keine Duftwicken. Wie dem auch sei, in den 1720er-Jahren konnten Londoner Gärtner »duftende Platterbsen« kaufen, die der Züchter Tho-

Lathyrus odoratus, Farbstich aus P. J. Redouté, *Choix des plus belles fleurs*, 1827–1833.

mas Fairchild wegen ihres Wohlgeruchs, »dem Honig ähnlich, mit einem Hauch von Orangenblüte«, besonders für Stadtplätze empfahl. 1731 waren wenigstens drei Farbvarianten im Angebot: Cupanis zweifarbige, eine weiße und der erste bekannte Cultivar, die als »blassrot« beschriebene 'Painted Lady'. 1788 war 'Painted Lady' *Curtis's Botanical Magazine* zufolge nicht länger rot, sondern »weiß und rosa«.

Diese Veränderlichkeit macht die Duftwicken für Genetiker extrem interessant – Züchter finden sie höchst lästig. Die Zucht nahm im 19. Jahrhundert Fahrt auf und als sie sich dem Ende entgegenneigte, hatte der schottische Gärtner Henry Eckford die größten Erfolge. Er arbeitete jahrelang in den Gärten einer Reihe von Irrenanstalten und züchtete größere, kräftige Pflanzen mit reichlichen und großen Blüten an langen Stielen, die aber nichts von ihrem köstlichen Duft einbüßten – er nannte sie »Grandifloras«. Dann produzierte eine seiner besten Grandifloras, die rosa 'Prima Donna', in drei verschiedenen Gärten Mutationen. Die berühmteste blühte 1899 in Althorp, dem Stammsitz der Spencers (wie in 'Lady Diana Spencer'). Die Wicke mit den üppigen, gewellten, rosa Blüten wurde 'Countess Spencer' getauft und ist die Ahnin der rüschigen Spencer-Linie.

Im Jahr 1900 waren Duftwicken in Großbritannien so populär, dass man ihnen in London eine große Blumenschau widmete. Es war eine wahre Pracht: 100

Herbarexemplar von *Lathyrus belinensis*,
von Dr. Nigel Maxted 1987 in der Türkei gesammelt,
bewahrt in den Royal Botanic Gardens, Kew.

Sträuße in 10 verschiedenen Schattierungen, 48 Sträuße zu je 36 Sorten … Duftwicken prägten die Edwardianische Ära, sie rankten durch modische »Duftgärten«, wurden als Sträußchen getragen und schmückten Esstische – der Blumenliebhaber E. A. Bowles klagte, sie ruinierten den Geschmack des Fischs. 1991 lobte die Zeitung *The Daily Mail* einen Preis von 1000 Pfund für den schönsten Duftwickenstrauß aus und bekam 35 000 Zuschriften.

Da gab es schon ein breites Farbenspektrum, doch trotz größter Anstrengungen war es niemandem gelungen, eine gelbe zu züchten. Das blieb ein Wunschtraum, bis Dr. Nigel Maxted, der 1987 in Anatolien (Türkei) botanisierte, eine spektakuläre neue *Lathyrus*-Art fand – mit goldgelb geäderter Fahne und leuchtend gelben Flügeln. Er nannte sie *Lathyrus belinensis.*

L. belinensis ist eng mit *L. odoratus* verwandt, und Maxted gelang es, Fördergelder für ein dreijähriges Zuchtprogramm aufzutreiben. Doch am Ende der drei Jahre hatte er noch immer keine stabil gelb blühende Duftwicke und so gab er Samen an diverse Gärtnereien ab. Der Erfolg bleibt bis heute aus.

Samen von *L. belinensis* werden heute gehandelt, doch Maxted ist in Sorge um die wilde Population. Als er 2010 an den Fundort zurückkehrte, musste er feststellen, dass für den Bau eines großen Polizeireviers fast der gesamte Hügel abgetragen worden war. Nur etwa 20 Prozent der ursprünglich 8000 Pflanzen waren geblieben. Als er sie fotografieren wollte, wurde er verhaftet. Bei seiner dritten Reise fand er 2018 nur noch 50 Pflanzen. 2019 wurde *L. belinensis* auf die Rote Liste der gefährdeten Arten gesetzt, doch es gibt kein Schutzprogramm. Maxted fürchtet, dass sie in der Wildnis inzwischen ausgestorben ist.

Libanonzeder

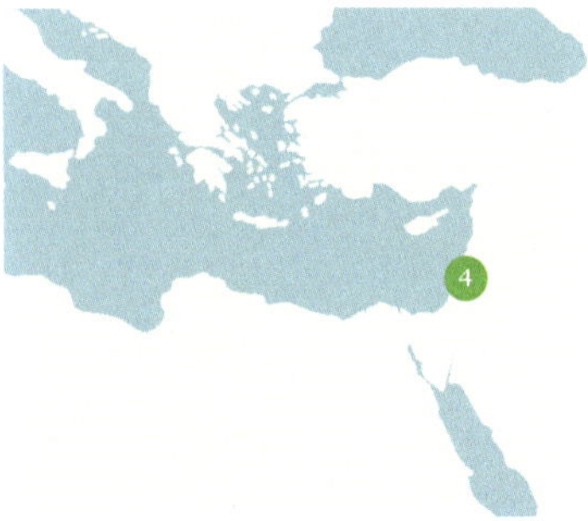

Wissenschaftlicher Name
Cedrus libani
Fundort
Libanon und Syrien
Jahr
1636

AUF DEM BERG Makmel im nördlichen Libanon stehen etwa 1200 uralte Zedern, die als die »Zedern des Herrn« bekannt sind. Sie sind der traurige Überrest eines sich einst im Hochland des Libanons und Syriens über tausende Kilometer ausdehnenden Zedernwalds. Heute verteilt sich der Bestand in isolierten Gruppen über nur 17 Quadratkilometer. Die Zedern des Herrn (manche glauben, dort habe der auferstandene Christus sich den Jüngern gezeigt) gehören seit 1998 zum UNESCO-Weltkulturerbe und dürfen nicht gefällt werden. Doch das schützt sie weder vor dem Klimawandel noch vor einer unersättlichen Gespinstblattwespe, die im selben Jahr auftauchte, beide setzen den Bäumen furchtbar zu.

Das Verbreitungsgebiet der Libanonzeder erstreckt sich auf Höhen zwischen 1300 und 3000 Metern über die Küstengebirge des Libanons, das Alawitengebirge in Syrien bis ins Taurusgebirge in der südöstlichen Türkei. Die Bäume können 35 Meter hoch und über 1000 Jahre alt werden. Doch die wenigsten wurden so alt, denn die Libanonzeder liefert seit Urzeiten begehrtes Nutzholz. Von einem Waldfrevel berichtet schon das älteste literarische Werk, das sumerische Gilgamesch-Epos, das um 2100 v. Chr. auf Tontafeln geschrieben wurde: Gilgamesch, der König von Uruk, tötet Humbaba, den Hüter des Zedernwalds, um Bäume für den Bau einer Stadt zu fällen (sein Begleiter Enkidu bereut, dass sie den Wald zu Ödland machten).

Nachfolgende Kulturen setzten die Abholzung sorglos fort. König Salomo ließ sich seinen Tempel und einen Palast aus Zedernholz erbauen. Im alten Ägypten wurde Zedernharz zum Einbalsamieren verwendet, und das wertvolle Holz wirkte auf Grabräuber ungemein anziehend. Die Phönizier bauten ihre Schiffe mit ihm, die Assyrer, Griechen und Römer ihre Tempel. Im 8. Jahrhundert wurde die Kuppel der al-Aqsa-Moschee in Jerusalem aus Zedern errichtet. Später fällten französische und

Pancrace Bessa, *Cedrus libani*, aus H. L. Duhamel du Monceau, *Traité des arbres et arbustes que l'on cultive en France en pleine terre*, 1800–1819.

T. 5. N° 78.

ABIES Cedrus. SAPIN

Bessa pinx

Im 18. Jahrhundert wurden, u. a. von Capability Brown, viele Libanonzedern gepflanzt. Einhundert Jahre später charakterisierten die ausgewachsenen Bäume die Gärten des Adels, hier Marianne Norths *Zedernweg, Alderley Garden, Gloucestershire* (um 1875–1885).

britische Kolonialisten die Bäume, weil sie Eisenbahnschwellen brauchten. Doch immer blieb die Zeder ein Symbol der Stärke und der Schönheit. Schon im *Hohelied* heißt es über den gut gewachsenen Geliebten: »Seine Gestalt ist wie der Libanon, auserwählt wie Zedern.« Insgesamt erwähnt die Bibel die Zeder 103 Mal.

Wahrscheinlich brachten Louis VII. und Éléonore von Aquitanien die Zeder 1149 vom Zweiten Kreuzzug nach Frankreich mit. Der Botaniker Pierre Belon sammelte in den 1540er-Jahren ein Exemplar für seinen Garten in Le Mans. Nach England kam sie erst Ende der 1630er-Jahre, als Edward Pocock von seinem Posten als Pastor der Levante-Kompanie in Aleppo heimkehrte und in Childrey (Oxfordshire) neben dem Pfarrhaus eine Zeder pflanzte, die noch heute steht. In Wilton (Devon), wo sein Bruder Geistlicher des Earl of Pembroke war, zog man zwei weitere Bäume. Als man den einen 1874 fällte und die Jahresringe zählte (236), kam man auf ein Pflanzjahr um 1638.

Der Tagebuchschreiber und Gartenbauer John Evelyn, der sich für die Kultivierung immergrüner Pflanzen einsetzte, begeisterte sich in den 1670er-Jahren für die Zeder, und um diese Zeit wurden vier Sämlinge, die man aus dem Botanischen Garten Leiden bekommen hatte, im Apothekergarten in Chelsea gepflanzt. Doch erst 40 bis 50 Jahre später, als diese Bäume Zapfen trugen, kam die Zeder in Mode. Dank ihrer charakteristischen Silhouette mit der ausladenden Krone war sie als Schmuck für die neuen Landschaftsparks beliebt, die sich bald in ganz Europa durchsetzten. Lancelot »Capability« Brown, der bekannte englische Landschaftsgärtner, liebte sie, und so wurde die Zeder bald ein unverzichtbares Element der englischen Landhausästhetik. Wer die Fernsehserie *Downton Abbey* kennt, weiß, dass eine aristokratische Zeder noch dem absonderlichsten Gebäude Würde verleiht.

Highclere Castle, wo die Serie gedreht wurde, ist der Stammsitz der Earls of Caernarvon, denen auch Bretby Hall in Derbyshire gehörte. Dort stand bis 1953 eine große, 1677 gepflanzte Zeder. Um diesen Baum rankte sich die Legende, das Abbrechen eines Asts würde den Tod eines Familienmitglieds ankündigen. Und so war es denn auch 1923, als der 5. Earl of Caernarvon, ein leidenschaftlicher Ägyptologe, der die Ausgrabungen von Howard Carter finanzierte, nach Ägypten geeilt war, um bei der Öffnung des Grabmals von Tutanchamun dabei zu sein. Wenige Wochen später war er tot, der »Fluch des Pharaos« hatte ihn ereilt.

Weizen

Wissenschaftlicher Name
Triticum aestivum

Botaniker
Nikolai Iwanowitsch Wawilow

Fundort
Petrograd, Russland

Jahr
1921

AM 26. JANUAR 1943 starb ein in Ungnade gefallener sowjetischer Wissenschaftler in einem Straflager bei Saratow an der Wolga den Hungertod. Viele Gefangene des Gulags erlitten dieses Schicksal, doch im Fall von Nikolai Iwanowitsch Wawilow war es besonders tragisch, denn er hatte alles getan, um den Hunger in der Welt zu bekämpfen. Wawilow wurde im November 1887 in eine wohlhabende bürgerliche Familie geboren – was ihn später in Stalins Augen diskreditierte. Sein Vater war noch in einem armen, von Missernten geplagten Dorf aufgewachsen und erinnerte seine Familie stets daran, wie unberechenbar das (Ernte-)Glück war.

Wawilow hatte in Saratow bessere Zeiten gekannt, während der Russischen Revolution und des Bürgerkriegs (1917–1921) war er an der dortigen Universität Professor für Agronomie. Von der Arbeit des Pflanzengenetikers Gregor Mendel (des »Vaters der modernen Genetik«) beeinflusst, kam Wawilow zu dem Schluss, dass Pflanzenkrankheiten durch genetische Veränderungen zu bekämpfen seien. Er ging nach England, um bei den Kapazitäten auf diesem Feld zu studieren, musste aber 1914 bei Kriegsausbruch nach Russland zurückkehren – er entging nur knapp dem Tod, als sein Schiff auf eine Seemine lief. Haarsträubende Abenteuer erlebte er auch, als er 1916 im Iran die genetische Veränderlichkeit von Kulturpflanzen erforschte, insbesondere von Getreiden, die dem größten Teil der Menschheit Grundnahrungsmittel liefern.

Das wichtigste ist die Gattung *Triticum*, Weizen, ein weltweit wegen seiner Körner kultiviertes Süßgras. Es gibt dutzende Arten. Am häufigsten angebaut werden der Weich- oder Brotweizen (*Triticum aestivum*), der 95 Prozent der Weltproduktion ausmacht, Hartweizen (*T. durum*), der traditionell zu Nudeln verarbeitet wird, und Dinkel (*T. aestivum* var. *Spelta*). Schon 9600 v. Chr. baute man Weizen im Fruchtbaren

Triticum aestivum, aus O. W. Thomé, *Flora von Deutschland, Österreich und der Schweiz*, 1886–1889.

B
D
C
7
8

Halbmond an, der sich vom Persischen Golf über den Norden Syriens bis nach Libanon, Israel, Palästina und Jordanien erstreckt, heute ist China der größte Produzent.

In den folgenden Jahren identifizierte Wawilow acht (später sieben) »Genzentren« – Regionen, in denen die Formenmannigfaltigkeit der wilden Verwandten von Kulturpflanzen am größten ist. In diesen Regionen hatten sich oft auch frühe Hochkulturen entwickelt, und daher nahm er an, dass diese von genetischer Vielfältigkeit geprägten Gebiete auch die Entstehungsräume oder Ursprungszentren aller Kulturpflanzen waren. Er sammelte dort Nutzpflanzen und ihre wilden Verwandten, um zu untersuchen, aufgrund welcher Eigenschaften (wie etwa Dürreverträglichkeit oder Krankheitsresistenz) sie selektiert wurden und wie sie sich über die Jahrhunderte durch menschengesteuerte Evolution entwickelt hatten.

1920 war Lenin auf Wawilows Arbeit aufmerksam geworden und machte ihn zum Direktor des Allunionsinstituts für Pflanzenzucht in Petrograd (St. Petersburg). Im Frühjahr 1921 herrschte in Russland wieder Hungernot, fünf Millionen Menschen starben. Eine verlässlich ertragreiche Nutzpflanze zu finden, die sich den klimatischen Gegebenheiten von Wüstendürre bis zu sibirischem Schnee und der kurzen Vegetationsperiode anpasste, war von höchster Dringlichkeit. Wawilow reiste sofort in die USA, wo die Experimente zur Verbesserung von Getreiden schon weit fortgeschritten waren, und kehrte mit 61 Kisten voller Samen zurück.

Zwischen 1923 und 1940 unternahmen Wawilow und seine Kollegen 180 Sammelexpeditionen, 140 in den Regionen der Sowjetunion, andere zu den weltweiten Ursprungszentren. Sie sammelten 360 000 Proben von Weizen, über 10 000 von Mais, fast 18 000 Gemüse, 12 650 Früchte, mehr als 23 000 Hülsenfrüchte und ähnlich viele Futterpflanzen. Sie wollten das gesamte genetische Repertoire jeder Nutzpflanzenart sichern, sichten und daraus neue, verbesserte Sorten züchten.

1940 hatte Wawilow in Leningrad (vormals Petrograd) mit an die 250 000 zusammengetragenen Pflanzen das erste internationale Saatgutarchiv (oder: die erste Genbank) der Welt geschaffen. In mehr als 400 über die diversen Klimazonen der UdSSR verteilten Forschungsstationen wurden die Pflanzen unter verschiedenen Bedingungen angebaut, geprüft und bewertet. Manche Stationen hatten 200 Beschäftigte, 1934 arbeiteten über 20 000 Menschen für Wawilow.

Diesem großartigen Unterfangen machte ausgerechnet einer seiner Studenten ein Ende: Trofim Lyssenko, der zu ungeduldig für Wawilows gewissenhafte Art der

Nutzpflanzenverbesserung war. Es war ein langsamer und mühsamer Prozess, die nützlichen Gene zu identifizieren, Pflanzen zu kreuzen, diese Kreuzungen zu sichten und weiter zu selektieren. Lyssenko behauptete, dass Pflanzenzellen lernten, sich zu bestimmten kritischen Zeiten an Umweltfaktoren anzupassen, sich veränderten und diese Modifikationen weitergaben – im Winter gefrorene Samen würden widerstandfähiger, trieben im Frühling schneller aus und brächten sichere, reichere Ernten. Das hatte er nicht wissenschaftlich bewiesen (und die Folgen für die sowjetische Landwirtschaft sollten katastrophal sein), doch Stalin, dem seit Lenins Tod 1924 mächtigsten Mann der UdSSR, gefiel es. Denn Lyssenkos Theorie entsprach Stalins Weltsicht: Das vom Marxismus geschaffene Umfeld erzog die Menschen auf Generationen hinaus zu besseren Sowjetmenschen. Bei Wawilows Ansatz hingegen ging es um vererbte Klassenunterschiede. Lyssenko kam außerdem aus einfachsten Verhältnissen, während Wawilow hochgebildet und international vernetzt war. Kurz gesagt: Er schüchterte Stalin intellektuell ein.

Als wäre das nicht schon schlimm genug, war Wawilow beim wissenschaftlichen Establishment im Westen verdächtig hoch angesehen und setzte sich auch über Direktiven hinweg, wenn sie seine Forschung behinderten. Man stellte ihn langsam kalt: 1939 durfte er nicht am 7. Internationalen Kongress für Genetik in Edinburgh teilnehmen und musste sein Amt als Präsident aufgeben. Im Juni 1940 wurde er während einer Sammelexkursion in der Ukraine festgenommen, der Spionage für die USA angeklagt und zum Tode verurteilt.

Während Wawilow, zu Straflager begnadigt, hungerte, rückte die Wehrmacht auf Leningrad vor. Die Belegschaft der Eremitage organisierte innerhalb kürzester Zeit die Evakuierung der Sammlungen und brachte eine halbe Million Kunstwerke nach Swerdlowsk (Ural) in Sicherheit. Zur Rettung von Wawilows Saatgutarchiv gab es keinen Plan, doch einigen Wissenschaftlern gelang es, 20 Wagenladungen durch den deutschen Belagerungsring nach Estland zu schmuggeln. Im Institut wurden so viele Samen wie möglich im Keller versteckt, damit sie vor Bombenangriffen und vor den hungernden Leningradern sicher waren. Doch der Sturm auf das Archiv blieb aus. Etwa eine Million Menschen, mindestens ein Drittel der Stadtbevölkerung, starben, darunter auch neun der Institutsmitarbeiter, die lieber verhungerten, als das wertvolle genetische Material anzurühren. Der Reisexperte Dmitri Iwanow starb an seinem Schreibtisch, umgeben von tausenden Reispäckchen.

Triticum aestivum (syn. *T. vulgare*), aus O. W. Thomé, *Flora von Deutschland, Österreich und der Schweiz*, 1886–1889.

Nach dem Krieg kam Lyssenko zu Einfluss und Macht. Das Saatgutarchiv wurde vernachlässigt, die Forscher wurden verhaftet oder entlassen. Wawilows Namen tilgte man bis zu seiner Rehabilitierung Mitte der 1960er-Jahre aus der sowjetischen Wissenschaft. Als die Sowjetunion zerbrach, existierten von Wawilows 400 Forschungsstationen nur noch 19, sechs lagen in Ländern, die sich von der UdSSR abspalteten. Auch seine Theorie der Ursprungszentren galt als überholt. Die Regionen zeichneten sich zweifellos durch große Diversität aus, doch die Domestizierung von Pflanzen hatte sich als zufälliger und komplexer erwiesen, als er angenommen hatte.

Trotzdem ist Wawilows Arbeit heute von größter Bedeutung. Denn während unsere Nahrungssicherheit durch Bevölkerungswachstum, globale Pandemien, die Menschen und Pflanzen erfassen, Schädigungen der Umwelt und insbesondere den Klimawandel bedroht wird, ist deutlich geworden, dass wir unsere Landwirtschaft dringend an diese sich rapide verändernden Bedingungen anpassen müssen. Um alle Menschen auf der Welt ernähren zu können, sind wir auf neue, verbesserte Nutzpflanzensorten angewiesen. Schon jetzt brauchen wir Sorten, die mit Hitze, Dürre, Überschwemmungen und anderen Wetterextremen zurechtkommen. Und wir brauchen angesichts zusammenbrechender Ökosysteme Pflanzen, die ohne den Einsatz von schädlichen Pestiziden und Insektiziden, von Unmengen an Wasser und Dünger angebaut werden können. Nie war es wichtiger, die genetische Vielfalt zu erhalten.

Einhundert Jahre nach der Gründung von Wawilows wegweisender Genbank gibt es weltweit mehr als 1700 Saatgutbanken. Doch das Schicksal seiner Sammlung bewies, wie bedroht sie sind: von Kriegen, Ideologien, Vernachlässigung – von Naturkatastrophen gar nicht zu reden. Und deshalb rief man die Internationale Saatgutbank Spitzbergen ins Leben. Sie dient für sämtliche Saatgutbanken der Welt als Sicherheitsbackup, in ihr werden Millionen von Zweitproben gelagert, damit alle bedeutenden Nutzpflanzen und ihre wilden Verwandten überdauern können. Die Lagerstätte liegt in einem Berg, weit genug über dem Meeresspiegel, um vor Sturmfluten und ansteigenden Pegeln sicher zu sein. Sollte die Elektrizität ausfallen, kühlte sie der natürliche Permafrost (Spitzbergen ist nur 1100 Kilometer vom Nordpol entfernt). Bisher wurden Samen von 983 000 Sorten angeliefert, Platz ist für 4,5 Millionen bis 2,4 Milliarden Samen, die 2000 bis 20 000 Jahre keimfähig bleiben. All das ist Wawilows gewaltiges Vermächtnis.

AFRIKA UND MADAGASKAR

AFRIKA HAT VON ALLEN Kontinenten die längste Geschichte der Pflanzenjagd. Die erste belegte Pflanzenexpedition sollte am Horn von Afrika im Land Punt nach dem geheimnisvollen Baum *ntyw* suchen. Den Kaffee entdeckte der Legende nach im 9. Jahrhundert ein äthiopischer Ziegenhirte. Irgendwann importierten geschäftstüchtige jemenitische Händler den Kaffee aus Äthiopien, denn im frühen 16. Jahrhundert war er in der Türkei, in Ägypten und dem Nahen Osten das Lieblingsgetränk aller. Im Jahrhundert darauf kamen viele Zierpflanzen über die niederländische Siedlung am südlichen Ende des Kontinents nach Europa, und die botanischen Gärten von Leiden und Amsterdam waren gut einhundert Jahre lang die wichtigsten Verteilerzentren für afrikanische Pflanzen. In den 1690er-Jahren hatten Sklavenschiffe von der afrikanischen Westküste auch Pflanzen für Sammler wie Hans Sloane auf Jamaika geladen (später profitierte das British Museum von seinen Sammlungen). Die südafrikanische Kapprovinz zog mit ihrem mediterranen Klima einige der ersten britischen Pflanzenjäger an und entwickelte sich im 19. Jahrhundert zu einem Hauptlieferanten der angesagtesten Pflanzen.

Das Gros der afrikanischen Flora aber blieb unerforscht. Napoleon nahm einen Botaniker auf seinen Ägypten-Feldzug mit (1798–1801), und einige Wagemutige, wie der deutsche Botaniker Gustav Mann, drangen Mitte des 19. Jahrhunderts ins westliche Afrika vor, das nicht ohne Grund »das Grab des weißen Mannes« genannt wurde. Doch erst Mitte des 20. Jahrhunderts begann man, die tropischen Regionen Afrikas systematisch zu erforschen, in den letzten Jahrzehnten verstärkt, denn inzwischen ist bekannt, wie wichtig die Tropen für die globale Biodiversität sind. Der letzte »Zustandsbericht zur Lage der Pflanzen- und Pilzwelt«, den der Botanische Garten Kew 2020 veröffentliche, führt weltweit zwei von fünf Pflanzenarten als bedroht auf. In Afrika, wo so viele Pflanzen noch nicht erforscht sind, sogar mehr.

Die heutigen Pflanzenjäger suchen nicht mehr nach Zierpflanzen, sondern nach noch unentdeckten, insbesondere endemischen Pflanzen, bevor diese aussterben. Ein erster Schritt – der von Kew unterstützt wird – ist es, mit Botanikern vor Ort zusammenzuarbeiten. Jahrhunderte der Kolonialherrschaft, gefolgt von langen Perioden kriegerischer Konflikte und politischer Instabilität, standen der wissenschaftlichen Botanik in vielen afrikanischen Staaten im Weg: In Guinea etwa gibt es erst seit 2005 ein nationales Herbarium, das die Erforschung der heimischen Flora überhaupt erst möglich macht.

1771 beschrieb der französische Botaniker Philibert Commerson die Insel Madagaskar, die heute als Hotspot der Biodiversität gilt, als gelobtes Land eines Naturforschers. Die jungen Botaniker aus Guinea und Kamerun, Angola und Mosambik sind überzeugt, dass ihre Regenwälder nicht minder aufregend sind.

Weihrauchbaum

Wissenschaftlicher Name
Boswellia

Entdeckerin
Hatschepsut

Fundort
Somalia

Jahr
1470 v. Chr.

DIE ERSTE Pflanzenexpedition, von der die Geschichte weiß, wurde von einer Frau geplant. Die ägyptische Pharaonin Hatschepsut, erst die zweite bekannte Frau auf einem Herrscherthron, schickte um 1470 v. Chr. Abgesandte ins sagenhafte Land Punt, um von dort Duftharzbäume mitzubringen – wahrscheinlich Somalischer Weihrauch (*Boswellia sacra*). Die Gelehrten streiten darüber, wo Punt eigentlich lag, vermutlich im heutigen Eritrea oder Somalia. *Boswellia*-Arten kommen besonders im bewaldeten Küstengebirge Nordsomalias vor. Wo immer sie auch hinzog, zurück kam die Mission mit 31 lebenden Bäumen. Man nimmt an, dass sie später als Allee auf den Totentempel zuführten, den Hatschepsut sich in Deir el-Bahari nördlich von Theben erbauen ließ.

Die Bäume waren nicht allein als Schmuck gedacht. Duftende Harze wie Myrrhe und Weihrauch spielten in der Medizin, bei religiösen Ritualen und vor allem bei der Einbalsamierung eine wichtige Rolle. Hatschepsuts Expedition sollte nicht nur nützliche Handelsrouten ausbauen, sondern Ägypten ermöglichen, dieses kostbare Gut selbst anzubauen – sie ist das erste Beispiel für ökonomische Botanik.

Hatschepsut ließ die Expedition hochzufrieden an den Wänden ihres Tempels verewigen. Auf einer Reihe von Malereien und Reliefs sind fünf Schiffe zu sehen, die losfahren, in Punt ankommen und mit ihrer Fracht zurückkehren, »erlesenen Pflanzen aus dem Gottesland«, deren Wurzelballen in Körben sitzen, außerdem haufenweise Myrrhe, Goldringe, Ebenholz und Elfenbein.

Später wurde Weihrauch für das Christentum bedeutsam, denn in der Weihrauchgabe der Heiligen Drei Könige sah man den Beweis für die Göttlichkeit Jesu, und noch heute versinnbildlicht der süß-würzige Duft brennenden Weihrauchharzes in der römisch-katholischen Kirche, den orthodoxen Kirchen und der an-

Mehrere *Boswellia*-Arten produzieren Duftharze, darunter *B. carteri*, die wie *B. sacra* im Norden Somalias wächst; Zeichnung von Walther Müller, aus *Köhler's Medizinal-Pflanzen*, 1887.

Burseraceae.

Boswellia Carterii Birdw.

Boswellia in einer arabischen Fassung von Dioskurides' *De Materia Medica*, 987–990.

glikanischen Hochkirche die Anwesenheit Gottes. Doch auch Parfümeure schätzen Weihrauch, und in der alternativen Medizin soll er von Arthritis bis zu Melanomen so gut wie alles heilen. In der Traditionellen Chinesischen Medizin wird er schon lange verwendet, und Plinius der Ältere empfahl ihn als Gegenmittel bei einer Schierlingsvergiftung.

Jahrtausendelang wurde Weihrauch nachhaltig geerntet, man machte Schnitte in den Stamm, damit Saft austrat, und kratzte die ausgehärteten »Tränen« aus goldgelbem Harz ab. Das konnte man in der Lebensspanne eines Baums neun- oder zehnmal tun, ohne ihn zu schädigen. In den letzten zehn, zwanzig Jahren führte übermäßiges Anzapfen dazu, dass wilde Populationen für Krankheiten und Parasiten anfällig wurden und die kommerziell angebauten *Boswellia*-Arten kurz vor dem Aussterben sind. In ganz Äthiopien, woher der meiste kommerzielle Weihrauch stammt, sterben Bäume in alarmierender Zahl. Eine im Juli 2019 veröffentlichte Studie schätzte, dass die Anzahl der weihrauchproduzierenden Bäume in den nächsten 15 Jahren um 50 Prozent zurückgehen wird. Wissenschaftler untersuchten 23 *Boswellia*-Populationen in verschiedenen Regionen und stellten fest, dass sich zwei Drittel seit Jahrzehnten nicht natürlich regeneriert hatten: Die Sämlinge wurden von Waldbränden vernichtet oder von Vieh gefressen, ausgewachsene Bäume waren, vom übermäßigen Anzapfen geschwächt, nicht mehr in der Lage, keimfähige Samen zu produzieren. Ohne eine konzertierte Aktion – das Einpferchen von Vieh, Schlagen von Feuerschneisen und behutsames Zapfen – wird der Weihrauch knapp werden.

Herbarexemplar von *Boswellia sacra*, gesammelt in Somalia, aufbewahrt im Botanischen Garten Kew.

Ordensstern

Wissenschaftlicher Name
Stapelia

Botaniker
Francis Masson

Fundort
Südafrika

Jahr
1796

KAPSTADT ENTWICKELTE SICH aus einer Proviantstation der Niederländischen Ostindien-Kompanie am Kap der Guten Hoffnung, die Schiffe auf der Reise nach und von Niederländisch-Ostindien versorgte. 1624 kam der holländische Missionar Justus Heurnius (1587–1653) dort an. Von ihm stammen die ersten bekannten Zeichnungen von Kap-Pflanzen, auch die einer stinkenden sternförmigen Sukkulente, die als *Stapelia* bekannt wurde.

Knapp 50 Jahre später war der in Halle (Saale) geborene Botaniker Paul Hermann (1646–1695) am Kap (er wurde dann Botanik-Professor in Leiden), und wiederum rund einhundert Jahre später kaufte Joseph Banks dessen Bücher. Ob es nun diese Werke oder seine Erinnerungen an den kurzen Zwischenstopp am Kap auf der Heimreise mit der *Endeavour* waren –, Banks beschloss jedenfalls, die ersten offiziellen Pflanzenjäger für den königlichen Garten in Kew nach Südafrika zu schicken.

Der Mann, den er auswählte, war Francis Masson (1741–1805), wieder einmal ein Schotte, der als Untergärtner in Kew arbeitete. Masson landete im Oktober 1772 in Kapstadt an und fand sich in einem floralen Paradies wieder. Heute gehört das Florenreich des Kaps, das kleinste und artenreichste der sechs Florenreiche der Welt, das der staunende Masson so rastlos erforschte, zum Weltnaturerbe. Kein anderes Land macht Südafrika Konkurrenz, wenn es um das Verhältnis von Fläche zu Schönheit, Anzahl und Diversität seiner Pflanzen geht. Von den 22 500 dort vorkommenden Arten wachsen etwa 16 500 nirgendwo sonst, und die Kap-Welterbe-Region ist mit ihren 9600 Arten, von denen 70 Prozent endemisch sind, einer der »hottesten Hotspots« der Welt. Masson sammelte hier einige der spektakulärsten Pflanzen, die man je gesehen hatte – Fackellilien und *Agapanthus* (Schmucklilien), leuchtende Heidekräuter und imposante Proteen, die schillernd türkis blühende

Stapelia, heute *Orbea variegata*, aus H. C. Andrews, *Botanist's Repository for New and Rare Plants*, 1816.

Pl. 59

...elia, orbicularis

Ixia viridiflora und die exotische *Strelitzia reginae*, die Paradiesvogelblume, die Banks clever nach Königin Sophie Charlotte, der Gemahlin Georges III., benannte, einer geborenen Prinzessin von Mecklenburg-Strelitz.

Noch ausgefallener waren die »Palmen«, die Masson in den feuchten Wäldern des Östlichen Kaps entdeckte. Eine wuchs mit kräftigem Stamm 3,6 Meter hoch. »Die andere hatte keinen Stamm, ihre Blätter waren leicht gezahnt und lagen flach auf der Erde, sie brachte einen großen zapfenartigen Fruchtstand hervor, etwa 46 Zentimeter lang und mit einem Umfang von gut 30 Zentimetern.« Es waren Brotpalmfarne, die sich vor Millionen von Jahren, lange vor den blühenden Pflanzen, entwickelten. Das liegende Exemplar, heute als *Encephalartos altensteinii* bekannt, steht noch immer im Palmenhaus von Kew und gilt als älteste Kübelpflanze der Welt. In England bildete es nur ein einziges Mal einen Zapfen, das war 1819, und der schwer kranke Banks stattete Kew einen letzten Besuch ab, um es zu sehen.

Masson blieb drei Jahre und unternahm drei strapaziöse Expeditionen ins Landesinnere. Auf zweien wurde er von dem nimmermüden Carl Peter Thunberg begleitet, einem schwedischen Botaniker, der bei Linné studiert hatte. 1775 fuhr Thunberg nach Japan weiter (siehe Seite 70) und Masson kehrte nach England zurück. Er brachte eine riesige Ausbeute von Pflanzen mit, gesammelt auf nebligen Gipfeln, in heißen Wüsten, auf kargen Hügeln, die im Winter wundersam »bemalt« waren, und grünen Ebenen, »gesprenkelt mit der größten Zahl von Blumen«, die er je gesehen hatte. Im Jahr darauf berichtete er in den *Philosophical Transactions of the Royal Society* lakonisch, wie er nur knapp hungrigen Löwen, dem Ertrinken in Flusspferdteichen und dem Verdursten in der Wüste entronnen war – und lieferte außerdem die erste ausführliche Beschreibung der Flora des südlichen und südwestlichen Kaps.

Banks war begeistert ob dieser »Überfülle von Pflanzen« und schrieb, dank Massons Anstrengungen habe »Kew in großem Maße die allgemein anerkannte Superiorität über ähnliche Einrichtungen in Europa erlangt«. Alle waren verrückt nach Massons Kap-Pflanzen, sie schmückten die Treibhäuser der Reichen genauso wie die Fensterbänke der Armen. Schon wenige Jahre nach seinem Tod standen Geranien, die anfangs rare Sammlerstücke gewesen waren, »in jeder Dachkammer und jedem Cottagefenster«, und »jedes Gewächshaus erstrahlt von den zahllosen Zwiebelgewächsen, Pflanzen und prächtigen Heidekräutern des Kaps«.

James Sowerby, *Orbea variegata* (syn. *Stapelia variegata*), aus *Curtis's Botanical Magazine*, 1816.

1778 schickte Banks seinen Vorzeigesammler via Madeira, Teneriffa und Azoren in die Karibik. Masson kehrte mit leeren Händen zurück – nachdem er von den Franzosen gefangen genommen worden war, als sie 1779 Grenada eroberten, und danach alles in einem Hurrikan verloren hatte, der St. Lucia verheerte. Die dritte Reise nach Portugal, Spanien und Nordafrika war wesentlich erfolgreicher, und Ende 1785 segelte er wieder ans Kap, denn dort wartete noch »ein großer Schatz von neuen Pflanzen, insbesondere der sukkulenten Art«.

Er wurde mit Misstrauen begrüßt, denn die Beziehungen zwischen Briten und Niederländern am Kap hatten sich verschlechtert. Als Spion verdächtigt, durfte Masson sich nur an Orte bewegen, die maximal drei Stunden vom Meer entfernt waren. Der enttäuschte Banks schrieb ihm, er solle an der Küste bleiben. Doch Masson hatte auf seinen vorherigen Expeditionen fasziniert auf die merkwürdige Flora der ariden Zonen geschaut. Da hielten Siedler in Gebieten, in denen kein Gras wuchs, große Schafherden, und er hatte erfahren, dass »ihre Schafe nie Gras fressen, nur sukkulente Pflanzen und alle möglichen Sträucher, von denen viele aromatisch sind und ihrem Fleisch einen ausgezeichneten Geschmack geben«. Man wusste noch wenig über Sukkulenten, »die nicht gepresst, aber vor Ort vermessen und beschrieben werden können«. Das war Masson auf seiner letzten Reise nicht gelungen, denn er hatte sich beeilen müssen, bevor die durstigen Zugochsen vor seinem Wagen zusammenbrachen. Er hatte nur gesammelt, »was wir am Wegesrand fanden, alles in allem mehr als 100 Pflanzen, die noch nie beschrieben wurden«. Besonders die Stapelien mit ihren apart gemusterten sternförmigen Blüten hatten es ihm angetan.

Masson verbrachte die nächsten neun Jahre in Südafrika und schickte diverse Exemplare der Gattung nach Kew, gefolgt von Briefen, in denen er sich besorgt nach ihnen erkundigte. Als er 1795 nach England heimkehrte, war er beglückt, sie kräftig gedeihen zu sehen. In den zwei folgenden Jahren veröffentlichte er ein vierbändiges Werk über *Stapeliae Novae*, mit Beschreibungen von 41 Arten, davon 39 der Wissenschaft neuen, und handkolorierten Farbtafeln nach seinen Zeichnungen.

Seither kamen neue Arten dazu, und die Gattung wurde unterteilt, heute zählt die *Stapelia* 29 afrikanische Arten, die meist in den ariden Regionen Namibias und Südafrikas und bevorzugt auf bergigem Terrain zu finden sind. Ihre Blüten ziehen Schmeißfliegen an, da sie sich mit feinen fellähnlichen Härchen als Tierkadaver tarnen und einen starken Verwesungsgeruch verströmen, weshalb man sie auch »Aas-

blumen« nennt. Manche Arten, wie *S. erectiflora* und *S. flavopurpurea*, sind wohlriechend, doch sie bilden die Ausnahme. Die fünfzackigen Blüten können sehr groß werden, die der *S. grandiflora* erreichen einen Durchmesser von bis zu 25 Zentimetern. Wegen ihrer reizvoll marmorierten Blüten sind die Ordenssterne, Maden und Gestank zum Trotz, beliebte Zimmerpflanzen geworden – zumindest bei Sukkulentensammlern. Masson jedenfalls, der mit 65 Jahren noch immer pflanzenjagend in einem bitterkalten kanadischen Winter starb, war ihrem Charme verfallen.

Stapelia hirsuta var. *vetula*, aus F. Masson, *Stapeliae Novae*, 1797.

Lebende Steine

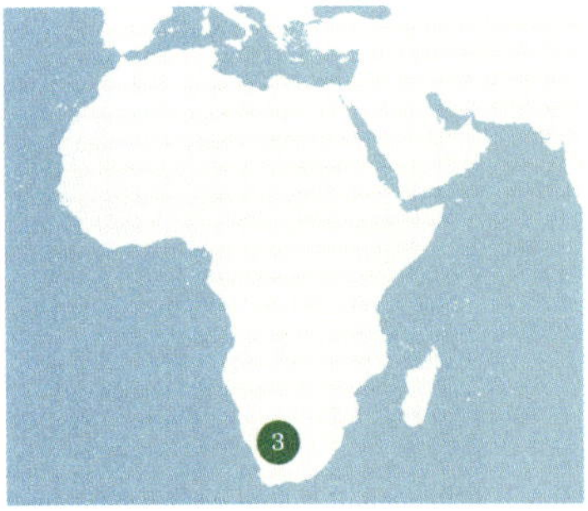

Wissenschaftlicher Name
Lithops

Botaniker
William John Burchell

Fundort
Südafrika

Jahr
1811

FÜR GEWÖHNLICH müssen Pflanzenjäger lange und angestrengt nach interessanten Exemplaren suchen. Doch manchmal stolpern sie einfach über sie. Das passierte William John Burchell 1811 in der nördlichen Kapprovinz in Südafrika. Er stieß mit dem Fuß gegen »einen, so schien es, eigenartig geformten Kiesel«, er hob ihn auf und sah, dass es eine Pflanze war. Doch »in Farbe und Aussehen ähnelte [sie] ganz den Steinen, zwischen denen sie wuchs«. Diese chamäleonartige Fähigkeit, mit der Umwelt zu verschmelzen, hielt er für einen cleveren Trick der Natur, der es »diesem saftigen kleinen Mesembryanthemum« (denn dafür hielt er sie) ermöglichte, »für Vieh und wilde Tiere unsichtbar zu sein«.

Burchell (1781–1863) hatte die glamourösen Proteen des Tafelbergs, ihre umwerfende Gattung *Leucospermum* (Nadelkissen) und die ausgefallenen Fynbos-Arten bestaunt, doch diese winzigen Lebenden Steine, die er *Mesembryanthemum turbiniforme* taufte, erschienen ihm ebenso bewundernswert.

> Im großen Gefüge der Schöpfung ist nichts unzulänglich, nichts ist unnötig, das kleinste Kraut oder Insekt ist so unentbehrlich für das große Ganze, wie die größte Sache (…). Nichts zeugt von größerer Engstirnigkeit und Einfallslosigkeit, als eine Hervorbringung der Natur allein ihrer Größe wegen zu bewundern oder eine solche allein ihrer Winzigkeit wegen zu verachten, nichts ist irregeleiteter als die Annahme, alles dem Menschen nicht offenkundig Vorteil Bringende sei nutzlos.

Burchell scherte sich ganz offenbar nicht darum, ob Pflanzen lukrativ oder gartenwürdig waren. Er reiste »einzig, um Wissen zu erwerben«, und erkannte wie

Zwei kultivierte Lebende Steine, *Lithops fulviceps* (syn. *Mesembryanthemum fulviceps*) und *Conophytum bilobum* (syn. *Mesembryanthemum elishae*), aus *Curtis's Botanical Magazine*, 1818.

A
1
2
3
B
4
5
6

Humboldt (siehe Seite 258 ff.) und Darwin sowohl die Vernetzung wie auch die Anpassungsfähigkeit der Natur, die er, in dieser vorevolutionären Ära, der »vorausschauenden Weisheit« der »großen schöpferischen Kraft« zuschrieb.

Der 1781 geborene Burchell war botanisch gut vernetzt: Sein Vater besaß eine gut gehende Gärtnerei in Fulham (London), William Hooker, der erste offizielle Direktor von Kew, war ein Freund und Mentor. 1805 segelte Burchell auf die einsam im Atlantik gelegene Insel St. Helena, die der Ostindien-Kompanie als Proviantstation und Pflanzenlazarett für Exoten aus dem Osten diente. Sein Versuch, ins Proviantgeschäft einzusteigen, schlug fehl, und so sah er sich genötigt, Lehrer zu werden, eine »unangenehme Pflicht, meinen Neigungen gänzlich konträr«. Die Botanik hingegen entsprach seinen Neigungen und daher begann er 1807, einen botanischen Garten für die Insel anzulegen. Die Flora und Fauna von St. Helena war durch Abholzung und die unersättlichen importierten Ziegen dezimiert worden (heute existiert schätzungsweise noch ein Prozent der heimischen Flora), und Burchell wollte retten, was zu retten war. Doch wenige Monate später ließ ein neuer Gouverneur den jungen Garten hurtig in einen Weinberg verwandeln. Das einzige Licht am Horizont war die sehnlichst erwartete Ankunft von Burchells Verlobter. Doch als die Dame dann eintraf, hatte sie sich in den Kapitän des Schiffs verliebt und heiratete diesen. Der unglückliche Burchell hielt es bis 1810 auf St. Helena aus. Als man ihm dann den »vielversprechenden« Posten eines Botanikers der Kapkolonie anbot, griff er zu.

Das Pech schien an ihm zu kleben: Als er in der neuen britischen Kolonie ankam, wartete dort kein Job auf ihn. Er blieb trotzdem und machte sich 1811 auf eine Expedition, die fünf Jahre dauerte und ihn 7000 Kilometer weit durch meist raues und unerforschtes Terrain führte. Er brachte 50 000 Pflanzen, Samen und Zwiebeln zurück (die er Kew überließ), dazu ausführliche Notizen und präzise Angaben zu den Fundorten – die heutigen Erforscher des Klimawandels danken es ihm. Er sammelte auch Tiere und anthropologische Objekte (zusammen 13 000 Funde) und war ein einfühlsamer Beobachter der Siedler- und der »Hottentotten«-Kultur. »Für mich«, schrieb er, »war fast alles wahrhaft Afrikanische interessant«.

Er benötigte gut zehn Jahre, um seinen Reisebericht zu verfassen (*Reisen in das Innere von Süd-Afrika*, 1822–1824) und seine Funde zu katalogisieren. 1825 erforschte er dann Brasilien und kehrte 1830 mit 23 000 Spezimen – Insekten, Vögeln, Tieren

und Pflanzen – zurück. Doch die Reisestrapazen, berufliche Querelen und die Sisyphosaufgabe des Katalogisierens zermürbten ihn. Er zog sich zurück und versank in Depression. 1863 wollte er sich erschießen. Doch auch das schlug fehl. Da erhängte er sich in seinem Gartenschuppen.

Burchells Vermächtnis ist groß und divers – der »wilde Granatapfel« (*Burchellia bubalina*), ein Steppenzebra (*Equus quagga burchellii*) und eine Breitmaulnashornart (Burchells Rhinozeros) tragen seinen Namen. Er identifizierte Asbest, kartographierte, erforschte die Geologie Südafrikas. Sein kuriosester Fund aber sind die sukkulenten Lebenden Steine, die man heute als eigene Gattung, *Lithops*, in der Familie der Mittagsblumen führt und als Zimmerpflanzen schätzt.

Es gibt etwa 40 Arten, die in den ariden Gegenden von Südafrika, Namibia und Botswana wachsen. Weil sie so schwer auszumachen sind, werden noch immer

Ein Lager der San, eines Volks von Jägern und Sammlern, am Oranje-Fluss, Zeichnung aus W. J. Burchell, *Travels in the Interior of Southern Africa*, 1822.

1
2

neue entdeckt. Ihr Erscheinungsbild passt sich an die unterschiedlichsten Habitate an, vom Quarzitkieselpflaster bis zu trockenen steinigen Hängen, Felsspalten und offenem Grasland. Sie können Monate ohne Regen überleben (manche Arten ziehen alle Feuchtigkeit, die sie brauchen, aus Nebel oder Tau) und tolerieren extreme Hitze (über 42 °C) genauso wie Frost (minus 5 °C).

Jede Pflanze besteht aus zwei dicken, halb durchscheinenden Blättern, die auf Bodenniveau verbunden sind und in eine rübenartige Wurzel übergehen. Um Wasser zu konservieren (und sich vor weidenden Tieren zu schützen), wächst sie fast vollständig in der Erde, nur ein kleines ovales »Fenster« in der Blattspitze wird der Sonne ausgesetzt. Dieses Leben im Untergrund macht die Photosynthese nicht einfach, doch *Lithops* bündelt das durch die »Fenster« einfallende Licht auf chloroplastreichen Zellen im Inneren der Pflanze. So wird ein Maximum an Licht bei minimaler Berührung mit der feindlichen Umgebung eingefangen.

Einmal im Jahr, in der Regenzeit, kommen gelbe oder weiße margeritenartige Blüten zwischen den Blättern hervor und locken süß duftend Bestäuber an. Nach der Blüte vertrocknen die Blätter, aus ihrer Mitte schiebt sich ein neues Blattpaar.

Auch die Samen, die sie produzieren, sind optimal an das Wüstenleben angepasst: Sie werden teils jahrelang von Samenkapseln geschützt, die sich erst öffnen, wenn es regnet. Die Samen nutzen die idealen Bedingungen und keimen sehr schnell.

Conophytum truncatum (syn. *Mesembryanthemum truncatellum*), aus *Curtis's Botanical Magazine*, 1874.

Kaffee

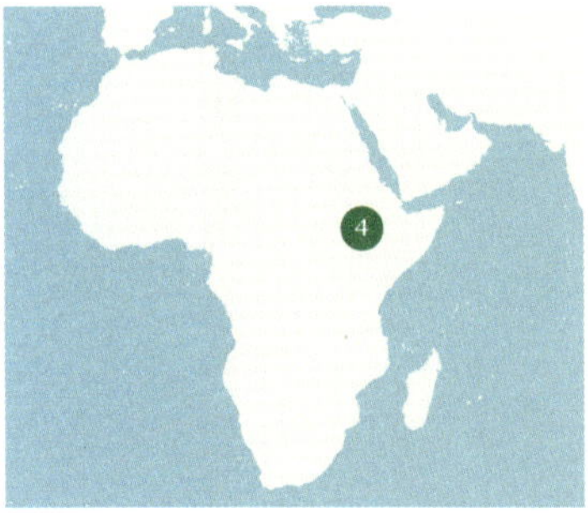

Wissenschaftlicher Name
Coffea

Botaniker
Dr. Aaron P. Davis

Fundort
Äthiopien

Jahr
Fortlaufend

AUCH HEUTE NOCH sucht eine Handvoll entschlossener Pflanzenjäger auf der ganzen Welt nach neuen Zierpflanzen für unsere Gärten – wie etwa Ken Cox, Dan Hinkley, Roy Lancaster, Bleddyn und Sue Wynn-Jones (siehe Seite 136 und 139) – doch die meisten Pflanzensammler sind Wissenschaftler, die für botanische Gärten, Universitäten oder Forschungseinrichtungen arbeiten und so viele Pflanzen wie möglich katalogisieren, entschlüsseln und retten möchten, bevor Klimawandel, Wassermangel, Krankheiten und die Zerstörung ganzer Habitate sie von der Erde tilgen. Besonderes Augenmerk gilt dabei den wilden Verwandten der lebenswichtigen Nutzpflanzen.

Seltsamerweise wird die wirtschaftlich wohl bedeutendste Pflanze als Getränk genossen und nicht als feste Nahrung. Kaffee ist eine international gehandelte Ware, die eine globale milliardenschwere Industrie am Leben erhält und etwa 100 Millionen Menschen ein Auskommen garantiert. Doch die Zukunft der Kaffeeindustrie wird vom voranschreitenden Klimawandel bedroht, der zu Dürren, Überschwemmungen, Verschiebungen der Jahreszeiten, einem potenziell katastrophalen Anstieg der Temperaturen und, davon begünstigt, zur Verbreitung von Parasiten und Krankheiten führt. Dr. Aaron P. Davis, Forschungsgruppenleiter in Kew, versucht in Zusammenarbeit mit Kollegen aus Madagaskar, Äthiopien und anderen Teilen Afrikas, das beliebteste Getränk – und mit ihm die Volkswirtschaften einiger tropischer Länder – nachhaltig zu retten.

Den Kaffee beschert uns eine Gattung kleiner, meist immergrüner Bäume, *Coffea* genannt, von der es 124 bekannte Arten gibt. Doch nur zwei dominieren den Weltmarkt. 60 Prozent des weltweit angebauten Kaffees entfallen auf *Coffea arabica*, der aus den gemäßigten bis kühlen tropischen Bergwäldern in Äthiopien

Coffea arabica, aus J. J. Plenck, *Icones plantarum medicinalium*, 1788–1812.

COFFEA ARABICA L.

Der Arabische Caffee.

und im Südsudan stammt. Angebaut wird er in diesen Regionen mindestens seit dem 16. Jahrhundert, von wilden Pflanzen gesammelt wahrscheinlich seit Jahrtausenden. *Arabica* gilt als der beste Kaffee, er hat einen feinen, leicht süßlichen Geschmack und einen geringen Koffeingehalt. Als Bohnen oder gemahlenen Kaffee kaufen wir meist *Arabica*.

Den größten Anteil an den übrigen 40 Prozent hat *Robusta* (*C. canephora*), die aus dem Tiefland des tropischen West- und Zentralafrikas stammt. Diese Art wurde erst 1897 identifiziert, aber von Anbauern in aller Welt bald geschätzt, denn sie ist anpassungsfähiger, produktiver und krankheitsresistenter als *Arabica*, vor allem ist sie nicht so anfällig für Kaffeerost. *Robusta* hat einen höheren Koffeinanteil und einen erdigen, eher bitteren Geschmack. Instantkaffee wird aus *Robusta* hergestellt, und man findet sie oft in kräftigen Espresso-Mischungen, deren *crema* (den Schaum auf der Oberfläche) sie satter macht. Eine dritte, ebenfalls aus dem tropischen Afrika stammende Art, *C. liberica*, wird vor allem als Unterlage zur Veredelung mit *Arabica* und *Robusta* verwendet. Man baute sie früher in weiten Teilen Asiens an, weil sie krankheitsresistent ist. Inzwischen hat die aromatischere *Robusta* sie verdrängt, nur noch auf den Philippinen wird sie geschätzt.

Blüten und Bohnen von *Coffea arabica*, die Britische Ostindien-Kompanie beauftragte den indischen Künstler Manu Lall, sie zu malen; Kew Collection, 19. Jahrhundert.

Coffea aus G. A. Crüwell, *Liberian Coffee in Ceylon*, 1878.

Coffea arabica, aus F. G. Hayne, *Getreue Darstellung und Beschreibung der in der Arzneykunde gebräuchlichen Gewächse*, 1825.

Die meisten unserer wichtigen Nutzpflanzen werden seit Tausenden von Jahren kultiviert. Doch der *Robusta*-Kaffee beweist, so Davis, welch ungeheures Potenzial in der Erforschung wilder Arten liegt: Eine wilde Pflanze, bestenfalls eine Art, die einzig in einem sehr kleinen Areal angebaut wurde, hat sich innerhalb von 120 Jahren zu einem bedeutenden »Global Player« entwickelt. Wer weiß, was die anderen 121 kaum bekannten Arten zu bieten haben? Vielleicht haben sie krankheits-, hitze- oder dürreresistente Eigenschaften, die man für neue Zuchtsorten nutzen könnte. Vielleicht schmecken sie auch einfach nur köstlich. In einem Markt, der nach immer neuen, verfeinerten Produkten verlangt, könnten arme Länder wie Äthiopien, wo Kaffee den größten Beitrag zum Haushaltseinkommen der Bevölkerung liefert, von Premiumkaffeespezialitäten profitieren. Etwa 20 Millionen Menschen (ein Viertel der Bevölkerung) sind vom Kaffeegeschäft abhängig, das ein Drittel der äthiopischen Exporteinnahmen ausmacht.

Berichte über den fabelhaften Geschmack von *C. stenophylla* brachten Davis dazu, in den Tieflandwäldern Westafrikas nach dieser Art zu suchen, die in Sierra Leone und den Nachbarländern im frühen 20. Jahrhundert kommerziell angebaut wurde, bis *Arabica* sie verdrängte. Wild wurde sie zum letzten Mal 1954 gesichtet. Er und zwei Kollegen, Jeremy Haggar und Daniel Sarmu, fanden 2018 in Sierra Leone zwei winzige Populationen (eine bestand aus nur einer Pflanze). 2019 entdeckte Sarmu in Sierra Leone *C. affinis*, eine weitere verloren geglaubte Sorte, die man vorher nur in Guinea und der Elfenbeinküste gefunden hatte und die zuletzt 1941 gesehen wurde. Beide Arten sind von Abholzung und Tagebau bedroht.

Tatsächlich hat Davis' Forschungsteam in Kew nachgewiesen, dass wenigstens 60 Prozent aller Kaffeesorten (75 von 124) vom Aussterben bedroht sind. Auch *C. arabica* steht als »akut gefährdet« auf der internationalen Roten Liste. Sowohl wilde wie auch kultivierte Populationen sind gefährdet, denn diese klimaempfindliche Art, die in kühlen, feuchten Bergwäldern auf Höhen von 950 bis 2000 Metern zu Hause ist, leidet unter steigenden Temperaturen und verminderten Niederschlägen. Man nimmt an, dass Äthiopiens wilde Population im Jahr 2088 von den Auswirkungen des Klimawandels vernichtet sein wird. Diese Schätzung berücksichtigt nicht einmal die Gefahren, die sämtliche Kaffeearten bedrohen: Verlust des Habitats oder Verkümmerung. Kaffee regeneriert sich nur unter optimalen Bedingungen. Er braucht meist eine schattenspendende Waldumgebung, doch viele tropische Wälder werden für die Landwirtschaft, Holzgewinnung oder den Siedlungsbau abgeholzt. In den geschrumpften, fragmentierten Habitaten sind die Populationen zu klein und isoliert, um überleben zu können. Es gibt nur sehr wenige *Arabica*-Cultivare, auch das gefährdet die Art, obwohl sie in über 30 Ländern angebaut wird. (Ein Cultivar ist eine kultivierte Varietät, die man ihrer wünschenswerten Merkmale wegen selektiert.) Diese geringe genetische Vielfalt macht die Sorte anfällig für Schädlinge, Krankheiten und Klimaveränderungen. Außerdem lassen sich Kaffeesamen nicht erfolgreich in Genbanken lagern. Daher ist es unerlässlich, lebende Pflanzen als genetische Ressource zu konservieren.

Die Zeit drängt, warnt Davis, denn viele wilde Arten, die sich für die Züchtung resistenter Sorten besonders eignen könnten, gehören zu den stark gefährdeten. Mehrere wurden seit über einem Jahrhundert nicht mehr gesichtet und könnten bereits ausgestorben sein. Davis hat eine Art Rekord beim Entdecken und Wiederentdecken von Kaffeearten aufgestellt, allein auf Madagaskar fand er 20. Doch der eigentliche Verdienst, betont er, gebührt seinen afrikanischen Kollegen, wie etwa Dr. Franck Rakotonasolo. Der madagassische Botaniker fuhr 960 Kilometer in einem Überlandbus und schlug sich dann einen halben Tag durch den Dschungel, um ein Exemplar von *C. ambogensis* aufzuspüren, einer Art, die zuletzt 1841 gesichtet wurde. Als sein Bus auf der Rückfahrt verunglückte, galt der erste Gedanke des Verletzten der Rettung dieser Pflanze. Er schickte sie nach Kew, wo man sie tatsächlich als *C. ambogensis* identifizierte, eine Art, die – wie ein weiterer madagassischer Fund, *C. boinensis* – die größten Bohnen trägt, sie sind mehr als doppelt so groß wie *Arabica*-Bohnen.

Das Kaffeerösten ist eine Kunst wie das Weinkeltern, und Kaffeeconnaisseure tauschen sich über ihre Lieblingsmischungen so leidenschaftlich aus wie Weinkenner über Cuvées. Auch das Vokabular, das die Aromen beschreibt, gleicht sich (»blumig leicht«, »fruchtige Note« …). Den glücklichen Kaffeenovizen eröffnet sich da ein weites Entdeckungsfeld!

Marianne North, *Laub, Blüten und Früchte des Kaffees, Jamaika*, 1873.

Flammenbaum

Wissenschaftlicher Name
Delonix regia

Botaniker
Wenzel Bojer

Fundort
Madagaskar

Jahr
vor 1829

MADAGASKAR, die viertgrößte Insel der Welt, lässt Biologen und Botaniker ins Schwärmen geraten – sie gilt als »hottester Hotspot« der Biodiversität. Ihre Landmasse trennte sich vor etwa 160 Millionen Jahren vom afrikanischen Kontinent und vor 70 bis 90 Millionen Jahren vom indischen Subkontinent ab. Aufgrund dieser langen geographischen Isolation konnte sich eine einzigartige Fauna und Flora entwickeln. Die außergewöhnliche Vielfalt der geologischen, geographischen und klimatischen Bedingungen und Habitate begünstigte die Entwicklung zahlreicher hoch spezialisierter Tier- und Pflanzenarten, von denen es viele nirgends sonst auf der Welt gibt.

Bei der letzten Zählung kam man auf annähernd 11 300 auf Madagaskar beheimatete Pflanzenarten (es kommen ständig neue hinzu). Grob gesagt jede zehnte ist eine Orchidee. 83 Prozent der Pflanzen sind endemisch, darunter fünf Familien von Holzgewächsen und 306 Gattungen. Auf der Insel gedeihen dreimal mehr Palmenarten als auf dem gesamten afrikanischen Kontinent, und von den acht bekannten Arten des phantastisch bizarren Affenbrotbaums (*Adansonia*), auch Baobab genannt, sind sechs auf Madagaskar endemisch.

Bei einem so begrenzten Verbreitungsgebiet sind zwangsläufig viele Pflanzen bedroht, vor allem vom Brandrodungsfeldbau. Verbranntes Holz wird als Holzkohle verwendet, die Asche düngt den Boden, auf dem später Mais oder Reis angebaut wird. Nach ein paar Jahren sind dem Boden sämtliche Nährstoffe entzogen, und die Bauern brennen den nächsten Waldstreifen ab. Auch um Weiden für die Zebu-Rinder zu schaffen, wird Vegetation verbrannt. Noch alarmierender ist das plötzliche Absterben von Affenbrotbäumen, das wahrscheinlich auf steigende Temperaturen und geringere Niederschläge zurückzuführen ist. Sorgen machen sich die Wissenschaftler auch um Pflanzen, denen offenbar die Möglichkeit fehlt, ihre Samen zu

Masumi Yamanaka, *Delonix regia*, aus *Curtis's Botanical Magazine*, 2020. © Masumi Yamanaka.

Pub by S. Curtis, Walworth, Feby 1. 1829.

verbreiten. Da es auf Madagaskar sehr wenige fruchtfressende Vögel gibt, haben die Lemuren diese ökologische Nische besetzt. Doch einige Pflanzen, zu denen die Baobabs und mehrere Palmen gehören, produzieren Samen, die für die Lemuren zu groß sind. Man nimmt an, dass diese Samen einst von inzwischen ausgestorbenen Arten verbreitet wurden, wie etwa den Riesenlemuren, Zwergflusspferden, Riesenschildkröten oder dem straußenartigen Elefantenvogel, der zuletzt im 17. Jahrhundert gesehen wurde.

Die Wissenschaftler des Botanischen Gartens Kew erforschen die madagassische Flora seit 1880, Mitte der 1980er-Jahre wurde in der Hauptstadt Antananarivo das Kew Madagascar Conservation Centre eingerichtet, das diverse Naturschutzprogramme fördert, sei es Bauern zu ermuntern, mehr Yamswurzeln anzubauen oder Samen zu konservieren, damit die bedrohten Arten eine Überlebenschance haben. Bisher wurden etwa 7000 Samen-Sammlungen (von 3000 Arten) in Antananarivo eingelagert, Zweitproben gehen an Kews Genbank in Sussex. Da sich diverse Regenwaldpflanzen aber nur schwer oder gar nicht über Samen vermehren lassen, ist es nötig, lebende Pflanzen in botanischen Gärten zu konservieren, um mit ihnen einmal die Wälder der Insel wieder aufforsten zu können.

Glücklicherweise sind nicht alle madegassischen Pflanzen bedroht. Der höchst angemessen »Flammenbaum« genannte *Delonix regia* wurde 1829 von dem in Prag geborenen Botaniker Wenzel Bojer (1795–1856) gezeichnet, der im Auftrag der österreichischen Regierung auf Madagaskar sammelte. Ende des 19. Jahrhunderts war der Baum überall in den Tropen verbreitet – wen wundert es, ist er doch ein prächtiger Schattenspender, wird 9 bis 12 Meter hoch und hat eine 18 bis 21 Meter weite Schirmkrone. In Regionen mit Trockenzeiten oder kühlen Wintern wirft er seine langen, farnähnlich gefiederten Blätter ab, ansonsten ist er immergrün. Sein wahrer Prunk sind die Blüten – dicht gedrängte flammend rote Blüten mit einem Durchmesser von gut 10 Zentimetern. Aus diesen bilden sich die bis zu 60 Zentimeter langen hängenden Samenhülsen.

Er wurde auf der ganzen Insel kultiviert, doch wilde Populationen entdeckte man erst in den 1930er-Jahren in den Trockenwäldern im Westen Madagaskars wieder – einem stark fragmentierten Habitat. Der sehr beliebte Baum (nur in Australien gilt er als Plage) wird nun an vielen tropischen und subtropischen Standorten eingebürgert. Seine Samen konserviert man sicherheitshalber.

Die originale (und »Typus«-)Illustration von *Delonix regia*, nach der Zeichnung ihres Entdeckers Wenzel Bojer, aus *Curtis's Botanical Magazine*, 1829.

Talbotiella cheekii

Wissenschaftlicher Name
Talbotiella cheekii

Botaniker
Xander van der Burgt

Fundort
Guinea

Jahr
2017

WIE KANN ES SEIN, dass ein riesiger Regenwaldbaum, 24 Meter hoch, mit einem Stammdurchmesser bis zu 83 Zentimetern, starken Brettwurzeln und großen Trauben von rot-weißen Blüten der Wissenschaft bis 2017 unbekannt war? Noch dazu kein einsamer Baum, sondern gleich eine Ansammlung, die nur ein paar Schritte von einer Hauptstraße entfernt in einem Vorort einer Hauptstadt wuchs?

Selbstverständlich war der Baum den Menschen in der Umgebung von Guineas Hauptstadt Conakry bekannt. In der Sprache der Susu (Volksgruppe der südlichen Küstenregion) heißt er *Linsonyi*. Er trägt auch noch einen beredteren Namen: *Wonkifong wouri khorohoi*, »Baum mit hartem Holz aus Wonkifong« – ähnlich wurden im Grunde alle Pflanzen beschrieben, bevor Carl von Linné 1753 das sparsamere binomische Namenssystem erfand, das heute gebräuchlich ist. Sein wissenschaftlicher Name, den der in Kew forschende Xander van der Burgt ihm gab, ist *Talbotiella cheekii*. Burgt benannte ihn nach seinem Chef Martin Cheek, dem Leiter der Afrika- und Madagaskar-Forschungsgruppe in Kew, der seit zwei Jahrzehnten die Flora von Guinea und Kamerun erforscht und versucht, Schutzräume für die rapide verschwindende Flora dieser Länder zu schaffen. Nur wenn eine Pflanze offiziell »entdeckt« und beschrieben wurde, kann sie auf die Rote Liste der Weltnaturschutzunion IUCN gesetzt werden. Und nur dann kann ein Programm zu ihrer Bewahrung anlaufen.

T. cheekii gilt, wie ein erschreckend großer Teil von Guineas Flora, als bedroht. Guinea ist eines der pflanzenreichsten Länder Westafrikas, allein 4000 Gefäßpflanzenarten wachsen dort – mehr als 270 sind vom Aussterben bedroht, darunter alle 74 bekannten endemischen Arten. Viele Pflanzen werden vom Tagebau vernichtet. Aus Guinea kommen 15 Prozent des weltweit geförderten Bauxits (95 Prozent des

Herbarexemplar von *Talbotiella cheekii*,
gesammelt von Xander van der Burgt in Guinea,
2017, aufbewahrt im Botanischen Garten Kew.

HERB. HORT. KEW.

Flora of Guinea-Conakry

Herbarium, Royal Botanic Gardens, Kew, UK

Leguminosae-Detarioideae

Talbotiella cheekii Burgt

Det by: X.M. van der Burgt, 9 December 2017

Guinea, Coyah Préfecture, at the checkpoint near Pont KK
LatLong: 9° 45' 05.5" N; 13° 21' 27.6" W Alt: 150 m

Vertical sandstone cliff, 50 m above stream.

Tree, 12 m high, stem 63 cm diameter at 1.3 m. Stem fluted. Flower sepals white, pedicel pink. At least 10 trees present here, on the vertical cliff. This is the only tree seen in flower; the tree was badly damaged by fire, most branches were dead, the last living branches were flowering. Wood sample at K: a section of a 6 cm thick branch.

Burgt, X.M. van der 2188

With: Laura Jennings, Gbamon Konomou, Pepe Haba

9 December 2017

Dups: B, BR, G, HNG, K, LISC, MO, P, PRE, SERG, WAG

Additional material: Photos See wood sample

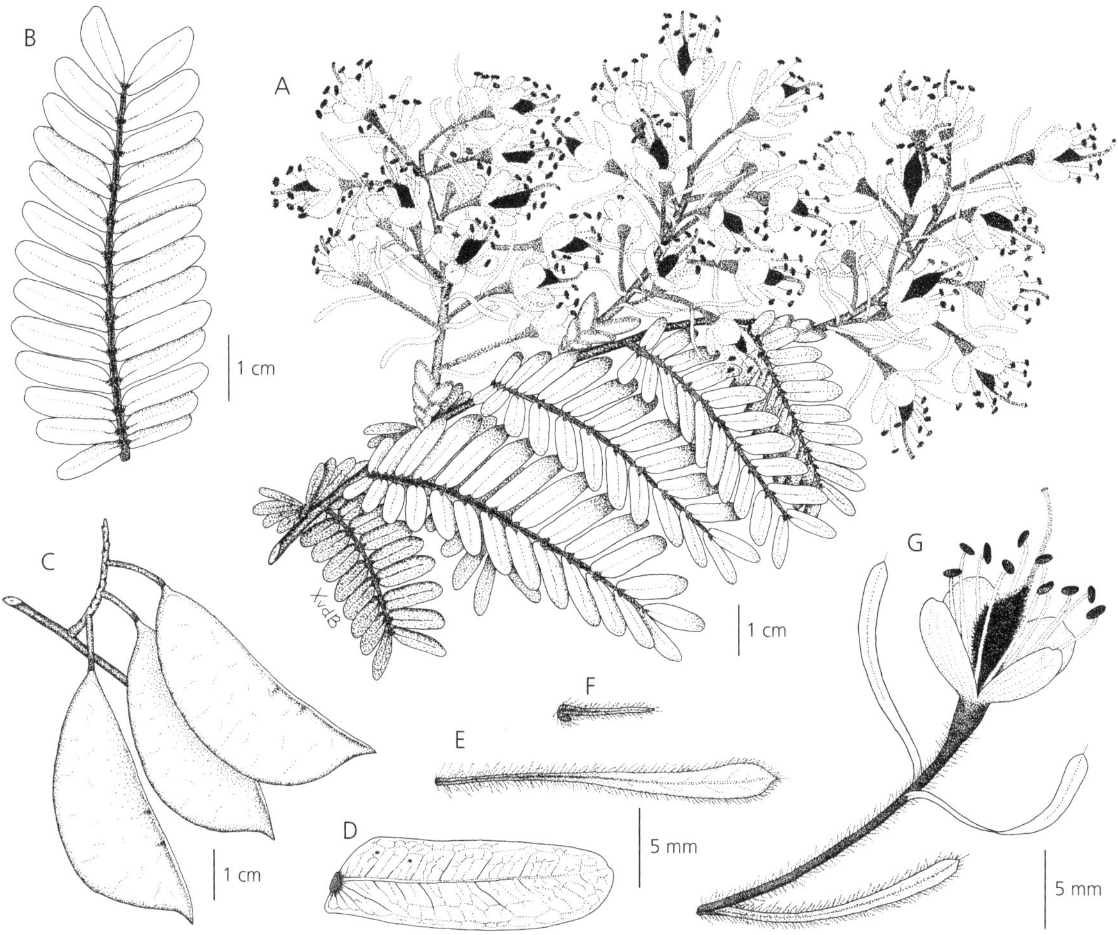

in Afrika abgebauten), außerdem werden Eisen, Kupfer, Uran, Diamanten und Gold gefördert. 1992 wurde geschätzt, dass 96 Prozent des guineischen Regenwalds bereits durch Brandrodungsfeldbau und Abholzungen für die Viehwirtschaft vernichtet waren. Überreste sind nur noch im Tiefland zu finden, wo auch *T. cheekii* wächst – in etwa einem Dutzend tiefer Felsspalten, bis in die noch keine Vorstadt vorgedrungen ist. Die Forscher aus Kew analysieren diese Waldreste mit Google Earth, bevor sie dort auf Pflanzenjagd gehen.

Talbotiella cheekii, gezeichnet von Xander van der Burgt, 2018. © Xander van der Burgt.

Cheek glaubt, dass 35 der seltensten Pflanzenarten Guineas, darunter 25 endemische, wahrscheinlich schon ausgestorben sind, wie etwa die »Orchidee der Fälle«, *Inversodicraea koukoutamba*, mit quellerartigen Trieben, die 2019 an den Koukoutamba-Fällen gefunden wurde, kurz bevor sie von einem geplanten Stausee verschluckt zu werden drohte. Dasselbe Schicksal ereilte wohl eine neue Gattung im benachbarten Sierra Leone: *Lebbiea grandiflora*, eine andere spezialisierte Wasserfallpflanze, die sich in rauschenden Sturzfluten an nackten Fels klammert, wurde 2018 bei einer Umweltfolgenabschätzung für einen neuen Staudamm entdeckt. Es rettete sie nicht. Im Jahr darauf fand man eine zweite Population – ausgerechnet an den Koukoutamba-Fällen.

Es ist nicht nur zur Befriedigung wissenschaftlicher Neugier wichtig, solche Pflanzen zu finden, wie Cheek betont, sondern auch, weil sie der Menschheit nützen könnten. *Kindia gangan* etwa, ein kleiner Strauch mit glockenförmigen weißen Blüten, wurde vor Kurzem auf Sandsteinklippen in der Nähe von Kindia in Guinea entdeckt. Der orange leuchtende Pollen enthält mehr als 40 verschiedene Triterpenoide, Pflanzenstoffe mit krebsmindernder Wirkung.

Ob *Talbotiella cheekii* heilende Wirkung hat, weiß man noch nicht – traditionell wird sie aber empfohlen »um die magischen Kräfte eines geständigen Hexers auszumerzen«. Der Baum gehört zur Familie der Hülsenfrüchte, und es ist erstaunlich, dass man ihn so weit im Westen fand, denn der Rest der Gattung ist in Kamerun und Gabun beheimatet. Er ist nicht der erste Regenwaldriese, den Xander van der Burgt in Afrika entdeckte. In Kamerun fand er noch gigantischere Hülsenfrucht-Verwandte: *Berlinia korupensis* wird doppelt so hoch wie *T. cheeckii* und trägt etwa 30 Zentimeter lange Hülsenfrüchte, *Gilbertiodendron newberyi* wird über 50 Meter hoch und hat einen Stamm mit einem Durchmesser von bis zu 2 Metern. Wie *Talbotiella* haben auch diese Arten ballistische Früchte: Ihre getrockneten Hülsen explodieren und schleudern die Samen heraus.

In Zusammenarbeit mit westafrikanischen Botanikern hat van der Burgt inzwischen 14 neue Regenwaldbäume beschrieben. Das ist schwieriger, als man glaubt. Um Bäume zu identifizieren, deren Blätter in schwindelerregenden Höhen sprießen, muss man über Bergsteigerqualitäten verfügen. Man muss außerdem die Blüten gesehen haben, und *T. cheekis* Blüten erscheinen plötzlich am Ende der Trockenzeit und halten nur vier oder fünf Tage.

NORDAMERIKA UND MEXIKO

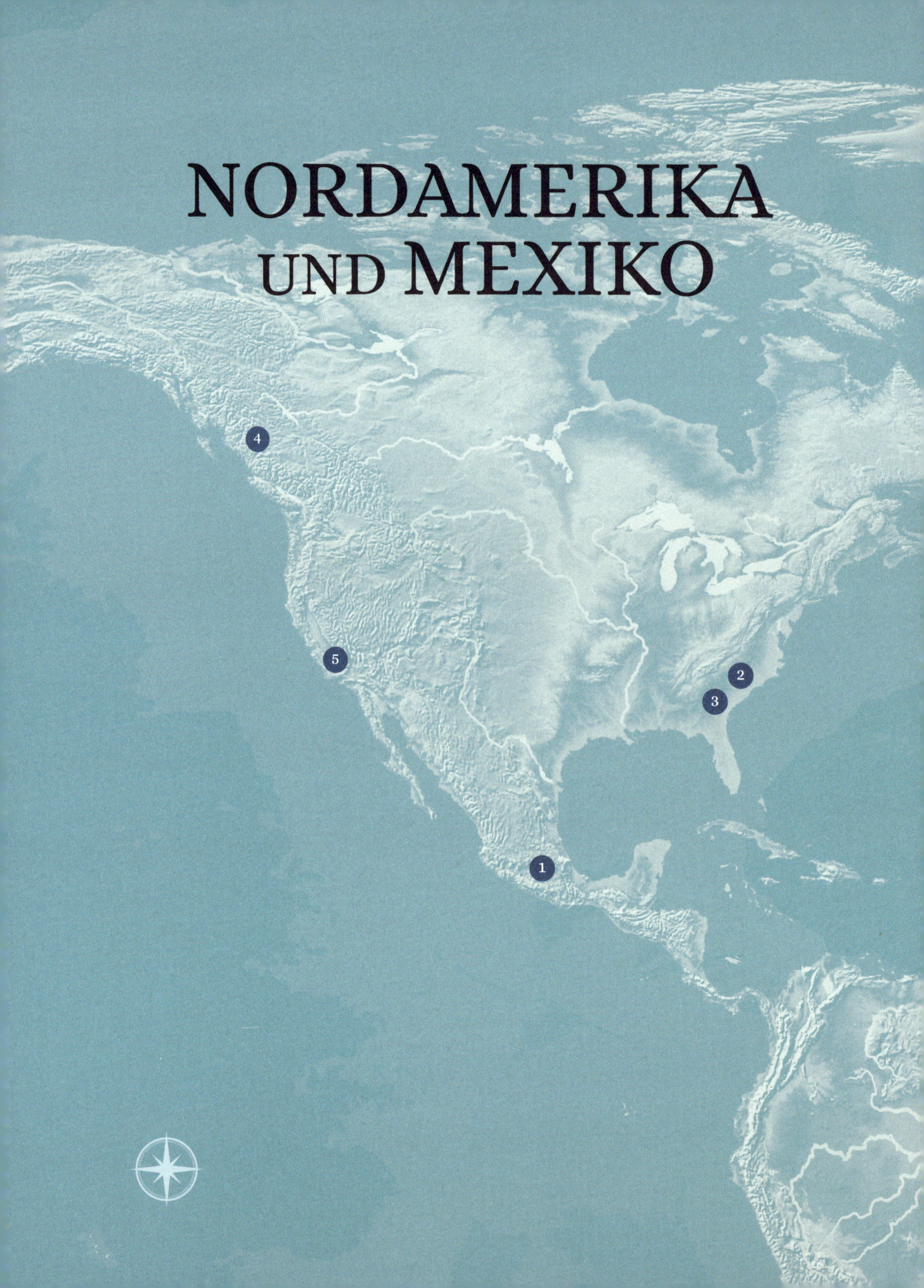

ALS DIE SPANIER 1519 das Land eroberten, das wir als Mexiko kennen, beherrschten die Azteken den südlichen Teil Nordamerikas. Die Eroberer entdeckten nicht nur ein tropisches Pflanzenparadies auf Erden, sondern auch hoch entwickelte landwirtschaftliche Methoden (wie die *Chinampas*, schwimmende Gärten), ausgedehnte königliche Jagdparks und saubere, symmetrisch angelegte Städte mit prächtigen Parks und Gärten, auch botanischen Gärten. Dies alles zerstörten sie systematisch, doch Nutzpflanzen wie Mais, Tomaten und Kartoffeln und Zierpflanzen wie Ringelblumen, Passionsblumen, Feuerbohnen (die man ursprünglich ihrer Blüten wegen schätzte) und die duftenden Tuberosen fanden vereinzelt bald ihren Weg nach Europa. 1597 behauptete der englische Kräuterkundler John Gerard, er habe im Garten eine 4 Meter hohe Sonnenblume – die aus Südamerika stammt, von den Azteken aber angebaut wurde. 1627 konnte der Londoner Apotheker John Parkinson über *Canna indica*, Engelstrompeten und Kaktusfeigen schreiben, und Ende des Jahrhunderts füllten Tuberosen die Parterres des Sonnenkönigs in Versailles.

Kaum war 1607 die englische Kolonie Virginia an der amerikanischen Ostküste gegründet worden, erhielt John Parkinsons Freund John Tradescant der Ältere, der Gärtner der englischen Aristokratie, die ersten Samen von dort. Sein Sohn, John Tradescant der Jüngere, sammelte später in der Kolonie, und die beiden führten einige der beliebtesten Gartenpflanzen ein. Doch erst im 18. Jahrhundert trumpften nordamerikanische Pflanzen in Europa wirklich auf. In den gerade in Mode gekommenen englischen Landschaftsgärten waren amerikanische Bäume und Sträucher sehr gefragt, vor allem blühende Sträucher aus den Sumpfgebieten an der Ostküste wie Hartriegel, Lorbeerrosen, Amberbäume, Magnolien und die ersten Rhododendren. Anfangs wurden sie, wie so viele Pflanzen, über ein Netzwerk von Freunden verteilt, in diesem Fall Mitgliedern der Religiösen Gesellschaft der Freunde (Quäker). Da Musik, Schauspiel, bildende Künste und »verderbliche« Bücher wie Romane unter Quäkern verpönt waren, stillten Botanik und Gartenbau das ästhetische und intellektuelle Verlangen vieler Wissbegieriger. Pflanzenkundige aus der Quäker-Kolonie in Philadelphia schickten denn auch Samen an englische Sammler wie Peter Collinson (1694–1768) oder Dr. John Fothergill (1712–1780). Über den Londoner Gärtnereibesitzer James Lee erreichten sie auch den neuen boomenden Pflanzenhandel.

Die Expansion der jungen unabhängigen Vereinigten Staaten führte zur botanischen Erkundung der Gebiete westlich des Mississippis durch Lewis und Clark (1804–1806). Aus den nordwestlichen Pazifikregionen kamen dann die hoch aufragenden Nadelbäume, die die europäischen Landschaften ein weiteres Mal veränderten, denn sie waren für Gärten wie für die Holzwirtschaft interessant.

Dahlie

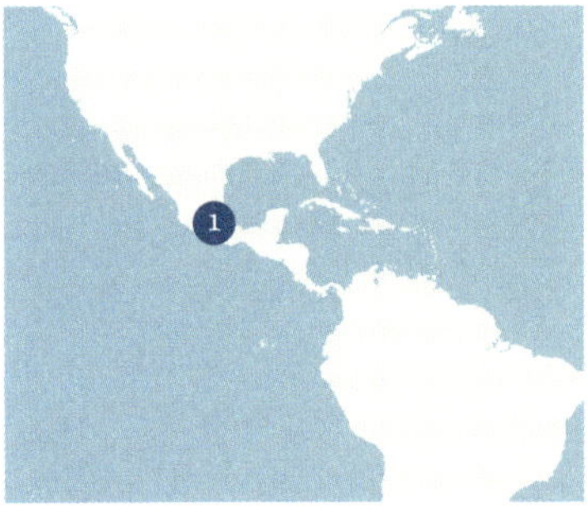

Wissenschaftlicher Name
Dahlia

Botaniker
Francisco Hernández

Fundort
Mexiko

Jahr
1577

MAN MAG kaum glauben, dass die modernen Dahlien mit ihren prächtigen Farben und vielfältigen Formen, von der zarten einfachen Blüte bis zum raffinierten Pompon in der Größe eines Blumenkohls, von nur drei wilden Arten aus dem mexikanischen Hochland abstammen. Sie gehören zur Familie der Korbblütler (*Asteraceae*) und verteilen ihre 35 Arten auf ganz Zentralamerika. Die meisten sind mittelgroße Mehrjährige, die in offenen Geländen wachsen, doch *Dahlia imperialis* wird bis zu 6 Meter hoch und die seltene *D. macdougalii* ist ein Regenwald-Epiphyt (eine nichtparasitäre Pflanze, die auf einer anderen aufsitzt). Ihre hohlen Stängel dienten wohl als Wasserbehälter, und es heißt, die Indios hätten ihre stärkereichen Knollen verspeist, doch Francisco Hernández (um 1514–1587) beschrieb sie als übel riechend und bitter, daher aß man sie vielleicht nur in Notzeiten.

Jahrhundertelang nahm man an, dass die erste botanische Beschreibung der Dahlie von Hernández verfasst wurde, dem Leibarzt Philipps II. von Spanien und dem ersten studierten Botaniker, der nach Amerika kam (1571). Es war auch das erste Mal, dass ein Herrscher eine Auslandsmission mit rein wissenschaftlichem Auftrag entsandte: Hernández sollte Medizinalpflanzen und medizinisches Wissen sammeln. Sieben Jahre lang streifte er durch Mexiko, sammelte und untersuchte Pflanzen, arbeitete in Hospitälern und ließ sich von Schamanen und Heilern in der Heilkunst unterweisen, manchmal probierte er ihre Mittel selbst aus. Er erlernte die aztekische Sprache Nahuatl, und weil er die meisten der 3000 Pflanzen, die er sammelte, nicht kannte, versuchte er gar nicht erst, sie in ein europäisches System zu pressen, sondern klassifizierte sie, wie die Azteken es taten, schlicht als »holzig« oder »nicht holzig« und ließ ihnen ihre Nahuatl-Namen. Er beschrieb die therapeutische Anwendung von Guajak, Balsambäumen, Sassafras, Engelstrompeten, Peyote, Tabak

Matilda Smith illustrierte die margeritenblütige *Dahlia imperialis* für *Curtis's Botanical Magazine*, 1899.

3

Sydenham Teast Edwards, *Dahlia coccinea*, aus *Curtis's Botanical Magazine*, 1804.

und Kakao – und jede dieser Pflanzen galt dann, wenn auch nur für kurze Zeit, in Europa als Wundermittel. Er soll auch Mais, Vanille, Tomaten und Chilis in die europäische Küche eingeführt haben. Mit ihm reisten drei indigene Künstler, die all die aufregenden Pflanzen und auch Tiere, etwa das Gürteltier, porträtierten.

Die *acocotli* und die *cocoxochitl*, die Hernández beschrieb, scheinen margeritenblütige gefüllte Dahlien zu sein. Doch genau lässt sich das nicht sagen, denn von den 16 Bänden mit ausführlichen Beschreibungen und Illustrationen, die Hernández nach Spanien zurückbrachte, existieren nur noch Fragmente. Philipp II. ließ das kolossale Manuskript in sechs Folianten binden, die in der königlichen Bibliothek im Escorial verschwanden und 1671 bei einem Brand zerstört wurden. Glücklicherweise waren einzelne Passagen kopiert worden und man druckte sie nach Hernández' Tod. Doch erst 1651 konnte in Rom eine vollständige Fassung erscheinen, aus Schnipseln zusammengesetzt, die man in ganz Europa und Neuspanien (Mittel- und Teile von Nordamerika) zusammengetragen hatte, und teils neuen Zeichnungen versehen. Trotzdem wurde sie für nachfolgende Botaniker ein Standardwerk.

Dann aber kam ein noch älteres Werk ans Licht: 1929 stieß man in der Vatikanischen Bibliothek auf ein vergessenes aztekisches Buch über Heilpflanzen, das von 1552 datierte. Der Verfasser war Martin de la Cruz, ein aztekischer Arzt, der den Text wahrscheinlich auch illustrierte, die Übersetzung ins Lateinische stammte von Juan Badiano. Beschrieben sind diverse traditionelle Kuren gegen alles Mögliche, von Nasenbluten bis Blitzschlag, und eine der Zeichnungen zeigt eine rot blühende »Couanenepilli«, eventuell *D. coccinea*.

Niemand weiß, warum Philipp II. Hernández' Werk, das er doch selbst in Auftrag gegeben hatte, in seiner Bibliothek verbarg. Vielleicht hielt er es für ketzerisch, denn es oblag allein Gott, lebende Dinge zu benennen. Vielleicht war der König auch mit anderen Dingen beschäftigt, etwa der Entsendung einer Armada gen England. Es vergingen jedenfalls 200 Jahre, bis eine zweite Expedition auf Hernández' Spuren loszog. 1789 wurden die ersten Dahlienknollen aus dem neu gegründeten Botanischen Garten in Mexiko-Stadt an Antonio José Cavanilles im Königlichen Botanischen Garten in Madrid geschickt. 1791 hatte Cavanilles eine gefüllte purpurrote *D. pinnata* zum Blühen gebracht, 1796 eine einfache rosa *D. rosea* und eine einfache scharlachrote *D. coccinea*. Diese drei waren die Vorfahrinnen Tausender neuer Sorten.

Cavanilles benannte die Gattung nach dem schwedischen Botaniker Andreas Dahl. Doch als er 1804 starb, kehrten gerade Alexander von Humboldt und Aimé Bonpland von ihrer Südamerikareise (siehe Seite 258 ff.) zurück. Sie brachten Dahliensamen mit, die sie in ganz Europa verteilten, an die Botanischen Gärten in Kew, Berlin und Paris und auch an die Kaiserin Joséphine in Malmaison. Als diese zum ersten Mal blühten, sahen sie völlig anders aus als die von Cavanilles beschriebenen. Der Berliner Botanik-Professor Karl Ludwig Willdenow, der meinte, der Name *Dahlia* sei schon an eine Hamamelisgattung vergeben, nannte sie *Georgina*, und unter diesem Namen sind sie in Teilen Nord- und Osteuropas noch immer bekannt.

Die Veränderlichkeit der Dahlien und ihre Kreuzungsfreudigkeit erfreuen die Gärtner und treiben Botaniker zur Verzweiflung. Während Taxonomiker sich beim Versuch, sie zu klassifizieren, noch die Haare rauften, erfreute sich Kaiserin Joséphine an dieser unberechenbaren Blume in ihrem Garten Malmaison (nahe Paris), zu dessen Direktor sie Bonpland ernannte. Es wird kolportiert, sie habe ihren neuen Stolz so eifersüchtig gehütet, dass sie ihre gesamte Sammlung vernichtete, nachdem eine ihrer Hofdamen sich erdreistet hatte, eine Knolle zu stehlen.

Die Dahlie machte in ganz Europa Furore. Ihre Einführung in London im Jahr 1804 wird der ebenfalls schillernden Lady Holland zugeschrieben. Die Ersten, die sich dieser extravaganten Blumen bemächtigten, waren die Blumisten, begeisterte Hobbygärtner, die sich darauf verlegt hatten, Blumen nach strikten Regeln der Perfektion zu züchten. 1820 wurden bereits etwa 100 Dahliensorten kultiviert, in den 1840er-Jahren waren es über 2000, und Europa und Nordamerika waren im »Dahlienfieber«. 1872 wurden die Dahlien noch formenreicher: Damals erzählte ein niederländischer Züchter namens J. T. van den Berg, er habe von einer Lieferung aus Mexiko, die während der Überfahrt verrottet war, eine einzige keimfähige Knolle retten können. Er nannte sie *D. juarezii* und beschrieb sie als mohnrot, mit »schönen, röhrenartig gerollten Blütenblättern« – es war die Ahnin der spektakulären Kaktusdahlien.

Nach 200 Jahren der Auslese und Kreuzung zeigen sich Dahlien formen- und farbenreicher als fast jede andere Gattung. Heute gibt es mehr als 58 000 Sorten, die in Klassen eingeteilt werden (15 in Deutschland, 14 in Großbritannien), wie etwa Halskrausen-, Seerosen- oder Pompon-Dahlien. Und es kommen ständig neue hinzu. Noch gibt es keine blauen Dahlien, aber wer weiß …

Dahlia, aus E. G. Henderson, *The Illustrated Bouquet*, 1857–1864. Die erste Pompon-Dahlie züchtete Johann Sieckmann 1850 in Bad Köstritz.

Tulpenbaum

Wissenschaftlicher Name
Liriodendron tulipifera

Botaniker
John Tradescant der Jüngere

Fundort
Virginia, USA

Jahr
Um 1638

IN DEN FUSSSTAPFEN eines berühmten Vaters zu wandern, kann eine Last sein. So empfand es jedenfalls John Tradescant der Jüngere (1608–1662). »Er kommt so gar nicht nach seinem Vater, hat auch nicht annähernd so viel Feuer in den Klöten«, bemerkte ein Zeitgenosse derb.

John Tradescant der Ältere (um 1570–1638) war ein übergroßes Vorbild – königlicher Gärtner, Naturforscher, leidenschaftlicher Sammler und der erste der großen britischen Pflanzenjäger. Über seine Herkunft weiß man praktisch nichts, 1610 war er dann Gärtner bei Robert Cecil, dem Ersten Minister König James' I. und mächtigsten Mann im Land. Tradescants erste Pflanzenmission war relativ bescheiden: Er reiste mit einem Budget von 10 Pfund auf den Kontinent, um Obstbäume für Cecils prächtigen neuen Garten von Hatfield House zu kaufen. Die zweite Reise führte ihn in die Niederlande, in den Botanischen Garten von Leiden, nach Brüssel und an den Hof Henris IV. von Frankreich. In Paris freundete er sich mit dem Botaniker Jean Robin an und tauschte mit ihm zwei Jahrzehnte lang Briefe und Pflanzen aus. Nach Cecils Tod schloss sich Tradescant 1618 einer diplomatischen Mission nach Russland an – einem Land, das dem westlichen Europa noch kaum bekannt war. Der diplomatische Teil der Reise war wenig erfolgreich, der botanische brachte dem unternehmungslustigen Gärtner die Europäische Lärche und die süß duftende »Moskowitische Rose« ein. Zwei Jahre später war er auf dem Weg nach Nordafrika, um gegen Barbareskenpiraten zu kämpfen. Auch diese Mission war ein Fehlschlag, doch er konnte drei Monate am Mittelmeer sammeln und eine besonders köstliche Aprikose finden.

Tradescants nächster Arbeitgeber war der berüchtigte Duke of Buckingham, der Günstling des Königs, den er nach Paris und bei der für die Briten katastrophal endenden Belagerung von La Rochelle begleitete. Als Buckingham 1628 ermordet

Liriodendron tulipifera, aus W. P. C. Barton, *Vegetable Materia Medica of the United States, or, Medical Botany*, 1817–1818.

Fig. 1.
Fig. 2.
Fig. 3.

Arbor Tulipifera.
The Tulip Tree.

Icterus.
The Baltimore Bird.

MC

Liriodendron tulipifera
Willd. sp. pl. 2 p. 1254
Ait. hort. Kew. ed. alt. 3 p. 329

wurde, war Tradescant schon wohlhabend genug, um in Lambeth (London) an der Themse ein Haus mit ein paar Morgen Land pachten zu können. Dort legte er eine botanische Gärtnerei an, in der er nicht nur die seltenen Pflanzen präsentierte, die er selbst gesammelt hatte, sondern auch völlig neue aus Amerika. 1617 hatte er Anteile an der Virginia-Kompanie erworben, die koloniale Siedlungen in Nordamerika gründen wollte. Nachdem er für die Überfahrt von 24 Siedlern bezahlt hatte, standen ihm dort 486 Hektar Land zu. Er verzichtete darauf, fuhr nie über den Atlantik, ließ sich aber Samen und Zwiebeln schicken.

Sein Sohn jedoch querte den Ozean. Die Historiker sind sich nicht einig, ob John Tradescant der Jüngere ein-, zwei- oder dreimal nach Virginia reiste. Wir wissen aber mit Sicherheit, dass Vater und Sohn 1634 in ihrem Garten in Lambeth 770 verschiedene Pflanzen zogen. Es gab 1642 gute Gründe dafür, England zu verlassen: 1630 war Tradescant der Ältere zum »Aufseher über die Gärten, Reben und Seidenraupen« des königlichen Palasts Oatlands ernannt worden und nach seinem Tod erbte sein Sohn diesen Posten. Doch nach dem Ausbruch des Englischen Bürgerkriegs erschien der Karriereweg als königlicher Gärtner wenig verheißungsvoll. Virginia hingegen war vielversprechend und schenkte ihm etwa 200 neue Pflanzen.

Viele der von den Tradescants eingeführten amerikanischen Pflanzen sind heute aus europäischen Gärten nicht mehr wegzudenken – Phlox, Rudbeckien, Astern, Lupinen oder auch die leuchtend rote *Aquilegia canadensis*, die Technicolor-Version unserer Akelei. In den verqualmten englischen Industriestädten breitete sich später der Wilde Wein (*Parthenocissus quinquefolia*) aus, denn »er verträgt Smog besser als andere Pflanzen«. Dann wären da noch die stattliche Sumpfzypresse (*Taxodium distichum*), der Perückenstrauch (*Cotinus obovatus*) sowie *Platanus occidentalis*, die man mit *P. orientalis* zur berühmten London-Platane (*Platanus* x *hispanica*) kreuzte. Ihr am meisten bewunderter Fund ist aber wohl der Tulpenbaum (*Liriodendron tulipifera*). In seiner Heimat ist er als Bauholz gefragt, in Großbritannien hingegen (und auch in Deutschland) mit seinen symmetrisch gelappten Blättern und den aparten Blütenkelchen als Gartenschmuck beliebt. Seine goldgelbe Herbstfärbung wusste man im 17. Jahrhundert noch nicht recht zu schätzen.

Der Tulpenbaum ist an der Ostküste Nordamerikas beheimatet und vom kanadischen Ontario im Norden bis zum Golf von Mexiko im Süden zu finden, doch fossile Funde haben gezeigt, dass er vor der letzten Eiszeit auch in Europa

Liriodendron tulipifera, mit einem Baltimoretrupial, aus Mark Catesby, *The Natural History of Carolina, Florida and the Bahama Islands*, 1754.

wuchs. In seiner amerikanischen Heimat wird er größer als in Europa – bis zu 60 Meter hoch. Viele der ersten Exemplare gingen ein, weil man sie in Gewächshäuser stellte, doch Anfang des 18. Jahrhunderts war der Tulpenbaum in der Londoner Gegend schon ein vertrauter Anblick. Der erste, der – 1688 – in England blühte, stand in Fulham.

Die Tradescants sammelten nicht nur Pflanzen, sondern auch Kuriositäten – Muscheln, Vogeleier, einen ausgestopften Dodo und »Dinge, zu Stein verwandelt« (Fossilien), außerdem faszinierende Stücke wie Schilde, Kristallkugeln, Schneeschuhe, Steigbügel von Henry VIII. und einen Zeremonialumhang, der dem Vater von Pocahontas gehört haben soll. Auf Befehl Buckinghams, des Lord Admirals von England, waren Kapitäne gehalten, ihnen »alle Arten von lebenden Tieren & Geflügel & Vögeln« von ihren Reisen mitzubringen, doch das merkwürdigste maritime Mitbringsel war sicherlich ein Objekt, das als »Hand einer Meerjungfrau« beschrieben wurde. All dies war in Lambeth für sechs Pennys zu bestaunen, »Tradescants Arche« war das erste öffentliche Museum Großbritanniens und eine beliebte Londoner Attraktion.

Das Interesse an der Sammlung war so groß, dass man den jüngeren Tradescant überredete, einen Katalog zu erstellen – den ersten bekannten Museumskatalog der Welt –, der nach einigen Verzögerungen 1656 erschien. Bei diesem Unterfangen half ihm der Anwalt Elias Ashmole, der sich als falscher Freund erwies. Er schwatzte dem betrunkenen Tradescant die Sammlung ab und schikanierte nach Tradescants frühem Tod dessen Witwe – bis man sie tot in ihrem Gartenteich fand. Danach schenkte Ashmole die Sammlung der Universität Oxford – sie bildete den Grundstock des Ashmolean Museum. Doch man vernachlässigte sie und so existieren nur noch wenige Stücke. Zu den beklagenswerten Verlusten zählt das Vlies des Tartarei-Lamms, einer wundersamen Kreuzung aus Pflanze und Tier. Es wuchs, so hieß es, auf einem Stängel und weidete das Gras rundherum ab, bis es an keines mehr herankam und verhungerte. John Parkinson, ein Freund von Tradescant dem Älteren, bildete es in *Paradisi in Sole* (1629) ab. Doch bis heute hat man diese sonderbarste aller Pflanzen leider nicht gefunden …

Platanus occidentalis, mit einer Sommertangare, von Mark Catesbys. Seine *Natural History* war das erste Buch über die Flora Nordamerikas und weckte bei Pflanzensammlern in ganz Europa Begehren.

Platinus Occidentalis.
The Western Plane-tree.

Muscicapa Rubra.
The Summer Redbird.

Platanus occidentalis
Willd. sp. pl. 4 p 474
Ait. hort. Kew ed. alt. 5 p 305

Immergrüne Magnolie

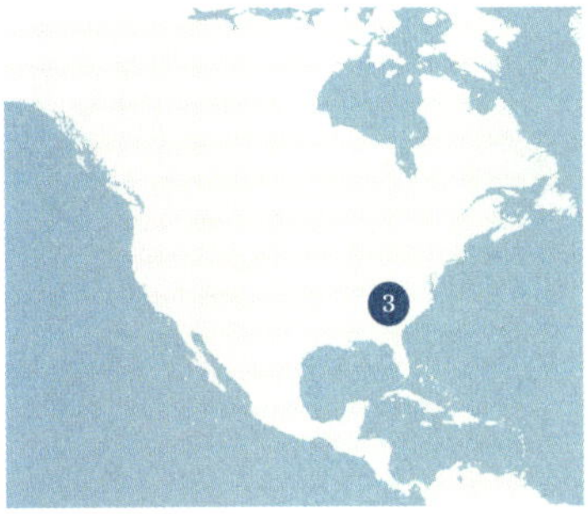

Wissenschaftlicher Name
Magnolia grandiflora

Botaniker
John Bartram

Fundort
Carolina, USA

Jahr
vor 1737

DEN GANZEN AUGUST 1737 über rollten Kutschen aus London nach Parsons Green am Rand der Stadt, in ihnen saßen die Koryphäen des britischen Gartenbaus in einem Zustand höchster Erregung. Denn im Garten von Sir Charles Wager, dem Ersten Lord der Admiralität, trieb ein junger immergrüner Baum aus Nordamerika seine ersten Blüten. Und was für Blüten! Große weiße, wächserne Kelche, nach Zitrone und Vanille duftend – »von der Gestalt einer Seerose, doch so groß wie eine Hutkrone«, so sah sie der leidenschaftliche Pflanzensammler Peter Collinson (1694–1768). Der Maler Georg Dionysius Ehret, der sich keine Kutsche leisten konnte, kam jeden Tag zu Fuß aus Chelsea, um zu zeichnen, wie sie von »einem Knopf zur vollen Entfaltung« anschwollen. Seine »perfekte botanische Studie« wurde 1743 veröffentlicht.

Man kann sich heute kaum vorstellen, welchen ungeheuren Eindruck die *Magnolia grandiflora* in einem Land machte, in dem es nur vier heimische Immergrüne gab (*Ilex*, Buchs, Eibe und Waldkiefer) – noch dazu ein Baum, der schnell wuchs und üppiges, glänzendes Laub hatte. Wahrscheinlich lag im Wettrennen um die erste Magnolienblüte aber nicht Parsons Green, sondern Exmouth an der englischen Südküste vorn. Dort blühte ein Baum, der Sir John Colliton gehörte, ebenfalls im Sommer 1737. Er bescherte Sir John viele Jahre lang ein hübsches Extraeinkommen, denn er vermietete ihn, astweise, nach dem Rotationsprinzip an Gärtnereien. Für eine saftige Gebühr von einer halben Guinee (sie verkauften die Nachkommen für fünf) durften sie die Magnolie durch Abmoosen vermehren. Sie konstruierten ein Gerüst, auf dem die Kübel mit Erde rund um den Baum aufgestellt wurden. Der Magnolie machte das nichts aus, sie gedieh prächtig und hatte einen Stammumfang von 46 Zentimetern, als sie 1794 versehentlich gefällt wurde.

Georg Dionysius Ehret, *Magnolia grandiflora*,
aus C. J. Trew, *Plantae selectae Quarum Imagines ad Exemplaria Naturalia Londini*, 1750–1773.

Tab. XXXIII.

Woher und wie diese beiden Bäume nach England kamen, ist unbekannt. Als Einführungsjahr wird meist 1734 angegeben – da erwarb der Londoner Tuchhändler Peter Collinson die ersten Samen von dem amerikanischen Sammler John Bartram (1699–1777). Aber kein Baum wäre innerhalb von drei Jahren so groß geworden. Waren sie vielleicht aus Frankreich gekommen? 1711 besaß ein Kaufmann in Nantes eine Magnolie aus Louisiana. Er hielt sie für frostempfindlich und setzte sie in eine Orangerie, wo sie 20 Jahre schmachtete, bis er ihr überdrüssig wurde. Sie wurde von der Frau des Gärtners gerettet, die sie an einen geschützten Ort im Freien pflanzte, wo sie prompt gedieh. Weitere Bäume brachte ein ehemaliger Gouverneur der französischen Kolonie Louisiana in den 1740er-Jahren nach Nantes. Der Cultivar *Magnolia grandiflora* 'Galissonnière' trägt noch immer seinen Namen. (Der Gattungsname ehrt den französischen Botaniker Pierre Magnol, der den Begriff der »Pflanzenfamilien« ersann.) Eine andere mögliche Quelle ist der Naturforscher Mark Catesby (1683–1749), der Anfang der 1720er-Jahre in South Carolina eine Immergrüne Magnolie für sein großartiges Werk *The Natural History of Carolina, Florida and the Bahama Islands* zeichnete.

Collinson konnte schließlich 1760 »eine prächtige große weiße Blüte« an einer eigenen Magnolie bewundern, die 20 Jahre alt war und nicht etwa 26. Denn kaum ein junger Baum, der in den 1730er-Jahren aus einem Samen oder Steckling gezogen worden war, hatte den bitterkalten Winter 1739/40 überlebt, als die Themse acht Wochen lang zugefroren war. Selbst erfahrene Gärtner wie Collinson mussten im folgenden Frühjahr bei null anfangen, und so war *M. grandiflora* ein paar Jahre lang der kostspieligste Baum.

John Bartram aus Philadelphia, der Collinson mit Samen belieferte, konnte das nur recht sein. Beide Männer waren Quäker. Bartrams Vorfahren waren William Penn in die religiöse Freiheit der neuen Kolonie Pennsylvania gefolgt. Collinson war ein gut situierter Händler, dem wegen seines Glaubens ein Studium oder ein öffentliches Amt verwehrt war, der aber als Botaniker hoch geschätzt wurde. Sein vor Raritäten strotzender Garten in Peckham zog Neugierige aus ganz Europa an. Bartram war ein ungebildeter Farmer (»dein Lattein verwirt mich«), aber ebenfalls ein leidenschaftlicher Pflanzenfreund. Sein Garten, den er mit den Früchten seiner Exkursionen füllte, war quasi der erste botanische Garten der Vereinigten Staaten. Die 30 Jahre währende Freundschaft der beiden veränderte die europäischen Gärten radikal.

J. G. Prêtre, *Magnolia grandiflora*, Kew Collection, 1825.

T. 2. N° 65.

MAGNOLIA grandi flora. MAGNOLIER à grandes fleurs. pag. 219.

P. J. Redouté pinx. Renard Sculp.

Die britischen Gartenliebhaber waren von den amerikanischen Pflanzen, die Catesby gemalt hatte, völlig fasziniert gewesen, doch vor 1734 war es praktisch unmöglich, welche zu bekommen. Dann trafen Collinson und Bartram eine Vereinbarung. Bartram würde regelmäßig Kisten mit Samen, Knollen und Zwiebeln liefern, die Collinson dann an die Anhänger des neuen naturalistischen Gartenstils verkaufen würde. Mit der Zeit wurden die Kisten standardisiert: Jede kostete 5 Guineen und enthielt Samen von 105 Arten. So viele amerikanische Samen waren noch nie zuvor im Angebot gewesen. Selbst Raritäten wie Tradescants Tulpenbaum (siehe Seite 216 ff.) konnten nun im Dutzend gepflanzt werden. Und die prächtige *M. grandiflora* wurde zum beliebten Solitär.

So neu *M. grandiflora* den Botanikern des 18. Jahrhunderts auch war, ist sie doch uralt: Fossile Funde haben gezeigt, dass Magnolien zu den ersten blühenden Pflanzen zählten und vor mehr als 100 Millionen Jahren in Europa, Nordamerika und Asien weitverbreitet waren. Sie wurden von flügellosen Käfern bestäubt, die Jahrmillionen vor den geflügelten Insekten existierten. Übrigens beweist ihre DNA, dass eine der engsten Verwandten der Magnolie die bescheidene Butterblume ist.

Der ursprüngliche Verbreitungsraum der *M. grandiflora* erstreckt sich als breites Band von North Carolina bis in die Mitte Floridas im Süden und bis ins östliche Texas im Westen. Sie ist ein anpassungsfähiger Baum, der sich an den fruchtbaren Rändern von Sümpfen, Seen und an den Ufern des unteren Mississippis besonders wohlfühlt. In einem Wald kann sie eine anmutige Höhe von 27 Metern erreichen, auf Küstendünen wächst sie gedrungen als Strauch. Heute trifft man sie auf der ganzen Welt an, von den Oberitalienischen Seen bis nach Guangzhou in China, wo Robert Fortune (siehe Seite 84 ff.) sie im 19. Jahrhundert als Straßenbaum sah. Doch wenn man ein Bild mit ihr verbindet, dann ist es wohl das einer moosbehangenen Allee, die auf eine Plantage in den Südstaaten der USA zuführt. Ein berühmtes Exemplar, das Präsident Andrew Jackson im Gedenken an seine Frau pflanzte, stand fast 200 Jahre lang vor dem Weißen Haus. 2018 ließ Melania Trump den Baum fällen.

Magnolia grandiflora, aus H. L. Duhamel du Monceau, *Traité des arbres et arbustes qui se cultivent en France en pleine terre*, 1750–1773.

Douglasie

Wissenschaftlicher Name
Pseudotsuga menziesii

Botaniker
David Douglas

Fundort
British Columbia, Kanada

Jahr
1827

MANCHE MENSCHEN werden als Glückskinder geboren. Der Schotte David Douglas zählte gewiss nicht zu ihnen – auch wenn er als einer der größten Pflanzensammler überhaupt gilt.

1799 als Sohn eines Steinmetzen in Perthshire geboren, begann er mit zehn Jahren als Gärtnerjunge und arbeitete sich über mehrere Stationen hoch, bis er mit 20 eine Anstellung im botanischen Garten der Universität Glasgow bekam. Dort hörte er Botanikvorlesungen von William Jackson Hooker, der später Direktor in Kew wurde. Die beiden freundeten sich an und botanisierten gemeinsam in den Highlands, »wo seine große Umtriebigkeit, sein unerschrockener Mut, seine außerordentliche Genügsamkeit und Hingabe ihn geradezu als erfolgreichen forschenden Reisenden prädestinierten«. Hooker empfahl ihn der Horticultural Society of London, und so trat Douglas 1823 die erste seiner drei Sammelmissionen nach Nordamerika an.

Diese erste Reise führte ihn an die Ostküste und wurde als Erfolg gefeiert: In knapp einem Jahr sammelte Douglas viele neue Apfel-, Birnen- und Pflaumensorten und gab dafür kaum Geld aus. Im Jahr darauf schickte man ihn in den Pazifischen Nordwesten, und was er dort entdeckte, veränderte sowohl die europäische Forstwirtschaft als auch das Erscheinungsbild der Gärten.

In diese Region war mit Ausnahme der zähen Pelzjäger der Hudson's Bay Company, unter deren Schutz Douglas reiste, noch kaum ein Europäer vorgedrungen. Sie war 1792 von einem Schiff unter dem Kommando von George Vancouver (siehe Seite 272) erforscht worden, und der Botaniker Archibald Menzies hatte Beschreibungen und getrocknete Proben vieler Arten mitgebracht – darunter auch das einer später so genannten Douglasie –, doch weder Samen noch lebende Pflanzen. Auch Lewis und Clark, die Thomas Jefferson 1804 auf ihre legendäre trans-

Pseudotsuga menziesii, aus P. Mouillefert, *Traité des arbres & arbrisseaux forestiers*, 1892–1898.

Faux-Tsuga de Douglas. Pseudotsuga Douglasii Carr.

Pseudotsuga menziesii, aus E. J. Ravenscroft, *The Pinetum Britannicum*, 1863–1884. Die wohlgeformten Douglasien waren in viktorianischen Gärten gerne gesehen.

kontinentale Expedition ausschickte, fiel der riesige, bis zu 106 Meter hohe, kerzengerade Baum auf, und sie sammelten Zweige der *Mahonia aquifolium*, die Douglas dann ebenfalls nach England einführen sollte.

Achteinhalb strapaziöse Monate war das Schiff bis zur Mündung des Columbia River unterwegs – die letzten sechs Wochen auf der Suche nach einem Ankerplatz. »Die Hurrikans von Nordwestamerika«, notierte Douglas, waren »tausendmal schlimmer als die am berüchtigten Kap Hoorn«. Endlich an Land musste er feststellen, dass die Hudson's Bay Company ihr Hauptquartier 145 Kilometer flussaufwärts ins Fort Vancouver verlegt hatte. Dorthin gelangte er nach zwei anstrengenden Paddeltagen in einem Kanu. In den folgenden drei Jahren legte er fast 11 300 Kilometer zurück, entweder zu Fuß oder paddelnd. Er reiste mit leichtem Gepäck und oft genug kroch er zum Schlafen unter sein Kanu.

Zwei Jahre lang zog Douglas durch Urwald und karges Hochland – häufig tagelang frierend, nass und hungrig. Sein Kanu zerschellte in einem Sturm, Siedlungen, in denen er auf Proviant gehofft hatte, lagen verlassen da, zornige Krieger und Grizzlybären gingen auf ihn los und manches Mal konnte er sich in der Wildnis nur von Wurzeln und Beeren ernähren. Schmerzen hatte er auch: Er riss sich das Knie an einem rostigen Nagel auf und die Wunde heilte nicht gut. Doch er gab, wie Hooker geahnt hatte, nicht auf. Nach einer unglücklichen Exkursion, in deren Verlauf er fast erfroren wäre, »ging die Rückreise den Columbia hinauf mit meinem Mantel und meiner Decke als Segel vonstatten«.

Er wurde in der Regel von indigenen Chinook begleitet, die am Columbia River lebten und ihr Pflanzenwissen mit ihm teilten. – Die Samen der Zucker-Fichte sah er zum Beispiel zum ersten Mal in den Tabakbeuteln seiner Führer. – Anfangs hatte er Grund, einheimischen Führern zu misstrauen: Während seiner ersten Reise hatte sich einer mit all seiner Habe davongemacht, während Douglas einen Baum bestieg. Doch für die findigen Chinook-Jäger entwickelte er einen tiefen Respekt. Sie sahen in ihm »den Grasmann«, *Olla Piska*, einen sonderbaren, vielleicht bösartigen Feuergeist, der es fertigbrachte, brodelnde Getränke herunterzuschlucken (tatsächlich war es ein schäumender Heiltrunk), der keinen Kampf fürchtete und imstande war, einen Adler vom Himmel zu schießen.

Nach einem zweiten Winter in Fort Vancouver schloss sich Douglas im März 1827 einer Gruppe von Pelzjägern auf ihrem jährlichen Marsch zur Hudson's Bay

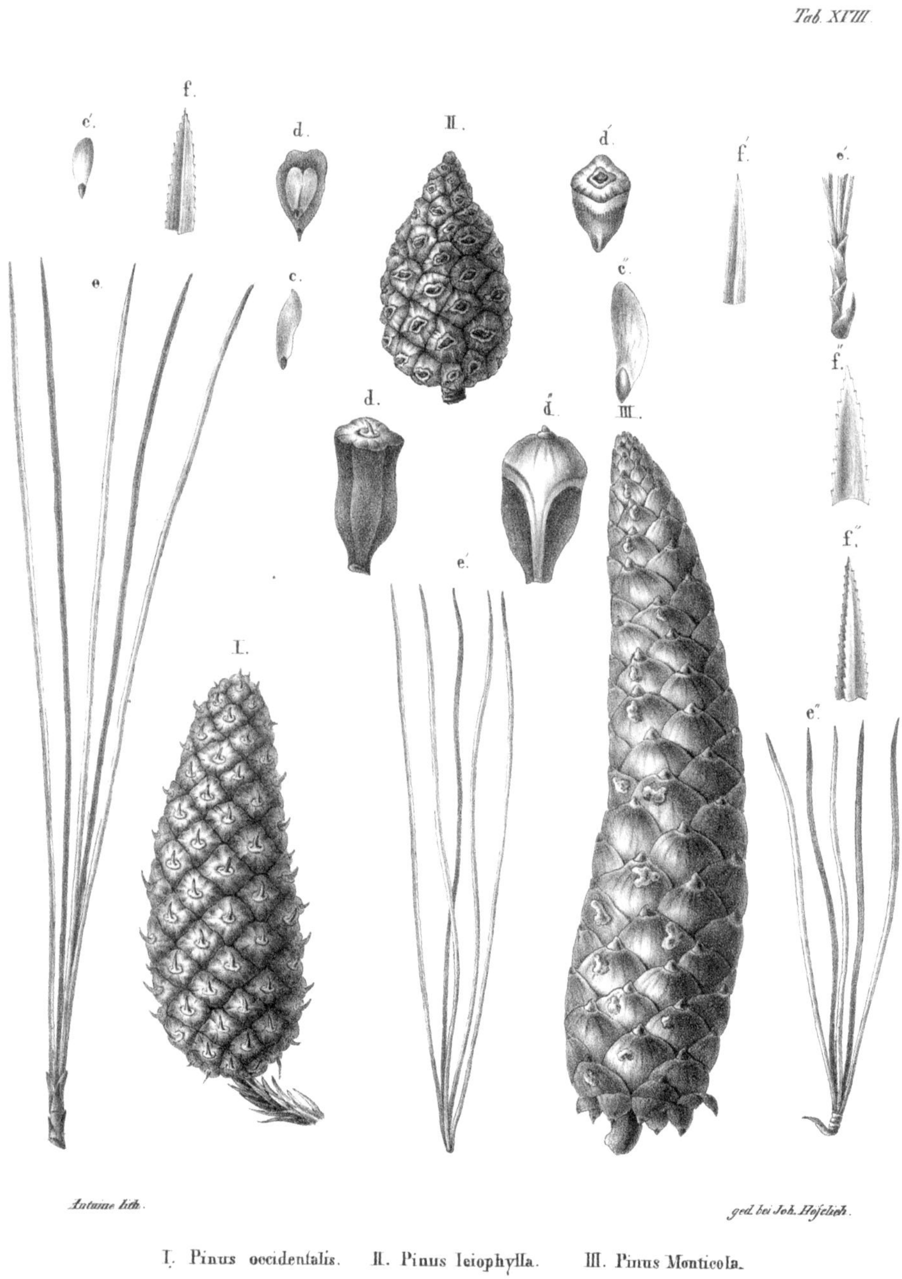

Pinus monticola, aus F. Antoine,
Die Coniferen, 1840–1841.

an. Es ging in halsbrecherischem Tempo quer durch den Kontinent, meist zu Fuß, manchmal im Kanu, über die kanadischen Rocky Mountains zum Handelsposten Grand Rapids am Lake Winnipeg und weiter nach Fort York an der Hudson's Bay. Douglas bestieg nebenbei in den Rockies in nur fünf Stunden noch einen 2790 Meter hohen Gipfel, den er Mount Brown taufte, zu Ehren des Botanikers Robert Brown, selbst Pflanzenjäger und Kurator der Sammlungen von Joseph Banks. Einen zweiten Gipfel nannte er Mount Hooker. Auf 3210 Kilometern waren sein Hund Billy und ein junger, zahmer Steinadler seine treuen Begleiter. Am Lake Winnipeg begegnete er dem Arktisforscher John Franklin, der ihm anbot, in seinem Kanu mit über den See zu fahren. Douglas vertraute den Vogel den Pelzjägern an. Als er Fort York erreichte, war das Tier tot, von seinen Fesseln erdrosselt. Da verlor der Unerschütterliche die Fassung: »Welcher Schmerz könnte größer sein?«, klagte er in seinem Tagebuch. Er sollte es gleich erfahren. Als er von einer Stippvisite zu dem Schiff, das ihn nach England bringen sollte, zurückruderte, trieb ein Sturm das Boot 112 Kilometer auf See hinaus. Douglas und seine Begleiter überlebten mit knapper Not, doch er kam erst in England wieder zu Kräften.

Douglas kehrte im Oktober 1827 zurück und wurde als Held begrüßt. Doch er war rastlos und fast genau zwei Jahre später bestieg er wieder ein Schiff nach Port Vancouver. Bei seiner Ankunft fand er die Region vom Fieber verheert. »Dörfer, in denen ein- bis zweihundert kampftaugliche Krieger lebten, sind nicht mehr, man begegnet keiner Menschenseele (...). Rudel von ausgehungerten Hunden streifen jaulend umher und die Ufer des Flusses sind von Leichen übersät.«

Er zog nach Kalifornien, wo er 1830 bis 1832, trotz seines nachlassenden Augenlichts, die majestätischen Mammutbäume sah und drei neue Kiefern fand. *Pinus sabiniana*, *P. coulteri* und die Monterey-Kiefer (*P. radiata*) ergänzten die lange Liste der Nadelbäume, die er in den nördlichen Wäldern gesammelt hatte: neben der Douglasie die Sitka-Fichte (*Picea sitchensis*), die Große Küstentanne (*Abies grandis*), die Edel-Tanne (*A. procera*), die Zucker-Kiefer (*P. lambertiana*), die Westliche Weymouth-Kiefer (*P. monticola*) und die Gelb-Kiefer (*P. ponderosa*). »Sie werden noch meinen, ich fabrizierte Kiefern, wie es mir gefällt«, schrieb er Hooker.

Seine Funde kamen gerade zur rechten Zeit. Denn die europäischen Gärten begannen sich zu wandeln: Der naturalistische Landschaftspark war passé, es breitete sich ein neuer Stil aus, der den Eingriff des Menschen nicht länger verbarg.

Der britische Gartenguru John Loudon nannte ihn den »gärtnerischen Stil«. Schon bald war man der Ansicht, ein Garten müsse ein Kunstwerk sein, in dem sich die Pflanzen, wie Bilder in einer Gemäldegalerie, im besten Licht präsentierten. Für solche Tableaus war kaum etwas geeigneter als Douglas' neue Nadelbäume. Man setzte sie als Solitäre oder in kleinen Gruppen auf sanfte Rasenflächen, damit der Betrachter ihre eigentümlichen Formen und Farben aus jedem Blickwinkel bewundern konnte. Auf den großen Landsitzen wie Chatsworth kam das Pinetum in Mode, ein Arboretum, das ausschließlich immergrünen Bäumen gewidmet war.

1833 erforschte er die Vulkane auf Hawaii und kehrte dann in der Hoffnung, über Alaska und Sibirien nach England zurückreisen zu können, nach Port Vancouver zurück. Er zog nach Norden, fand aber keine Pelzjäger, die ihn nach Alaska führen konnten. Er kehrte um, und als er den Fraser River hinabfuhr, zerschellte sein Kanu in einer Stromschnelle »zu Atomen«, und er verlor seine sämtlichen Vorräte, sein Tagebuch, seine botanischen Notizen und alle Spezimen. »Die Pflanzensammlung umfasste etwa 400 Arten (...), darunter einige neue. Dieses Desaster hat mich an Körper und Geist gebrochen.«

Weihnachten 1833 war er wieder auf Hawaii. Es sollte seine letzte Reise sein. Am 12. Juli 1834 fand man seinen treuen Terrier Billy auf seinem Mantel liegend. Douglas' entsetzlich verstümmelte Leiche lag am Grund einer Fallgrube, ein wütender wilder Bulle stand noch über ihr. Der letzte Mensch, der ihn lebend gesehen hatte, war ein zwielichtiger Exsträfling, der sich gleich davonmachte, und daher glaubten viele, Douglas sei ermordet worden.

David Douglas wurde gerade einmal 35 Jahre alt. Innerhalb eines einzigen Jahrzehnts hatte er 254 Pflanzen nach Großbritannien gebracht. Viele von ihnen sind in Gärten noch immer beliebt, etwa die blühende Blut-Johannisbeere (*Ribes sanguineum*), das aparte Spalier-Becherkätzchen (*Garrya elliptica*), Kalifornischer Mohn, leuchtende Bartfäden (*Penstemon*) und Lupinen, deren Vorfahrinnen er einführte. Die Douglasie und die Sitka-Fichte sind heute in Großbritannien und den USA die meistgepflanzten Forstbäume. Auch in Deutschland gibt es große Douglasien-Anbauflächen.

Pinus lambertiana, from E. J. Ravenscroft, *The Pinetum Britannicum*, 1863–1884.

Mammutbaum

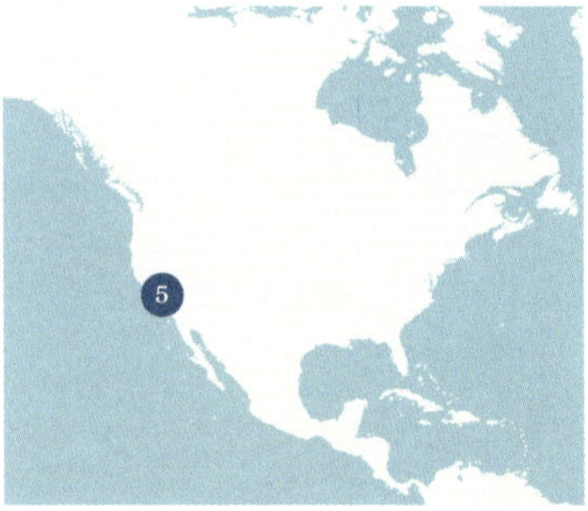

Wissenschaftlicher Name
Sequoiadendron giganteum

Botaniker
William Lobb

Fundort
Kalifornien, USA

Jahr
1852

1852, KNAPP ZEHN JAHRE, nachdem er Araukariensamen nach England geschickt hatte, wo sie zu den begehrtesten Prachtstücken der viktorianischen Gärten heranwuchsen (siehe Seite 272 ff.), kehrte William Lobb mit einer noch bemerkenswerteren Entdeckung heim. Sein Arbeitgeber, der Züchter James Veitch, war erstaunt, ihn zu sehen: Er hatte ihn zum Koniferensammeln nach Nordamerika geschickt und frühestens in einem Jahr zurückerwartet. Doch Lobb hatte während eines Aufenthalts in San Francisco von einem außergewöhnlichen Baum gehört, der an den Ausläufern der Sierra Nevada in Kalifornien stehen sollte. Ein Jäger namens Augustus T. Dowd war bei der Verfolgung eines Grizzlybären in eine Ansammlung der gigantischsten Bäume, die man je gesehen hatte, gestolpert – im heutigen Calaveras Big Trees State Park. Schnell kamen die ersten Zweige in die Stadt, sie gingen zur Identifizierung an den amerikanischen Botaniker Albert Kellogg. Lobb ließ alles stehen und liegen und machte sich auf die Suche. Er entdeckte schließlich 90 Exemplare des »pflanzlichen Monstrums«, das er als 76 bis 97 Meter hoch, mit einem Stammdurchmesser von bis zu 6 Metern beschrieb. Er sammelte so viele Zapfen, Triebe und Zweige, wie er tragen konnte, und kehrte, das große Geschäft witternd, umgehend nach England zurück, das schon vom »Koniferenfieber« gepackt war. Gut ein Jahr später bot Veitch Sämlinge des »Monarchen der kalifornischen Wälder« für satte 3 Pfund, 2 Schillinge das Stück an. Bald wollte, wer auf sich hielt, eine »Wellingtonia«-Allee haben, nicht nur die Superreichen wie James Bateman in Biddulph Grange (siehe Seite 292), sondern auch bescheidene Villenbesitzer.

Die Amerikaner waren empört, nicht zuletzt der unglückliche Kellogg, der geplant hatte, eine Beschreibung des Baums unter dem Namen *Washingtonia gigantea*,

Sequoiadendron giganteum, aus E. J. Ravenscroft, *The Pinetum Britannicum*, 1863–1884; die Abbildung verdeutlicht die damals unvorstellbaren Dimensionen der Baumriesen.

Off. Lith. & pict. in Horto Van Houtteano.

WELLINGTONIA GIGANTEA Lindl.

zu Ehren des ersten Präsidenten der Vereinigten Staaten, zu veröffentlichen. Doch John Lindley von der Londoner Horticultural Society war schneller und taufte den Baum nach dem kürzlich verstorbenen Duke of Wellington *Wellingtonia gigantea*. Am Ende hatte keiner der beiden Namen Bestand, und der Mammutbaum wurde *Sequoiadendron giganteum* genannt. Sein naher Verwandter, der Küstenmammutbaum, *Sequoia sempervirens*, wird noch höher, hat aber einen geringeren Umfang. Das größte Exemplar von *Sequoiadendron giganteum* – und zugleich der größte Baum der Welt – steht im Kings Canyon National Park in Kalifornien, »General Sherman« ist 83 Meter hoch und hat an der Basis einen Durchmesser von 11 Metern.

Dowds »Entdeckung« (obwohl natürlich die kalifornischen First Nations den Baum kannten und wenigstens zwei Europäer von ihm berichtet hatten) erwies sich als Unglück. Nach wenigen Monaten war der größte der Bäume gefällt. Schaulustige drängten sich um den riesigen Stumpf und den Stamm, der in einen Tanzboden, eine Kegelbahn und eine Bar verwandelt war, während ein weiterer ausgehöhlter Teil als tourender Klaviersaal 40 Zuhörern Platz bot. 1854 schälte man von einem zweiten, »die Mutter des Waldes« genannten, Baum 35 Meter Rinde ab, die erst in New York und dann im Londoner Kristallpalast ausgestellt wurden und mit Letzterem in Flammen aufgingen. Auch der geschädigte Baum, der ab 1861 kein Laub mehr trug, brannte 1908 bis auf den Stumpf nieder.

Anfang des 20. Jahrhunderts waren die Populationen so weit geschrumpft, dass Naturschützer wie John Muir auf den Plan traten und sich dafür einsetzten, dass die ersten Nationalparks der USA geschaffen wurden. Doch erst seit den 1930er-Jahren werden die Mammutbäume wirklich geschützt und heute gelten sie als vom Aussterben bedroht. Wenn der Mensch ihn in Ruhe lässt, kann ein Mammutbaum 3000 Jahre alt werden. Zu seinen Überlebensstrategien gehört Feuerfestigkeit. Er profitiert sogar von einem Brand, denn danach ist der Waldboden frei von konkurrierender Vegetation und die Asche düngt die Sämlinge. Dem ausgewachsenen Baum bietet seine an der Basis bis zu 1,2 Meter dicke, wie ein Schwamm Flüssigkeit aufsaugende Rinde Schutz gegen die Flammen, deren Hitze die Zapfen aufspringen und die Samen herausfallen lässt.

Sequoiadendron giganteum, aus L. van Houtte, *Flore des serres et des jardins de l'Europe*, 1845–1880.

SÜDAMERIKA

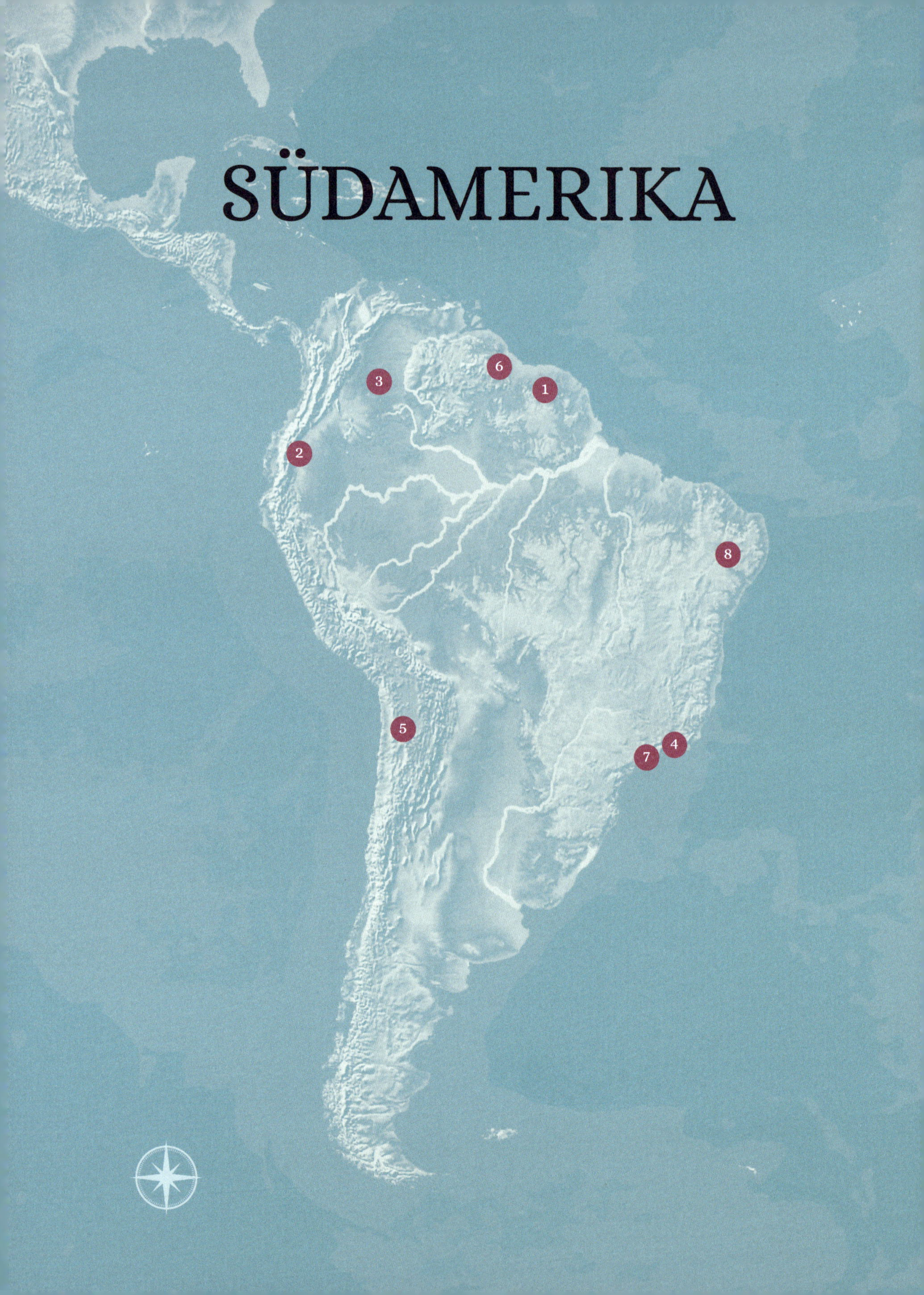

DER AMAZONAS-REGENWALD in Südamerika ist der größte und artenreichste tropische Regenwald der Welt: Wenigstens 40 000 Pflanzenarten sind in ihm zu Hause. Doch das Amazonasbecken ist nicht der einzige botanische Schatz Südamerikas: Der Kontinent bietet diverse Habitate von endlosen Feuchtgebieten, verschlungenen Mangrovenwäldern und weiteren Regenwäldern bis zu Salzwüsten, windgepeitschten patagonischen Steppen (Pampa) und den Hochlagen der Anden. Während die Tieflandwälder zu den pflanzenreichsten der Welt gehören, kommen in den Bergwäldern und Hochmooren (*páramos*) der Anden zahlreiche endemische und hoch spezialisierte Arten vor, selbst Überreste von Wäldern, die 300 Millionen Jahre zurückreichen, in die Zeit der Dinosaurier, als Südamerika noch ein Teil des südlichen Superkontinents Gondwana war. Neben dem Amazonas-Regenwald gibt es in Südamerika fünf - von weltweit 35 - Hotspots der Biodiversität, d. h. Gebiete mit einer außergewöhnlich großen Anzahl endemischer Arten, deren Lebensraum bedroht ist.

Viele Pflanzenjäger hatten genaue Vorstellungen von dem, was sie in Südamerika zu finden hofften – exotische Orchideen, die ihr Gewicht in Gold wert waren, oder Heilpflanzen. Alexander von Humboldt trieben Wissbegier und Abenteuerlust an, und die unglaubliche geographische, geologische und klimatische Vielfalt des riesigen Kontinents ermöglichte es ihm, neue Theorien über die Verbreitung von Arten zu formulieren und zu erkennen, dass in der Natur alles mit allem zusammenhängt. Unerschrockene Malerinnen wie Maria Sibylla Merian, die um 1700 reiste, die viktorianische Globetrotterin Marianne North und die moderne Umweltschützerin Margaret Mee waren von der sonderbaren und farbenfrohen Regenwaldflora fasziniert. Kräftige Farben waren es auch, die Blumen wie Petunien und Verbenen zu Sommerbeetfavoriten in Europa machten. Auch heute noch ist die Pflanzenjagd nicht gefahrlos: 2000 wurden Tom Hart Dyke und Paul Winder, die auf der Suche nach Orchideen waren, von Guerrilleros im kolumbianischen Dschungel neun Monate lang als Geiseln gefangen gehalten.

Die meisten Pflanzenjäger, die heutzutage in Südamerika aktiv sind, versuchen, Pflanzen zu schützen, von der Araukarie bis zu seltenen Gräsern, deren Habitate von landwirtschaftlicher Expansion, Infrastrukturprojekten, Tagebau und der daraus resultierenden Umweltverschmutzung bedroht sind.

In Brasilien, dem pflanzenreichsten Land der Welt, das der brasilianische Maler, Gartengestalter und Pflanzensammler Roberto Burle Marx als »Wunderland für Botaniker« bezeichnete, scheint die Zukunft besonders düster.

Pfauenstrauch

Wissenschaftlicher Name
Caesalpinia pulcherrima

Botaniker
Maria Sibylla Merian

Fundort
Suriname

Jahr
1700

IM AUGUST 1699 kam Maria Sibylla Merian in Paramaribo, der feuchtheißen und berüchtigt gewalttätigen Hauptstadt der niederländischen Kolonie Surinam, an. Sie wollte das exotische Insektenleben und die Pflanzen, die es möglich machten, erforschen.

Maria Sibylla Merian (1647–1717) war eine außergewöhnliche Frau. In einer Zeit, in der sich kaum ein Mensch mehr als 15 Kilometer von seinem Heimatort wegbewegte, machte sie eine gefährliche Seereise von fast 8000 Kilometern. Mit ihren 52 Jahren galt sie schon als alt (sie machte vorsichtshalber vor der Abfahrt ihr Testament) und war zudem eine geschiedene Frau, die ohne männlichen Schutz, nur in Begleitung ihrer 21-jährigen Tochter reiste – ein Skandal. Sie hatte ihre gesamte Habe verkauft, um die Reise finanzieren zu können (hinzu kam noch ein Stipendium der Stadt Amsterdam), und kam mit Stoff für ein reich illustriertes Buch zurück, das Europa in Staunen versetzte: *Metamorphosis insectorum Surinamensium* oder *Die Verwandlung der surinamischen Insekten.*

Der Frankfurter Drucker und Kupferstecher Matthäus Merian soll 1650 auf dem Totenbett seiner dreijährigen Tochter Maria Sibylla eine große Zukunft vorausgesagt haben – wie groß, konnte er nicht ahnen. Denn obwohl ihr als Frau vieles verwehrt war, Männer sie wegen ihres eigenständigen Denkens anfeindeten, sie weder über ein Vermögen noch über eine Schulbildung verfügte, wurde sie eine wegweisende Naturforscherin. Sie befasste sich früh mit dem noch neuen Fach der Entomologie und war in einer Zeit, in der die Wissenschaft das Hobby einer kleinen Elite wohlhabender Männer war, wohl die erste Frau, die von ihrer Forschung leben konnte. Man hat sie die »erste Ökologin der Welt« und die »weltbeste Malerin von Pflanzen und Insekten« genannt, die Schönheit und Akkuratesse ihrer Bilder bewundert. Zeitgenossen wie der Londoner Arzt Hans Sloane und Zar

Pfauenstrauch (*Caesalpinia pulcherrima*) mit Tabakschwärmer, aus einer 1726 erschienenen Auflage des Surinam-Buchs.

Peter der Große sammelten ihre Arbeiten. Der renommierte Naturmaler Mark Catesby (siehe Seite 224) studierte ihre Technik. Carl von Linné, der Vater der wissenschaftlichen Nomenklatur, der 1758 in *Systema Naturae* die damals bekannten 4400 Tierarten beschrieb und benannte, verließ sich bei nicht weniger als 130 auf ihre Bilder und Beschreibungen. Sie beeinflusste das Insektenstudium von Darwin. Humboldt (siehe Seite 258 ff.) benannte eine Pflanze nach ihr. Der englische Reiseschriftsteller Redmond O'Hanlon, dem die Gefahren des Dschungels nicht fremd sind, bewundert ihren Mut. Sie erfand eine revolutionäre Bildkomposition, die wir heute für selbstverständlich halten. Und doch starb sie in Armut.

Ihr Stiefvater, der Stilllebenkünstler Jacob Marrel, brachte ihr das Malen bei – nicht in Öl, das verbot die Malerzunft – aber mit Aquarellfarben, die für Frauen als schicklich galten; auch Kupferstechen lernte sie. Mit 18 heiratete sie Johann Andreas Graff, einen ehemaligen Lehrling Marrels. Das Paar zog mit nach Nürnberg. Sie unterrichtete wohlhabende junge Damen im Blumenmalen und veröffentlichte 1675 ihr erstes *Blumenbuch*, eine Sammlung von Blumenstudien, die als Mustervorlagen für Stickereien gedacht waren. Den Konventionen der Zeit folgend, waren die Blumen als kostbare Objekte dargestellt, Insekten belebten die Komposition nur hier und da. In ihren Studienbüchern aber malte sie auf ganz andere Weise.

Frankfurt am Main war ein Zentrum der Seidenindustrie, und seit sie 13 war, hatten die Seidenraupen sie fasziniert. Sie studierte und zeichnete sie und sammelte bald auch in der freien Natur Raupen, »um zu sehen, wie sie sich verwandelten«. Damals glaubte man noch, Insekten vermehrten sich spontan aus Dung oder verwesendem Material. Schmetterlinge, so nahm man an, kämen als völlig neue, verschiedenartige Geschöpfe aus den Hüllen toter Raupen hervor – man sah darin ein gottgegebenes Symbol der Wiederauferstehung. Einige Wissenschaftler entwickelten in den späten 1660er-Jahren andere Vorstellungen, doch von denen wusste Maria Sibylla Merian nichts, die schon ein Jahrzehnt früher eigenständig die Metamorphose der Schmetterlinge, die sie »Sommervögelein« nannte, entschlüsselt hatte. Sie hatte auch erkannt, welche »sonderbare Blumennahrung« die Falter während ihrer Verwandlung vom Ei über Raupe und Puppe bis zur Imago (dem ausgebildeten Insekt) brauchten. Sie hielt alles in ausführlichen Beschreibungen und Zeichnungen fest und setzte ihre Forschungen auch als Ehefrau und Mutter fort. 1679 erschien dann in Nürnberg der erste Teil ihres »Raupenbuchs«: *Der Raupen wunder-*

bare Verwandlung und sonderbare Blumennahrung. Jede einzelne der 50 Kupfertafeln stellte einen Falter oder ein anderes Insekt in all seinen Entwicklungsstadien auf der korrekten Wirtspflanze dar, die genau beobachtet und oft sichtbar angeknabbert gezeigt wurde. Der begleitende Text beschrieb Farben, Formen und Dauer jedes Stadiums. Es war die Abbildung einer Nahrungskette und der Wechselbeziehungen innerhalb einer Lebensgemeinschaft – ein Novum.

1686 verließ Maria Sibylla Merian ihren Mann und zog mit ihren Töchtern und ihrer verwitweten Mutter zu ihrem Halbbruder in eine Kommune der (reformierten) Labadisten in den Niederlanden. Ihre Studien setzte sie fort. Wie der Quäker John Bartram (siehe Seite 222 ff.) empfand sie eine tiefe Achtung vor der Natur und erkannte in ihren Wundern das segensreiche Wirken Gottes. 1691 waren ihr Bruder und ihre Mutter tot, die Kommune durch Krankheiten dezimiert. Sie ging nach Amsterdam, das europäische Handels- und Finanzzentrum, und eröffnete mit ihren beiden gleichfalls begabten Töchtern ein Atelier, denn die drei Frauen mussten ihren Lebensunterhalt selbst verdienen.

In der lebendigen Künstler- und Wissenschaftlerszene der kosmopolitischen Stadt fand Maria Sibylla Merian Freunde, die ihr erlaubten, ihre Sammlungen zu erkunden. Viele wohlhabende Männer besaßen »Kuriositätenkabinette«, in denen auch exotische Insekten und Pflanzen aus dem weltumspannenden niederländischen Handelsimperium zu bestaunen waren – meist ohne ausführliche Informationen. Die labadistische Kommune hatte auf Schloss Waltha gelebt, das Cornelis van Aerssen van Sommelsdijk gehörte. Er war Gouverneur von Surinam gewesen und hatte von dort diverse Insektenpräparate mitgebracht. Maria Sibylla Merian nutzte die Gelegenheit, sie zu studieren, und begeisterte sich für die großen Schmetterlinge in Edelsteinfarben, die so anders waren als alles, was sie bisher gesehen hatte: »Es spornte mich an, eine große und kostspielige Reise zu unternehmen und nach Surinam in Amerika zu fahren.«

Surinam war eine Offenbarung. Sie fand dort Falter mit einer Flügelspannweite von 30 Zentimetern, riesige Spinnen, die sich von Vögeln ernährten, Ameisen, »die ganze Bäume kahl wie Besen fressen in nur einer Nacht«. In den Flüssen lauerten Krokodile. Eine leuchtend blaue Echse legte in einer Ecke ihres Hauses schillernde Eier. Sie kostete exotische Ananas und Guaven. Reben wuchsen im tropischen Klima so schnell, dass man nach sechs Monaten Trauben ernten konnte,

P Sluyter Sculp.

doch niemand machte sich die Mühe, sie anzubauen. Sie staunte über die Gleichgültigkeit der Kolonisten: Sie interessierten sich einzig für den Zuckeranbau und machten sich über ihre Forschungen lustig. Merian war über die Behandlung der Sklaven entsetzt und musste sich doch selbst auf afrikanische und indigene Sklaven verlassen, wenn sie zu Plantagen reiste oder in den Regenwald vordrang. Sklaven hackten ihr den Weg durchs Dickicht frei und Sklaven erzählten ihr von den Pflanzen, die sie dort entdeckte. Ihre Führer hatten, ganz im Gegensatz zu den Kolonisten, ein großes Pflanzenwissen und ebenso große Achtung vor der Natur. Maria Sibylla Merian notierte alles genau: Vom Rizinusbaum wurde ein Lampen- und Wundöl gewonnen, mit dem Saft einer Palme behandelte man Wurmleiden, mit den Wurzeln der Jatropha Schlangenbisse. Maniokwurzeln musste man reiben, den giftigen Saft herauspressen und die Schnitze trocknen, bevor man sie zu Brot backen konnte. Die Verwendung des Pfauenstrauchs (*Caesalpinia pulcherrima*), einer Art aus der Familie der Hülsenfrüchte, die in tropischen und subtropischen Zonen Amerikas weitverbreitet ist, fand sie abstoßend. Heute schätzt man den Strauch seiner farnartigen Blätter und auffälligen Blüten wegen als Gewächshauspflanze, doch in Surinam waren andere Eigenschaften gefragt, wie Merian berichtete:

> Die Indianer, die nicht gut behandelt werden, wenn sie bei den Holländern in Dienst stehen, treiben damit [den Samen] ihre Kinder ab, weil sie nicht wollen, dass ihre Kinder Sklaven werden, wie sie es sind. Die schwarzen Sklavinnen aus Guinea und Angola müssen gut behandelt werden, denn sonst wollen sie keine Kinder haben in ihrer Lage als Sklaven, und sie haben auch keine, ja, sie bringen sich zuweilen um, wegen der üblichen schlechten Behandlung, die man ihnen zuteilwerden lässt, denn sie sind der Ansicht, dass sie in ihrem Land als freie Menschen wiedergeboren werden, wie ich aus ihrem Mund gehört habe.

Zumindest einem Sklaven in Surinam brachte sein Pflanzenwissen auf weniger drastische Art die Freiheit ein. Bitterholz (*Quassia amara*) wurde als starkes Brechmittel, zur Behandlung von Fiebern und gegen Parasiten eingesetzt. Linné benannte es nach seinem »ersten Entdecker« Graman Kwasi (um 1692–1787), auch Quacy oder Quassi, der 60 Jahre lang der angesehenste Heiler der Kolonie war und

Rizinusbaum, aus Maria Sibylla Merian,
Metamorphosis insectorum Surinamensium, 1726.

Afrikaner genauso behandelte wie Europäer und Indigene. Kwasi ist eine Reizfigur: Er wurde als Kind in Ghana versklavt, nach Surinam verschleppt, erhielt seine Freiheit zurück, wurde vom Prinzen von Oranien belobigt und selbst Plantagenbesitzer und Sklavenhalter. Er hütete das Geheimnis der *Quassia* 30 Jahre lang und machte es zu Geld, bevor er es an einen schwedischen Botaniker verkaufte, der es 1756 mit nach Europa nahm. Die afrikanischen Sklaven verehrten Kwasi als Hexer, der sie mit magischen Amuletten schützen konnte; die Holländer sahen in ihm einen »treuen« Freund und unentbehrlichen Verbündeten im Kampf gegen die Maroons, rebellierende entlaufene Sklaven – unter deren Nachkommen Kwasi noch immer als Verräter gilt.

Kwasi kam wahrscheinlich erst in Surinam an, nachdem Maria Sibylla Merian 1701, von der Malaria geschwächt, früher als geplant nach Amsterdam zurückgekehrt war. Vier Jahr lang arbeitete sie mit ihrer Tochter an der *Verwandlung der surinamischen Insekten*. Da sie die Pflanzen nicht kannte und viele auch der Wissenschaft noch neu waren, bat sie Caspar Commelin, den Aufseher des Botanischen Gartens in Amsterdam, ihr bei den botanischen Beschreibungen zu helfen. Vor 1705 gab es nur sehr wenige illustrierte Beschreibungen der Neuen Welt, und so war ihr Werk mit den spektakulären Schmetterlingen, Echsen und Schlangen, furchterregenden Spinnen und riesigen Raupen auf üppigem tropischem Laub eine Sensation. Es zeigte nicht nur den unglaublichen Artenreichtum des Regenwalds, sondern auch, 150 Jahre vor Darwin, den unbarmherzigen Überlebenskampf der Spezies.

Mit dem Buch verdiente Maria Sibylla Merian nichts, sie lebte vom Verkauf ihrer Tier- und Pflanzenpräparate. Sie hatte gehofft, noch einen zweiten Band über Reptilien veröffentlichen zu können, doch die Herstellung erwies sich als zu teuer. Als sie 1717 starb, wurde sie in einem Armengrab beigesetzt. Im 18. Jahrhundert war sie unter Naturforschern noch hoch geachtet, doch im 19. Jahrhundert sah man sie als Dilettantin an, die einer Liebhaberei frönte, fand ihre Darstellungen der grausamen Natur höchst undamenhaft und entfernte manches Bild aus Nachdrucken (wie etwa das einer abstoßenden Tarantel, die einen Kolibri aussaugt). Erst in den letzten Jahrzehnten werden ihre Genauigkeit und Beobachtungsgabe wieder gewürdigt, die es ihr – ein Jahrhundert vor Humboldt – ermöglichten, Pflanzen als überlebenswichtiges Element ganzer Ökosysteme auszumachen.

Maria Sibylla Merians Blick auf das Ökosystem einer Guave, mit der über einen Kolibri herfallenden Tarantel, konsternierte männliche Kritiker.

Chinarindenbaum

Wissenschaftlicher Name
Cinchona

Botaniker
Richard Spruce

Fundort
Ecuador

Jahr
1860

DER CHINARINDENBAUM hat nichts mit China zu tun: Den Namen *Cinchona* verdankt er der Condesa de Chinchón, der schönen Frau des spanischen Vizekönigs von Peru. 1638, so heißt es, war die Gräfin auf den Tod an Malaria erkrankt, wurde aber auf wundersame Weise durch einen Chinarinden-Trank der indigenen Quechua geheilt. Als sie in den 1640er-Jahren nach Spanien zurückkehrte, beschenkte sie ihre Heimat mit dem Fiebermittel. (Malaria kam ironischerweise erst mit den Konquistadoren in die Anden. In Europa und Asien war sie bis ins späte 19. Jahrhundert weitverbreitet, und noch in den 1940er-Jahren erzählte Carlo Levi von malariaverseuchten süditalienischen Städten.) Doch leider ist die Geschichte ein Märchen, die Gräfin starb in Peru. Die heilende Wirkung der Chinarinde hatten aber spanische Missionare bereits 1633 beobachtet, und nachdem Pater Bartolomé Tafur 1645 mit größeren Mengen ins malariageplagte Rom zurückgekehrt war, wurde die »Jesuitenrinde« weithin bekannt.

Nicht jeder vertraute ihr: Oliver Cromwell starb lieber an Malaria, als den »papistischen Trank« zu schlucken. Sein royaler Gegner Charles II. jedoch wurde erfolgreich von einer Chinarindentinktur des englischen Apothekers Robert Talbor geheilt und empfahl sie seinem französischen Cousin Louis XIV. Damals glaubte man, die Krankheit würde durch »Miasma« übertragen, schlechte Luft – und vom gleichbedeutenden italienischen *mal'aria* leitet sich auch der Name ab. Erst in den 1890er-Jahren begriff man, dass Mücken verantwortlich waren. Der entscheidende Wirkstoff wurde 1820 von einem französischen Chemiker als Alkaloid identifiziert und »Chinin« genannt. Der genaue Wirkmechanismus ist noch unbekannt, doch vereinfacht gesagt bringt es den Malaria-Parasiten dazu, sich selbst zu vergiften. Sobald man Chinin extrahieren und korrekt dosieren konnte, diente es auch als Prophylaxe.

Cinchona officinalis, aus J. E. Howard, *Illustrations of the Nueva Quinologia of Pavon*, 1869.

PL. XI.

W.H. Fitch, del.

J.N. Fitch, lith et imp.

Aus der *Cinchona*-Rinde wird Chinin gewonnen; *quina-quina* wird der Baum bei den Quechua genannt. Aus J. E. Howard, *Illustrations of the Nueva Quinologia of Pavon*, 1869.

Es sind 25 *Cinchona*-Arten bekannt (erst 2013 wurde in Bolivien *Cinchona anderssonii* entdeckt), die in feuchten Bergwäldern an den Ostflanken der Anden wachsen, von Kolumbien bis hinunter nach Chile. Das Laub ist glänzend und immergrün, die süßlich duftenden, meist rosa Blüten bilden lockere Trauben. Die Bäume werden selten höher als 12 Meter, der Chiningehalt variiert von Art zu Art und selbst innerhalb einer Art stark. Als europäische Staaten ihre Kolonialherrschaft immer tiefer in die Tropen ausdehnten, stieg die Nachfrage beständig an, während das Chinarinden-Angebot wegen der politisch instabilen Verhältnisse in Südamerika und nicht nachhaltiger Erntemethoden teurer und unkalkulierbarer wurde. Das koloniale Gebot der Stunde war also, sich den Wirkstoffnachschub – samt den chininhaltigsten Baumarten – zu sichern.

Eine französische Expedition nach Peru hatte 1745 versucht, lebende Pflanzen mitzubringen, doch ihre gesamte Ausbeute wurde bei einem Sturm von Bord gespült. Britische Botaniker, nicht zuletzt Joseph Banks, wollten unbedingt Chinarindenbäume in Indien etablieren, wo um 1800 Jahr für Jahr Millionen Menschen an Malaria starben. Doch Kolumbien, Ecuador, Peru und Bolivien verboten die Ausfuhr der kostbaren Pflanzen und Samen. 1851 schmuggelte ein holländischer Botaniker 500 Pflanzen aus Peru heraus, doch nur 75 kamen lebend in Niederländisch-Ostindien an.

1858 gab das India Office, das von der Ostindien-Kompanie die Verwaltung Britisch-Indiens übernommen hatte, schließlich dem Drängen der Botaniker nach und trug einem jungen Beamten auf, Chinarindenbäume zu sammeln. Der Behörde genügte es, dass Clements R. Markham Spanisch sprach und schon einmal in Peru gewesen war. Botanische Kenntnisse waren nachrangig, man empfahl ihm aber, sich an William Hooker in Kew zu wenden. Hooker riet Markham, sich von Richard Spruce helfen zu lassen, einem verarmten, aber erfahrenen Botaniker, der trotz dauernder Krankheiten und Missgeschicke ab 1849 sehr erfolgreich in Südamerika sammelte. Spruce war ob der Detailliertheit seiner Notizen in Kew sehr geschätzt. Er erforschte auf seinen Reisen die Anwendungen von Pflanzen und drängte seit Jahren auf das Sammeln von *Cinchona*. In den Anden und in Amazonien untersuchte er pflanzliche Fasern und Färbemittel, Harze und Nutzhölzer, selbst die stimulierenden Eigenschaften von Guarana. Er berichtete als Erster über das halluzinogene amazonische Gebräu *Ayahuasca* und lieferte detaillierte botanische Informationen über den Kautschukbaum (*Hevea brasiliensis*), der *Cinchona* bald in die britischen Kolonien folgte.

Als Markham 1860 nach Peru kam, gelang es ihm, sich 450 *Cinchona*-Pflanzen zu sichern –, dann wurde er entdeckt und musste fliehen. Seine Pflanzen wurden in die Nilgiri-Berge im südlichen Indien transportiert, wo jede einzelne einging. Spruce zog derweil beharrlich über die Anden zum Chimborazo in Ecuador, denn in den Wäldern am Fuß des Vulkans wuchsen die begehrten Roten Chinarindenbäume.

Es war eine furchtbare Reise: Es ging im Kanu Katarakte hinunter, zu Fuß über hohe Pässe und durch dichte Wälder, in denen es vor giftigen Schlangen und Raupen nur so wimmelte. Ständig wurde er aufgehalten, von sintflutartigem Regen und angeschwollenen Flüssen, von Bürgerkrieg und ungewöhnlich kühlem Wetter, das die Reifung der Samen verzögerte. Er hatte sich mit einem Landbesitzer darauf geeinigt, dass er für 400 Dollar so viele Samen und Pflanzen sammeln durfte, wie er wollte, solange er die Rinde nicht anrührte. »Ich begann schon zu fürchten, dass wir keine reifen Samen bekommen würden«, klagte er in seinem Tagebuch, und dann »entdeckte ich bei einer morgendlichen Runde, dass von zwei Bäumen sämtliche Rispen abgeerntet waren, zweifellos von jemandem, der darauf spekulierte, mir die Samen zu verkaufen. Das war höchst ärgerlich, denn die Samen waren noch längst nicht reif.« Für die übrigen Bäume zahlte er ein Schutzgeld, und »danach wurde nicht eine einzige Kapsel mehr angerührt«. Doch »sechs Wochen lang waren wir in ständiger Alarmbereitschaft, denn es zogen Milizen vorbei, und es bedurfte all unserer Wachsamkeit, Pferde und Proviant zu sichern, eins meiner Pferde wurde doch erbeutet, aber ich habe es mir zurückgeholt«. Er ernährte sich vorwiegend von Kochbananen von verlassenen Feldern, bis auch die gestohlen wurden. Obendrein litt er an einer lähmenden Krankheit und konnte sich tagelang kaum rühren.

Und doch war die Mission erfolgreich. Robert Cross, ein Gärtner aus Kew, der getrocknete Samen, die Spruce ihm 1859 geschickt hatte, zum Keimen gebracht hatte, stieß zu ihm, und die beiden legten im Urwald eine Setzling-Plantage an. Wie gewöhnlich lief nicht alles glatt. Der Gestank verwesender Mulis, die von Milizen zurückgelassen worden waren, hielt sie nachts wach. Und: »Im Oktober hatten wir mehrere Erdbeben, an einem Tag ganze vier«, schrieb Spruce einem Freund. »Du siehst also, dass die Leute hier bei all dem Aufruhr unter und über der

Erde, Erdbeben, Revolutionen, Feuer etc. in ständiger Angst leben.« Doch im Dezember 1860 konnten sie mit ihren Jungpflanzen und mehr als 100 000 Samen aufbrechen. Sie bauten sich aus Baumstämmen, die sie mit *Bignonia*-Ranken zusammenbanden, ein Floß und fuhren flussabwärts zur Küste. Ihre 647 Pflanzen saßen in Wardschen Kisten, die keine Glasscheiben hatten, sondern mit Kattun ausgekleidet waren. Die Vorsichtsmaßnahme war berechtigt: Dreimal kollidierte ihr Floß mit überhängenden Bäumen und wurde stark beschädigt, doch die Kisten blieben wunderbarerweise heil. Als die Pflanzen aufs Schiff verladen wurden, um Cross nach Kew zu begleiten, »zeigten sie kaum eine Spur der groben Behandlung, die sie erdulden mussten (…). Sie waren nur zu schnell gewachsen, was an den höheren Temperaturen, denen sie letztens ausgesetzt waren, lag.«

Laut Alfred Russell Wallace, der Richard Spruce' Aufzeichnungen nach dessen Tod herausgab, waren Spruce' Mühen »von Erfolg gekrönt. Die Jungpflanzen er-

Eine detailfreudige Karte von Vilcabamba, Ecuador. Diese Gegend ist besonders reich an Chinarindenbäumen.

reichten Indien in gutem Zustand, und die Samen keimten und bildeten den Grundstock ausgedehnter Plantagen in den Nilgiri-Bergen in Südindien, in Ceylon, Darjeeling und andernorts.« Doch die Bäume in diesen Plantagen gediehen nicht recht, wie Wallace konstatierte, und so schlug er vor, sie in Malaysia oder auf Borneo anzubauen, wo die Niederschlagsmuster denen ihres ursprünglichen Habitats ähnelten.

Am Ende machte Niederländisch-Indien (heute: Indonesien) das große Geschäft. In den 1830er-Jahren kam Charles Ledger, ein weiterer britischer Abenteurer, erstmals nach Peru und beschloss, mit dem Export von Alpakas nach Australien reich zu werden. Als das nicht klappte, versuchte er sein Glück mit *Cinchona.* Ledger hatte ein Ass im Ärmel: Sein bolivianischer Freund und Helfer Manuel Incra Mamani fand die Bäume mit dem höchsten Chiningehalt und sicherte ihm 20 Kilogramm der besten Samen. 1865 bot Ledger diese frohlockend dem Botanischen Garten Kew an. Er hätte keinen schlechteren Zeitpunkt wählen können: Man hatte kein Interesse mehr daran, *Cinchona* in Kew anzubauen, und wollte die Pflanzen, die bereits dort waren, loswerden, keinesfalls neue dazukaufen. Gerade einmal ein Pfund Samen konnte Ledger für einen Spottpreis an die Niederländer verkaufen. Seine Sorte, *Cinchona ledgeriana*, gedieh auf Java prächtig (nicht aber in Indien) und ihr außergewöhnlich hoher Chiningehalt garantierte den Niederländern ein Jahrhundert lang die Vorherrschaft im Chininhandel.

Von den südamerikanischen Ländern konnte nur Kolumbien ein kurzzeitiges Geschäft machen und Chinin an die USA verkaufen, als die Japaner während des

Cinchona calisaya (syn. *C. pahudiana*), aus J. E. Howard, *Illustrations of the Nueva Quinologia of Pavon*, 1862.

Zweiten Weltkriegs Java einnahmen. Doch 1944 hatten US-Chemiker synthetisches Chinin entwickelt, das gegen Malaria sehr wirksam war und weniger Nebenwirkungen hatte (zurzeit hält der deutsche Konzern Bayer das Patent). Das natürliche Chinin verkam von einem Wundermittel zum angenehmen Bitterstoff in Tonic Water (dass ein Gin Tonic gegen Malaria hilft, ist allerdings leider auch ein Märchen). Aber vielleicht erlebt es ja ein Revival, denn die Malaria-Erreger werden zunehmend resistent gegen synthetisches Chinin.

Ledger und Spruce starben in Armut. Spruce verbrachte noch drei Jahre in den Anden und in Amazonien und erforschte nicht nur Pflanzen, sondern auch die Bräuche, Traditionen und Sprachen der Menschen, denen er begegnete. Dann zwang ihn seine zerstörte Gesundheit zur Heimkehr und ihm blieben nicht einmal die spärlichen Einnahmen aus den Verkäufen an Sammler. 1862 schrieb er einem murrenden Kunden:

> Ich hatte nie vor, meine Glieder nicht mehr bewegen zu können, und doch war es wohl unvermeidlich, zieht man die Art Leben, die ich geführt habe, in Betracht (…). Ich habe viele Männer getroffen, die (…) innerhalb von zwei oder drei Jahren mehr Geld verdient haben als ich in 13, und sie mussten nicht einmal Gewitter und Wolkenbrüche erdulden, in einem Kanu knietief im Wasser hocken, nur eine schlechte und kärgliche Tagesmahlzeit zu sich nehmen oder gar fest damit rechnen, ab und an dem Tod ins Auge zu sehen, wie ich es getan habe.

Er kehrte 1864 in seine Heimat Yorkshire zurück und arbeitete bis zu seinem Tod an seinem monumentalen Werk *The Hepaticae of the Amazon and the Andes of Peru and Ecuador*, das 700 Lebermoos-Arten beschrieb: 500 hatte er selbst gesammelt, darunter 400 der Wissenschaft neue. Es erschien 1885 und ist noch immer ein Schlüsseltext.

Spruce ist nicht so berühmt, wie er es verdient hätte, vielleicht weil er so unprätentiös war wie die Moose und Lebermoose, denen seine Leidenschaft galt. Über der Tür des Cottages, in dem er seine letzten Jahre verbrachte, hängt eine Plakette zur Erinnerung an einen »hervorragenden Botaniker, furchtlosen Forschungsreisenden [und] bescheidenen Mann«.

Paranussbaum

Wissenschaftlicher Name
Bertholletia excelsa

Botaniker
Alexander von Humboldt, Aimé Bonpland

Fundort
Kolumbien

Jahr
1800

AM 30. MÄRZ 1800 bestieg ein junger preußischer Adliger einen Einbaum, um den Orinoco hinaufzufahren und nach einem Wasserweg zu suchen, den es der zeitgenössischen Wissenschaft zufolge gar nicht geben konnte. Doch es wurden Geschichten von einem Fluss erzählt, der tief im Regenwald verborgen das unermessliche Flusssystem des Amazonas mit dem mächtigen Orinoco verband, und Alexander von Humboldt (1769–1859) war entschlossen, ihn zu finden. In Begleitung des französischen Botanikers Aimé Bonpland (1773–1858) drang er Woche um Woche tiefer in den Urwald vor. Als irgendwann ihre Vorräte aufgebraucht waren, lebten sie von trockenem Kakaopulver und großen nahrhaften Nüssen, die sie an den Ufern fanden. Schließlich entdeckten sie einen Fluss, der den Orinoco mit dem Rio Negro verband, und kartierten ihn. Nach 2250 Kilometern, nachdem es ihnen gelungen war, Stromschnellen zu überstehen, giftigen Tieren und Pflanzen, Jaguaren, Krokodilen, Piranhas und Boas zu entgehen und sich nicht von Ameisen und blutdurstigen Moskitos bei lebendigem Leib auffressen zu lassen, mussten sie erfahren, dass sie doch nicht die ersten Entdecker des Rio Casiquiare waren. Aber wenigstens war die große Nuss, die sie gefunden hatten, in Europa noch unbekannt: Es war der Samen von *Bertholletia excelsa*, dem Paranussbaum.

Humboldts ursprünglicher Plan sah eine Weiterreise nach Mexiko vor, doch Anfang 1801 erfuhr er, dass eine Expedition in den Südpazifik, der er sich schon drei Jahre zuvor hatte anschließen wollen, endlich von Frankreich aus aufgebrochen war. Mit etwas Glück würde das Schiff gegen Ende des Jahres in Peru anlegen, wo er es besteigen und nach Australien segeln könnte. Ihm blieb gerade genug Zeit, um seine Funde aus anderthalb Jahren nach Europa zu verschicken und 4023 Kilometer von der Nordküste Kolumbiens durch die Anden bis nach Lima

A. von Humboldt, *Bertholletia excelsa*, aus *Plantes Equinoxiales*, 1808.

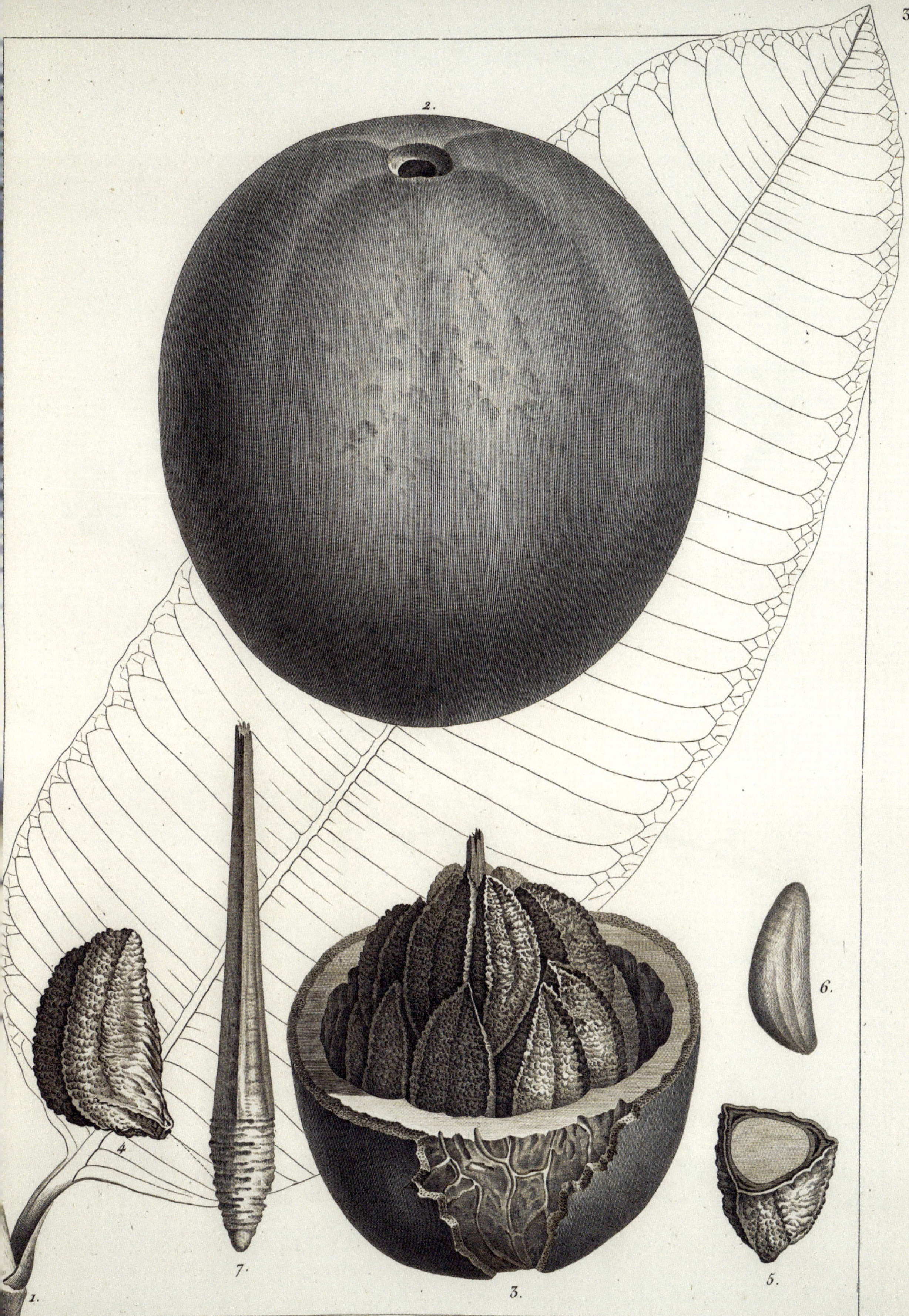

Turpin del. *Sellier sculp.*

Tableau Physique des Andes et pays voisins, aus Alexander von Humboldt, *Essai sur la géographie des plantes*, 1807.

in Peru zu marschieren. Zwischendurch wollte er den Chimborazo besteigen, einen Vulkan in Ecuador, der damals als der höchste Berg der Welt galt.

Das französische Schiff legte nicht in Lima an, und Humboldt kam nie in den Südpazifik. Doch er erklomm den Chimborazo, und dort entwickelte er, nachdem er so hoch gestiegen war wie kein Mensch vor ihm, eine Theorie über die globale Verbreitung der Pflanzen, die nachfolgende Pflanzenforscher auf neue Wege schickte – und die Herangehensweise an die Wissenschaft grundlegend veränderte.

Der Aufstieg war kräftezehrend. Die Hände und Füße der Forscher waren vor Kälte taub, sie litten unter Höhenkrankheit und mussten etwa 400 Meter unter dem 6263 Meter hohen Gipfel umkehren, weil eine tiefe Gletscherspalte das Weitergehen unmöglich machte. Ihre Träger hatten sie schon lange vorher verlassen, und so schleppten sie die schweren Instrumente selbst, nahmen auf dem ganzen Weg Messungen vor – Höhe, Lufttemperatur, Luftdruck, selbst den Bläuegrad des Himmels vermaßen sie – und beobachteten Pflanzen und Tiere. Und nun blickte Humboldt auf die Welt unter ihm herab und begann sie als Ganzes zu sehen. Er hatte sich schon als Junge für alle Disziplinen der Wissenschaft interessiert und mit 30 bereits wichtige Werke auf den Feldern der Botanik, Physiologie und Mineralogie veröffentlicht. Doch nun erkannte er, was ihm bisher entgangen war: Worauf es wirklich ankam, war, dass alles miteinander verbunden war.

Der Aufstieg erschien ihm wie eine Reise vom Äquator zum Nordpol. Sie hatten ihn im feuchten tropischen Wald inmitten von Orchideen und Palmen begonnen, waren dann durch gemäßigte Waldzonen, ähnlich den europäischen, gegangen, später durch Buschwerk, bis die Flora schließlich der alpinen in den Schweizer Alpen glich. Als sie sich der Schneegrenze näherten, sah Humboldt Flechten, die ihn an Lappland und den Polarkreis erinnerten. Und dann, ab einer Höhe von 5490 Metern, gab es gar keine Vegetation mehr. Diese Ähnlichkeiten konnten doch nicht zufällig sein …

Jahrhundertelang hatte man Pflanzen studiert, um sie zu klassifizieren, jedes noch so kleine Detail beschrieben und winzigste Unterschiede hervorgehoben. Sammler wie Bartram (siehe Seite 222 ff.), die möglichst gartentaugliche Pflanzen suchten, hatten den Blickwinkel schon etwas erweitert, und notiert, unter welchen Bedingungen sie wuchsen, das erleichterte die Kultivierung. Doch erst Humboldt erkannte, dass man einen »höheren Standpunkt« einnehmen und alles mit einem Blick erfassen musste: Pflanzen waren Teil von regionalen, ja globalen Mustern, bei denen Höhen, Böden, Klimafaktoren und die Eingriffe des Menschen eine Rolle spielten. (Wie verheerend diese Eingriffe sein konnten, beobachtete er als einer der Ersten und beschrieb es am Beispiel der Abholzung in Venezuela.) Diese Muster betrafen nicht allein Pflanzen, sondern alle Aspekte der Natur. Und all diese Aspekte waren miteinander verbunden. Humboldt brachte uns dazu, die Welt als einen lebenden Organismus wahrzunehmen, als ein »Netz des Lebens«, in dem nichts isoliert existiert.

Humboldt beobachtete nicht als Erster, dass Pflanzen, die unter ähnlichen klimatischen Bedingungen wuchsen, ähnliche Merkmale aufwiesen, das sei der Fairness halber gesagt. Er hatte über Klimazonen ausgiebig mit seinem Freund Carl Ludwig Willdenow diskutiert (dem Botaniker, der der Dahlie einen anderen Namen gab, siehe Seite 214). Willdenow hatte erkannt, dass Pflanzen aus den Polarregionen auf Berggipfeln in südlicheren Breiten wachsen. Er nahm an, dass die Pflanzenvielfalt von den Polen zum Äquator zunahm und wollte Vegetationszonen nicht nach Längen-, sondern nach Breitengraden eingeteilt wissen. Humboldt baute auf diese Überlegungen auf und untermauerte sie mit Fakten.

Er fand für seine Theorie ein eingängiges Bild, eine Darstellung des Chimborazo, die er zu skizzieren begann, kaum dass er vom Berg abgestiegen war, und die 1807 als Herzstück seiner *Ideen zu einer Geographie der Pflanzen* erschien. Eine große ausklappbare Zeichnung zeigte einen Querschnitt des Bergs und die Verbreitung der Pflanzenarten nach Höhen gestaffelt. Beidseitige Kolumnen lieferten Informationen, von Lufttemperatur- und -feuchtigkeit über Lichtintensität, Geologie bis zur Bearbeitung des Bodens – jeweils in Bezug auf die Höhe. Er stellte auch Bezüge zu anderen Bergen dar und zeigte, dass diese Verbindung von Pflanzenleben, Höhe und Klima auf der ganzen Welt Gültigkeit hatte. Humboldts »Naturgemälde« ermöglichte es trotz seiner Detailfülle auch einem nicht wissenschaftlich gebildeten Publikum, auf einen Blick seine Theorie von der »Einheit in der Vielfalt« zu begreifen. Er hatte mehr oder weniger die Infografik erfunden.

Humboldt und Bonpland reisten nach Mexiko und Kuba weiter, machten einen Abstecher in die USA, wo sie von Präsident Thomas Jefferson empfangen wurden, und kehrten 1804 nach Europa zurück. Von der fünfjährigen Reise brachte Humboldt 60 000 Pflanzenproben sowie völlig neue, bis heute gültige Konzepte zurück, wie etwa das der Pflanzengemeinschaften, der ökologischen Diversität und das der Wechselbeziehungen von Umwelt, Pflanzen- und Tierwelt, die wir nun »Ökosysteme« nennen.

Die folgenden zwei Jahrzehnte verbrachte Humboldt in Paris, damals die Welthochburg der Wissenschaft, gab das ererbte Vermögen (das ihm die Reise ermöglicht hatte) dafür aus, die Ergebnisse seiner Forschungen zu veröffentlichen: 16 Bände botanischer Schriften (darunter Beschreibungen von etwa 8000 Pflanzenarten, von denen die Hälfte neu war), zwei zoologische Werke, vier mit astronomischen und geophysikalischen Beobachtungen, drei über die Erforschung Amerikas, vier über die politische Ökonomie von Neu-Spanien sowie einen, nie vollendeten, Reisebericht. 1827 kehrte er nach Berlin zurück und widmete sich seinem Meisterwerk *Kosmos*, in dem er alles, was er über Wissenschaft und Kultur wusste, in einer ganzheitlichen Sicht auf das Universum bündeln wollte. Er arbeitete noch immer daran, als er mit knapp 90 Jahren starb – ein angemessenes Ende für einen Mann, der glaubte, man könne nie alles Wissen der Welt besitzen.

Bonpland zog es 1816 nach Südamerika zurück. Er baute in Paraguay Mate an, wurde, da die Regierung um ihr Monopol fürchtete, zehn Jahre unter Hausarrest gestellt, ging anschließend nach Argentinien und kultivierte für den Rest seines Lebens Zitrusfrüchte.

Aber was ist mit der köstlichen Nuss, die Humboldt und Bonpland in der Stunde der Not am Leben erhielt?

B. excelsa, der Paranussbaum, ist ein sehr gutes Beispiel für die komplexen Wechselbeziehungen in der Natur, die Humboldt auf dem Chimborazo zu begreifen begann. Die Forscher sahen den Baum im kolumbischen Amazonien, doch er kommt auch in Guyana, Suriname, Venezuela, Brasilien und den östlichen Landesteilen von Peru und Bolivien vor. Die Frucht braucht lange, um zu reifen: 14 Monate entwickeln sich die länglichen Samen (die wir Nüsse nennen) in einer harten, holzigen, kugeligen Schale, die der einer Kokosnuss ähnelt. Die Bäume werden 50 bis 60 Meter hoch und ragen als »Überständer« aus dem Blätterdach des Regenwalds. Die bis zu 2 Kilogramm schweren Samenkapseln mit ihrer über einen Zentimeter dicken Schale platzen nicht auf, wenn sie reif zu Boden fallen – und hier kommt ein Nagetier mit sehr kräftigen Zähnen ins Spiel.

Das Aguti, ein scheuer, kaninchengroßer, mit dem Meerschweinchen verwandter Nager, spielt eine entscheidende Rolle im komplexen Ökosystem, in das der Paranussbaum eingebunden ist. In einer Kapsel sind bis zu 25 Samen, wie die Segmente einer Orange, gefächert – zu viele für eine einzige Agutimahlzeit. Also vergräbt es die übrig gebliebenen. Manche dieser Vorratslager werden vergessen, und wenn die Samen genug Licht bekommen, keimen sie und bringen neue Bäume hervor.

Bisher scheiterten alle Versuche, Paranussbäume zu kultivieren. Denn das Aguti ist nicht das einzige Wesen, das für den Lebenszyklus der Pflanze unerlässlich ist. Die cremegelben Blüten werden von Bienen bestäubt, nicht irgendwelchen Bienen – nur die weibliche Orchideenbiene (*Euglossia*) ist groß und kräftig genug, um unter die Haube der Blüten zu gelangen. Die weiblichen paaren sich nur mit männlichen Bienen, die sie mit einem speziellen Parfum verführen, einem Cocktail aus duftendem Wachs, das sie von verschiedenen Regenwaldorchideen sammeln, insbesondere *Coryanthes vasquezii*. Wachsen in der Nähe keine Orchideen, pflanzen sich die Bienen nicht fort, die Blüten werden nicht bestäubt und es gibt keine Nüsse.

Dieses komplexe und hoch spezialisierte Ökosystem macht also eine Kultivierung außerhalb des Regenwalds unmöglich. Die Nüsse können nur von wilden, ausgewachsenen Bäumen in unberührtem Wald geerntet werden. Da Abholzung und andere menschliche Eingriffe nicht nur die Bäume, sondern auch die Orchideen bedrohen, sind die Ernte und der Lebensunterhalt vieler Tausend Familien in Amazonien gefährdet. Ein weiteres Risiko stellt übermäßiges Sammeln dar: Bleiben nicht genug Samen, ersetzen nicht genug junge Bäume die alten, um die Population stabil zu halten.

Ein ähnliches Problem hatte Humboldt bei den Chinarindenbäumen (siehe Seite 250 ff.) beobachtet: Wurde zu viel Rinde abgezogen, starben die Bäume. Seit den Tagen von Aristoteles galt es als unumstößlich, dass die Natur zum Nutzen des Menschen erschaffen worden war. Humboldt aber erkannte die Natur als ein gewaltiges Netz aus miteinander verbunden Fäden und näherte sich einer Weltsicht an, in der, zum ersten Mal, der Mensch nicht mehr im Mittelpunkt stand. Der Mensch konnte der Erde nicht länger seinen Willen aufzwingen, ohne die Konsequenzen in Erwägung zu ziehen.

Das Aguti, auf das der Paranussbaum angewiesen ist,
um sich vermehren zu können.

Bougainvillea

Wissenschaftlicher Name
Bougainvillea spectabilis

Botaniker
Philibert Commerson, Jeanne Baret

Fundort
Rio de Janeiro, Brasilien

Jahr
1767

FÜR VIELE VON UNS ist die Bougainvillea untrennbar mit Urlauben verbunden, denn obwohl ihre Heimat in Südamerika ist (von Brasilien bis nach Peru im Westen und Argentinien im Süden), haben ihre leuchtenden Farben (Schattierungen von Magenta, Lila, Rosa, Scharlachrot und Orange) und ihre Unempfindlichkeit gegenüber Hitze, Dürre und Salz sie in warmen Gegenden weltweit zur beliebten Zierpflanze werden lassen. In Amazonien wurde sie lange als Heilpflanze angesehen und traditionell bei Atemwegserkrankungen verwendet. Jüngste Studien zeigten ihre antibakteriellen, entzündungshemmenden, empfängnisverhütenden und antidiabetischen Eigenschaften auf.

Die anmutige Kletterpflanze ist nach dem französischen Offizier, Forscher und Mathematiker Louis-Antoine de Bougainville benannt, dem 1766 die Mission anvertraut wurde, die Falklandinseln an Spanien zu übergeben. Da er die französische Kolonie auf den Inseln gegründet und aus eigener Tasche bezahlt hatte, war es eine bittere Pflicht. Sein Trost war, dass Louis XV. ihn damit beauftragte, die Reise als Weltumsegelung fortzusetzen und koloniale Perspektiven zu erforschen. Es war die erste Entdeckungsfahrt, die von professionellen Wissenschaftlern begleitet wurde, einem Astronomen, einem Kartographen und dem renommierten Botaniker Philibert Commerson.

Bougainville ging an Bord der Fregatte *Boudeuse*, doch Commerson hatte so viel Gepäck, dass man ihn auf dem Proviantschiff *Étoile* unterbrachte. Merkwürdigerweise hatte er keinen Diener dabei, obwohl ihm einer zustand. In letzter Minute engagierte er einen jungen Mann, der sich auf dem Kai herumtrieb, einen gewissen Jean Baret.

Baret erwies sich als unbezahlbarer Assistent, war selbst ein erfahrener Botaniker und schleppte ohne zu klagen Commersons schwere Sammelausrüstung durch

Marianne North, *Laub und Blüten eines brasilianischen Kletterstrauchs mit Kolibris*, 1873.

Wald und Urwald, über die von Schnee und Eis bedeckten Berge an der Magellanstraße, »mit so viel Mut und Kraft, dass der Naturforscher (…) ihn sein ›Lasttier‹ nannte«, wie Bougainville berichtete. Baret war auch ein sorgender Pfleger, denn Commerson kränkelte und diverse Geschwüre machten ihm das Gehen schwer. Wenn der ältere Mann zu leidend war, um an Land zu gehen, sammelte Baret allein,

Bougainvillea spectabilis, aus C. A. Lemaire, *L'Illustration horticole*, 1895.

und als das Schiff im Juni 1767 in Rio anlegte, war es höchstwahrscheinlich Baret, der die exotische Kletterpflanze zurückbrachte, die Commerson nach ihrem Kommandanten taufte. (Offiziell benannt wurde sie 1789 von einem anderen französischen Botaniker, Antoine-Laurent de Jussieu, der sich auf Commersons Herbarexemplar und Aufzeichnungen stützte.) Bei der Mannschaft war Baret nicht beliebt, er galt als abweisend und geheimnistuerisch.

Nachdem sich die Schiffe 52 Tage lang durch die Magellanstraße gekämpft hatten, landete die erschöpfte Crew im April 1768 auf Tahiti. Commerson und Bougainville tauften die Insel hingerissen »Neu-Kythera«, und ihre schwärmerischen Berichte von den sanften Bewohnern, deren einzige Leidenschaft die Liebe war und denen »die Laster und Händel der übrigen Sterblichen fremd« waren, prägte das Bild des in Unschuld lebenden »edlen Wilden«, das die französischen Denker des 18. Jahrhunderts entwarfen. Für Baret erwies sich Tahiti als Katastrophe, denn hier wurde, Bougainville zufolge, Jean als Jeanne enttarnt – Commersons langjährige Haushälterin, Geliebte und botanische Mitarbeiterin (und in seinem Testament als Haupterbin bedacht). Da Frauen nicht auf Schiffen der französischen Marine fahren durften, hatte sie sich die Brüste eingebunden und sich als Mann verkleidet. Commerson behauptete tatsächlich, er habe nichts davon gewusst. Doch es wurde noch schlimmer: Der Schiffsarzt hielt in seinem Tagebuch fest, dass Jeanne Baret bei einem Landgang auf Papua-Neuguinea von den Matrosen vergewaltigt wurde.

Nachdem sie sich – nichtsahnend – bis auf 160 Kilometer Australien genähert hatten, änderte Bougainville am Great Barrier Reef den Kurs (und machte den Weg für Cook und die *Endeavour* frei). Die Expedition segelte durch den Indischen

Ozean nach Mauritius und erreichte die französische Kolonie (damals: Île de France) im November 1768. Als die Schiffe wieder abfuhren, waren Commerson und die nun schwangere Jeanne Baret nicht an Bord. Sie gaben vor, sie hätten Anweisung erhalten, die Natur von Mauritius, den benachbarten Inseln und Madagaskars zu erkunden. (Vielleicht gab es diese Ordre tatsächlich, der Gouverneur Pierre Poivre war selbst Pflanzenkundler, und der Schiffsastronom war nach Indien kommandiert worden, um dort den Transit der Venus zu erwarten.)

Das botanisierende Paar hatte es gut getroffen. Commerson sammelte Gesteinsproben von bis dato unerforschten Vulkanen, beschrieb die vielen endemischen Tierarten der Inseln und erklärte Madagaskar zum »gelobten Land« der Naturforscher, dessen »Modelle der Natur« sich aufregend von denen anderer Gegenden unterschieden. Doch er wurde immer schwächlicher und starb, noch immer von Jeanne Baret umsorgt, 1773 mit nur 45 Jahren.

Bougainville kehrte als erster französischer Weltumsegler am 16. März 1769 nach St. Malo zurück. Er wurde als Nationalheld gefeiert –, während der Französischen Revolution kam er trotzdem in Haft, er war schließlich der wissenschaftliche Berater Louis' XVI. gewesen. Als die Terrorherrschaft zu Ende ging, kam er frei und zog sich dankbar nach Brie zurück, wo er ein friedliches Leben als Rosenzüchter zu führen gedachte. Doch 1799 begegnete er Napoleon, der ihn bewunderte, zum Senator ernannte und schließlich in den Grafenstand erhob.

Ein Jahr nach Commersons Tod heiratete die mittellose Jeanne Baret Jean Dubernat, einen französischen Soldaten. 1775 kehrte das Paar mit Commersons sämtlichen Notizen und 6000 Proben nach Frankreich zurück. Und so war Jeanne die erste Frau, die die Welt umsegelt hatte. Es gelang ihr, ihr Erbe einzufordern, und 1785 vergab man ihre »Unbesonnenheit« und die Regierung zahlte ihr 200 Livres für die Arbeit mit Commerson. Sie starb 1807, mit 67 Jahren.

Commerson hatte selbst noch 34 Kisten mit Pflanzen, Samen, Fischen und Zeichnungen nach Paris geschickt. Heute sind 1735 Proben, darunter fünf Herbarexemplare von Bougainvilleen, im französischen Nationalmuseum für Naturgeschichte unter seinem Namen aufgeführt. Wenigstens einige davon sollten eigentlich den Namen von Jeanne Baret tragen.

Bougainvillea spectabilis, aus J. Paxton, *Magazine of Botany and Register of Flowering Plants*, 1845.

Araukarie

Wissenschaftlicher Name
Araucaria araucana

Botaniker
Archibald Menzies

Fundort
Chile

Jahr
1795

IM MÄRZ 1795 legte die *HMS Discovery* gegen Ende ihrer vierjährigen Weltumseglung im Hafen von Valparaiso in Chile an. Der Kapitän wurde, zusammen mit dem Schiffsarzt, dem Botaniker Archibald Menzies, sogleich vom Generalgouverneur, Don Ambrosio O'Higgins de Vallenar, zum Diner geladen. (Sein unehelicher Sohn Bernardo O'Higgins führte die spanische Kolonie später in die Unabhängigkeit.) Es wurde reichlich aufgetischt und zum Dessert gab es Nüsse, die Menzies noch nie gesehen hatte. Er steckte ein paar in die Tasche und säte sie, als er aufs Schiff zurückkam. Diese Version wird zuweilen angezweifelt, denn die Samen schmecken zwar geröstet ähnlich wie Maronen, sind aber roh schwer verdaulich. Ob es nun diese oder frisch auf dem Rückweg zum Schiff gesammelte Samen waren, Menzies kam jedenfalls mit fünf (vielleicht sogar sechs) gesunden Setzlingen der majestätischen *Araucaria araucana* (ursprünglich *A. imbricata*) in England an.

Dass die Setzlinge die Reise überstanden, grenzt an ein Wunder, denn Menzies und Kapitän George Vancouver waren sich spinnefeind. Vancouver war erzürnt, dass Menzies' »Gartenkästen« so viel Platz an Deck wegnahmen, ignorierte dessen Klagen, die Pflanzen würden von Ratten angeknabbert und von aus dem Rigg tropfendem Teer verbrannt, und verbot ihm mehrfach den Landgang zum Botanisieren. Nachdem Vancouver den für die Pflanzen verantwortlichen Diener mit nautischen Pflichten betraut hatte und die Mehrzahl der Funde in einem Sturm dahingerafft wurde, kam es zum erbitterten Streit – und Menzies in Arrest. Einen Monat vor seiner Heimkehr schrieb er Joseph Banks: »Nun kann ich nur die toten Stängel von vielen [Pflanzen] vorzeigen, die lebendig und gesund waren, als wir den Äquator letztmalig überquerten.« Trotzdem wurden zwei junge Araukarien in Banks' Garten gepflanzt und drei in Kew, wo eine bis 1892 überlebte.

Marianne North, *Araukarien und Guanakos*, Chile, 1855: typische Wuchsformen mit astlosen Stämmen unter Kronenschirmen.

Male cone of
Araucaria
imbricata
Aug 2. 1909

Die Araukarie ist eine hohe immergrüne Konifere, die im gemäßigten Regenwald an den Ausläufern der Anden im südlichen Chile und Argentinien beheimatet ist. Der erste Europäer, der sie sah, war um 1780 der spanische Forscher Francisco Dendariarena, den die Regierung in Madrid beauftragte hatte, Nutzholz für den Schiffsbau zu finden – und die Araukarie erwies sich als sehr geeignet. Doch als Zierbaum wurde sie erst in den 1820er-Jahren heiß begehrt, als James McCrae, der für die Horticultural Society sammelte, aus Chile mit einer kleinen Lieferung lebender Pflanzen (die meisten hatte das Meerwasser ruiniert) und wechselweise in Papier, Sand oder Zucker verpackten Samen zurückkam. 1826 wurden zwölf Setzlinge an erwartungsfrohe Subskribenten verteilt. Schon nach wenigen Jahren boten die ersten Gärtnereien »Chiletannen« zu horrenden Preisen an – das machte sie sicherlich noch attraktiver. Sir William Molesworth zahlte 20 Guineen (umgerechnet weit über 2 Millionen Pfund) für die Exemplare, die er in den 1830er-Jahren in Pencarrow (Cornwall) pflanzte. Einer seiner Gäste bemerkte einmal, selbst ein kletterwilliger Affe käme angesichts der spitzen Nadeln ins Grübeln, daher rührt der Name Affenbaum. 1843 wurde in Bicton (Devon) die erste Allee gepflanzt – es war eine Sensation. Da hatte der geschäftstüchtige Gärtnereibesitzer James Veitch schon William Lobb, den ersten kommerziellen Pflanzensammler, nach Südamerika entsandt. Auch Lobb rätselte, wie er die Bäume besteigen sollte, und löste das Problem, indem er Zapfen herunterschoss: Veitch bekam 3000 Samen.

Die Araukarie wurde zum Statussymbol, so wie heute ein Porsche oder eine Prada-Handtasche. Nirgends wurde sie mit solchem Nachdruck eingesetzt wie in Elvaston Castle (Derbyshire). Dort machte der 4. Earl Harrington, den die vornehme Gesellschaft verstieß, weil er eine Schauspielerin ehelichte, seiner Braut »das größte Hochzeitsgeschenk der Welt«: einen Garten, dessen Thema die Minne war, und den niemand sonst betreten durfte. Kleine Araukarien ragten als Blickfänger aus Blumenbeeten (ein Gestaltungselement, das schnell kopiert wurde) und um einen 8 Meter hohen Baum »von seltsam hängender Form« waren Beete sternförmig angelegt. Außerdem waren wenigstens drei Alleen mit Araukarien bepflanzt. Die insgesamt mehr als tausend Bäume müssen ein Vermögen gekostet haben. Doch schon 1856 waren vierjährige Bäumchen für einen Spottpreis zu haben, und selbst in den Vorstädten konnte man sich Araukarien leisten. Sie wurden tausendfach gepflanzt, und kaum jemand dachte daran, dass sie in ihrem natürlichen Habitat

Mary Anne Stebbing, *Männlicher Zapfen von* Araucaria araucana (syn. *A. imbricata*), Kew Collection, 1946.

50 Meter hoch und 1000 Jahre alt werden können. Das Stadtleben bekam ihnen nicht sonderlich, wie der Hobby-Botaniker Sir Herbert Maxwell 1915 festhielt:

> Da ist nicht ein Baum, der nicht darunter litte, unüberlegt in unpassender Umgebung gepflanzt zu sein (…) und ich weiß keinen trostloseren Anblick in der Welt der Pflanzen als eine Araukarie, die vor einer Vorortvilla eingezwängt, von Rußschichten erstickt, sich eben noch ans Leben klammert, dessen einziges Anzeichen die grünen Spitzen der armen geschwärzten Äste sind.

Heute ist weltweit ein Drittel aller wild wachsenden Koniferen, darunter die Araukarie, vom Aussterben bedroht. Wegen ihrer hohen, geraden Stämme, ihrer Haltbarkeit und Resistenz gegen Holzfäule als Bauholz geschätzt, wurden Populationen von *A. araucana*, die 200 Millionen Jahre zurückreichen, innerhalb eines guten Jahrhunderts durch Überholzung dezimiert. Theoretisch ist das in Chile seit 1976 verboten, denn da wurde der Baum zum »Nationalschatz« erklärt. Doch er ist in seinem Habitat auch durch Feuer bedroht – nicht zuletzt von Bränden nach Vulkanausbrüchen. Im vergangenen Jahrzehnt wurden tausende Hektar Araukarienwald von Feuern vernichtet. Heute stehen nur noch 200 000 Hektar.

Das International Conifer Conservation Programme, unter der Leitung von Martin Gardner, wurde 1991 im Royal Botanic Garden Edinburgh ins Leben gerufen und ist heute das weltweit umfassendste Ex-situ-Netzwerk für gefährdete Gehölze. Es erreichte, dass in Großbritannien und Irland mehr als 200 »Schutzräume« geschaffen wurden, darunter ist auch ein »chilenisches Habitat« im Botanischen Garten Benmore (Schottland). Mehr als die Hälfte der vom Aussterben bedrohten Nadelbäume finden an diesen Orten eine Überlebensmöglichkeit. In Chile wurde mithilfe von Partnern wie Rainforest Concern und der Fundación FORECOS das private Naturschutzgebiet Nasampulli geschaffen. 1650 Hektar unberührten Araukarienwalds sind auch Lebensraum für Pumas, Wildkatzen, Pudus (die kleinsten Hirsche der Welt) und die Chiloé-Beutelratte, auch *monito del monte*, »kleiner Bergaffe« genannt – das Beuteltier ist ein lebendes Fossil, so alt wie die Bäume, zwischen denen es lebt.

Araucaria araucana, aus E. J. Ravenscroft,
The Pinetum Britannicum, 1863–1884.

Riesenseerose

Wissenschaftlicher Name
Victoria amazonica

Botaniker
Robert Schomburgk

Fundort
Guyana

Jahr
1837

ROBERT SCHOMBURGK (1804–1865), in Freyburg an der Unstrut geboren, war explizit nicht als Pflanzenjäger angestellt. Die Instruktionen der Londoner Royal Geographical Society, die ihn 1835 nach Südamerika schickte, besagten ausdrücklich, er solle das noch unerforschte Landesinnere der jüngsten Kolonie Britisch-Guyana vermessen. In einem Brief monierte die Gesellschaft nicht nur, dass er sich bei seiner Erforschung des Essequibo von einem Wasserfall hatte aufhalten lassen, sondern erinnerte ihn auch daran, dass die Vermessung des unkartierten Gebiets unbedingten Vorrang vor dem Botanisieren haben müsste. Aber da sie ihn die Forschungsreise aus eigener Tasche bezahlen ließ, blieb ihm nichts anderes übrig, als Orchideen zu sammeln und an die Gärtnerei Loddiges zu verkaufen. Gut in Wardsche Kisten verpackt, überlebten so viele, dass sie eine zweite Expedition finanzierten. Doch alles in allem hatte Schomburgk Pech gehabt. Seine erste Pflanzensammlung ging, zusammen mit seinen geographischen Aufzeichnungen und der Ausrüstung, verloren, als in einer Stromschnelle eins seiner zwei Kanus kenterte. Auf seiner zweiten Reise wurde ihm ein Kanu gestohlen. Und wie Aimé Bonpland vor ihm, hatte er Probleme, Pflanzen als Herbarexemplare zu trocknen: Wenn sie nicht von Insekten verspeist wurden, verschimmelten sie im ewigen Regen. Als er sich am Neujahrstag 1837 wieder einmal ein Flusssystem heraufquälte, von Moskitos gepeinigt, mit schwindenden Vorräten und einer kränkelnden Crew, dürfte er sich vom neuen Jahr nicht viel erwartet haben. Doch als sich dann nach zahllosen Hindernissen der Fluss zu einem ruhigen Becken weitete, mochte er seinen Augen kaum trauen …

Der elisabethanische Entdecker Sir Walter Raleigh hatte Guyana als El Dorado ausgemacht, die mythische goldene Stadt, die zu finden die Europäer vergebens

Walter Hood Fitch, *Sich öffnende Blüte der* Victoria amazonica, Lithographie aus W. J. Hooker, *Victoria Regia*, 1851.

trachteten. Nun hatte Schomburgk Gold gefunden – botanisches Gold. Auf dem trüben Wasser schwammen riesige Blätter »groß wie Schüsseln«. Sie hatten einen Durchmesser von 1,5 bis 1,8 Meter, »einen breiten Rand, innen hellgrün, außen dagegen hochrot«. Dem »herrlichen Blatt höchst angemessen waren die Blüten, aus hunderten Blütenblättern bestehend, in Schattierungen vom reinsten Weiß über Rosa bis Blassrot«. Wieder war Schomburgk der Weg versperrt, doch dieses Mal von köstlich duftenden Seerosen von unfassbarer Größe und Pracht – wahren »Pflanzenwundern«.

Diese spektakulärste aller Blumen wollte Schomburgk Prinzessin Victoria, der englischen Thronfolgerin, widmen. Kaum hatte er seine dritte Expedition beendet, begann er nach Notizen und Skizzen, die er vor Ort gemacht hatte, an einem großen Ölgemälde zu arbeiten. Er unterbreitete der Geographical Society den be-

Walter Hood Fitch, *Victoria amazonica*,
aus W. J. Hooker, *Victoria Regia*, 1851.

scheidenen Vorschlag, das Bild ihrer königlichen Hoheit zu überreichen. Als es zusammen mit der Widmung in England eintraf, war es dann ein höchst passendes Geschenk zu ihrer Krönung.

Es war der renommierte Botaniker John Lindley, ein Mitglied auch der Royal Geographical Society, der die Freude hatte, die sich schon zersetzenden Pflanzenproben, die Schomburgk, obwohl er das nicht sollte, aus Guyana geschickt hatte, zu untersuchen. Unter Zuhilfenahme von Schomburgks detaillierter Beschreibung konnte er verkünden, dass es sich nicht um irgendeine Art der *Nymphaea* handelte, sondern um eine neue Gattung. In einer patriotischen Anwandlung benannte Lindley sie *Victoria regia*. Die Sache hatte nur einen winzigen Haken: Schomburgk hatte Kopien seines Gemäldes und seiner Beschreibung auch an die soeben gegründete Botanical Society geschickt, die sich *Victoria regina* einfallen ließ. Über

Walter Hood Fitch, *Victoria amazonica*, aus W. J. Hooker, *Victoria Regia*, 1851. Die Illustrationen stammen aus einer Serie, die blühende Riesenseerosen, zumeist in Syon House und Kew, zeigt.

die korrekte Benennung und einen möglichen lateinischen Grammatikfehler stritten englische Gelehrte dann jahrzehntelang.

Dessen ungeachtet beschäftigte die »Königin der Wasserpflanzen« die Phantasie der Öffentlichkeit. Die Tatsache, dass die größte Seerose der Welt auch außerhalb der Grenzen des britischen Weltreichs wuchs und dass Schomburgk durchaus nicht der Erste war, der sie fand, schmälerten die nationale Inbrunst nicht. Denn diese ersten Entdeckungen hatten »Nicht-Briten« gemacht – Schomburgk galt als Engländer ehrenhalber – und sie nicht einmal ordentlich dokumentiert oder sie irrtümlich als völlig andere Seerosengattung identifiziert. Die heute gültige Bezeichnung *Victoria amazonica* wird dem deutschen Botaniker Eduard Friedrich Poeppig (1798–1868) zugeschrieben, der 1832 am Amazonas Exemplare gefunden hatte.

Die nächste Herausforderung bestand darin, keimfähige Samen nach England zu bringen. Es gelang erst nach Jahren und vielen bitteren Enttäuschungen. Die hervorragendsten Gärtner Großbritanniens lieferten sich einen Wettkampf, wer als Erster die Riesenseerose zum Blühen bringen könnte. In Kew gelang es dem neuen Direktor William Jackson Hooker, Samen zum Keimen zu bringen, doch die Jungpflanzen gingen ein, weil sie zu wenig Licht hatten und das schmutzige Themsewasser, das man in ihr Bassin pumpte, nicht vertrugen. Auf der anderen Seite des Flusses, in Syon House, konnte es sich der Duke of Northumberland leisten, das Wasser zu filtern, und seine Seerosen gediehen besser. Doch es war Joseph Paxton, der überaus fähige Gärtner des Duke of Devonshire, der dieser widerspenstigen Riesin in Chatsworth am 8. November 1849 die erste Blüte entlockte. Paxton hatte für sie ein spezielles beheiztes Gewächshaus gebaut und ein Bassin, in dem das Wasser so gemächlich strömte wie im Fluss Berbice in Guyana. Das neuartige, sehr elegante Gebäude schien nur aus gewölbtem Glas zu bestehen, die Stahlträger fielen kaum ins Auge. Paxton hatte sich von der Seerose inspirieren lassen: »Die Natur hat das Blatt mit längs und quer laufenden Rippen und Stützen versehen, die ich nach ihrem Vorbild für dieses Gebäude angepasst habe.« Diese innovative Konstruktion nahm er nur wenige Wochen später als Vorlage zum Bau des Kristallpalasts, reihte sie aneinander und dehnte sie über 7 Hektar aus, zum größten Glashaus, das die Welt je gesehen hatte. 1851 fand darin die erste Weltausstellung statt. Und so war, wie Charles Dickens staunend schrieb, »das größte Pflanzengebilde der Welt die Mutter des gewaltigsten Bauwerks in Europa«.

Die Blüte der *V. amazonica* ist groß (bis zu 30 Zentimeter im Durchmesser), aber kurzlebig. In der Wildnis wird sie von nachtaktiven Käfern bestäubt. Die Blüten öffnen sich bei Sonnenuntergang. Sie sind weiß, um die Insekten anzulocken, und verströmen einen starken süßen Duft, den man mit dem der Ananas oder dem von Buttertoffee verglichen hat. Und um noch verlockender zu sein, erwärmen sich die Blüten. In diese warme, süß duftende Laube fliegen die Käfer hinein und speisen zufrieden, während die Blüte sich um sie schließt. So verbringen die Käfer den folgenden Tag gemütlich eingeschlossen und streifen Pollen von ihrem Körper auf die Narbe ab, während die Blüte sich tiefrosa färbt. Bei Einbruch der Dunkelheit öffnet sich die Blüte, die nun nicht mehr duftet, noch einmal und gibt Pollen von den Staubgefäßen frei, die im Kreis um den »Ausgang« stehen. Die Käfer, an denen der Nektar klebt, fliegen heraus, der Pollen bleibt an ihnen haften und wird zur nächsten weißen Blüte getragen. Nur wenig später sinkt die rosarote Blüte, die ihre Aufgabe erfüllt hat, auf den Grund des Flusses hinab. Von seinen Reisen ähnlich erschöpft starb Schomburgk 1865.

Wiliam Sharp, *Victoria amazonica*, aus J. F. Allen,
Victoria Regia or the Great Waterlily of America, 1854.

Helikonie

Wissenschaftlicher Name
Heliconia

Botaniker
Maria Graham

Fundort
Rio de Janeiro, Brasilien

Jahr
1825

ES WAR EINE WARME, ruhige Nacht im November 1822. Die abenteuerlustige Maria Graham, die bei einem guten Freund zu Besuch war, saß auf der Veranda seines Landhauses nördlich von Valparaiso in Chile. Urplötzlich zuckte ein Blitz und dann …

> (…) bekam das Haus einen mächtigen Stoß, mit einem Getöse wie von der Explosion einer Mine. Ich saß still (…), bis es immer stärker bebte, die Schornsteine einstürzten, und ich sah, wie die Wände des Hauses aufrissen. Wir sprangen [von der Veranda], als die Bewegung der Erde sich von einer schnellen Vibration zu einem Rollen wie dem eines Schiffes auf See änderte (…)

Sie besaß die Geistesgegenwart, noch einen Kranken aus dem Haus zu zerren, bevor es einstürzte. Schon am nächsten Tag machte sie sich ausführliche Notizen, hielt fest, dass sich »große Risse« an der Küste aufgetan hatten und in der Bucht von Valparaiso Felsen aus dem Meer gebrochen waren. Solch eine gewaltige Hebung, spekulierte sie, könnte auch bei der Entstehung der Anden stattgefunden haben. Diese Idee ließ Charles Lyell in seine bahnbrechende Theorie über die Entstehung der Landmassen einfließen. (Später aber zweifelte man ihren Bericht an: Als Frau musste sie doch »viel zu verängstigt« gewesen sein, um kühl beobachten zu können.)

Es war für Maria Graham (1785–1842) kein gutes Jahr gewesen. Die viel gereiste Frau war im April 1822 mit dem Leichnam ihres Manns in Valparaiso angekommen – Kapitän Graham war auf See gestorben. Anstatt heimzukehren, mietete sie, zum Entsetzen der guten Gesellschaft, ein Haus und ging, nur von einem Tagelöhner begleitet, botanisieren. Sie schickte Samen an ihren Schwager Robert Graham,

Lady Maria Callcott, *Heliconia*, aus der Sammlung »Flora von Rio de Janeiro«, Kew, 1825.

Lady Maria Callcott, *Bromelia*, aus der Sammlung »Flora von Rio de Janeiro«, Kew, 1825.

den Vorsteher des Königlichen Botanischen Gartens Edinburgh, und sammelte Blumenzwiebeln, die sie später der berühmten Gärtnerei Vineyard in Hammersmith (London) überließ. Sie sprach fließend Spanisch, fragte die einheimischen Frauen über die gesammelten Pflanzen aus und engagierte sich auch in der Politik des eben unabhängig gewordenen Landes. Über ihre Freundschaft mit Lord Cochrane, der die chilenische Marine befehligte, wurde boshaft getratscht. Vielleicht entschloss sie sich deshalb, nach Hause zurückzukehren, vielleicht sehnte sie sich nach wochenlangem Kampieren in einem von Nachbeben erschütterten Zelt auch nur nach vier festen Wänden.

Sie reiste über Rio de Janeiro, und dort erhielt sie das völlig überraschende Angebot, Gouvernante der brasilianischen Prinzessin, der späteren Königin Maria II. von Portugal, zu werden.

Maria Graham fuhr noch schnell nach England, um mit ihrem Verleger zu verhandeln. Sie verdiente sich ihr Geld als Schriftstellerin, seit sie nach der Heirat im Jahr 1809 mit Thomas Graham durch Indien gereist war und in zwei höchst erfolgreichen Büchern davon berichtet hatte. Sie hatte nicht nur die »Sitten und Gebräuche der Eingeborenen und der Kolonisten« geschildert, sondern auch den Reichtum der indischen Flora. Besonders angetan war sie vom Botanischen Garten in Kalkutta, wo sie William Roxburgh (siehe Seite 97) kennenlernte und die exquisiten Illustrationen bewunderte, die er für sein Mammutwerk *Flora Indica* in Auftrag gegeben hatte. Es ist gut möglich, das Roxburgh in ihr das Interesse an den praktischen und ökonomischen Nutzen von Pflanzen weckte, die sie für wichtiger hielt als ihre Klassifikation.

Im September 1824 war sie wieder in Rio. Ihre Anstellung bei Hof war von kurzer Dauer, nach sechs Wochen entließ der Kaiser sie. Doch bevor sie Großbritannien verlassen hatte, war sie dem Glasgower Botanik-Professor William Jackson Hooker vorgestellt worden, und die beiden korrespondierten fortan. Sie berichtete ihm vom »Jiquitibà«-Baum (wohl *Cariniana legalis*), dessen hohe, gerade Stämme als Schiffsmasten verwendet wurden, vom seidigen Wollbaum (*Bombax pentandrum*) in ihrer Hecke und »einem halben Dutzend Arten von äußerst grotesken Kakteen«. Sie schickte ihm auch Pflanzen, etwa »22 Sorten von Farn, die zwischen meinem Häuschen in Larenjeiras & dem Gipfel des Corcovado auf 500 Meter hohen Granitfelsen wachsen«.

Wie die meisten jungen Frauen der Mittelschicht hatte sie Zeichnen gelernt. Sie hielt ihre künstlerischen Fähigkeiten nicht für überragend, meinte aber, sie sollten ausreichen, um die korrekten Farben der Blüten und Blätter wiederzugeben. Denn wie andere Sammler im heißen und feuchten Südamerika hatte auch sie Probleme, Pflanzen zu trocknen. »Für gewöhnlich zeichne ich keine Blumen«, schrieb sie Hooker, »aber ich könnte es – & auch sonderbare Formen von Samen etc. – Lassen Sie mich wissen, wie ich mich nützlich machen kann (…)« Zwischen 1824 und 1825 fertigte sie etwa 100 Aquarelle von brasilianischen Pflanzen an, notierte Fundorte und -daten, und deutete oft ihr Habitat an, wie bei der auf Seite 285 abgebildeten *Heliconia*.

Heliconia ist nach dem Berg Helikon benannt, dem Sitz der Musen, den neun Schutzgöttinnen der Künste und Wissenschaften der griechischen Mythologie. (Wegen ihrer Blütenform wird sie auch »Hummerschere« genannt.) Früher zählte man sie zur Bananen-Familie, heute bilden die Helikonien die einzige Gattung innerhalb der Familie der *Heliconiaceae*, die in den tropischen Wäldern Amerikas weitverbreitet ist. (Einige Arten kommen auch auf Inseln im Westpazifik vor.) Die länglichen Blüten sind eigentlich keine Blüten, sondern wächserne Brakteen (Hochblätter), in deren Mitte sich die echten kleinen Blüten verbergen. Die Brakteen haben leuchtende Farben – Rot, Orange, Gelb, Pink, Violett, Grün oder Kombinationen aus diesen Tönen. Die meisten Arten werden von Kolibris bestäubt, einige auch von Fledermäusen.

Ende 1825 kehrte Maria Graham nach England zurück und widmete sich ihrer literarischen Karriere: Sie schrieb über Kunst und Geschichte und verfasste mehrere Kinderbücher, in die sich auch immer irgendwie die Botanik einschlich. Ihr letztes Buch galt den in der Bibel erwähnten Pflanzen. 1827 heiratete sie den Landschaftsmaler Augustus Wall Callcott, der zehn Jahre später geadelt wurde. Aus der energiegeladenen Frau, die so wissbegierig war, dass man ihr den Beinamen »Metaphysiker in Musselin« verlieh, wurde die respektable Invalidin Lady Callcott. Nach langem lähmendem Leiden starb sie 1842. Sie blieb als Autorin des populären Kinderbuchs *Little Arthur's History of England* in Erinnerung, ihr Beitrag zur Botanik geriet in Vergessenheit.

Lady Maria Callcott, *Senna alata*, aus der Sammlung »Flora von Rio de Janeiro«, Kew, 1825.

Nat. ord. Leguminosae
Decandria Monogynia

Rubinlippen-Cattleya

Wissenschaftlicher Name
Cattleya labiata

Botaniker
William Swainson

Fundort
Brasilien

Jahr
1818

ANNO 1818 WICKELTE der britische Pflanzenjäger William Swainson eine Lieferung rarer Pflanzen aus den Wäldern Brasiliens in ein paar robuste ledrige Blätter ein, die ihm just ins Auge gefallen waren, und schickte sie nach England. Ihr Empfänger William Cattley war von dem unkonventionellen Packmaterial fasziniert, brachte es zum Wachsen und Gedeihen und wurde mit einer großen gerüschten, lavendelfarbenen Blüte belohnt. Man nannte die Pflanze ihm zu Ehren *Cattleya labiata*. Die Kunde von dieser erstaunlichen Blume verbreitete sich schnell, und so nahm das Orchideenfieber, das Großbritannien, ja ganz Europa packte, seinen Anfang.

Die Europäer des 19. Jahrhunderts waren keinesfalls die Ersten, die der Orchidee verfielen. In der chinesischen Kunst zählte die Orchidee zu den »Vier Herren« und verkörperte Reinheit, Konfuzius pries sie als »König der duftenden Pflanzen«. Die Shogune in Japan schätzten sie sehr, auf Java sah man in ihr den auf der Erde zurückgelassenen Umhang einer Göttin. In Mexiko verfeinerte die Vanille-Orchidee die Schokoladentränke der Azteken, und die Türken gaben gemahlene Orchideenwurzeln in aphrodisierendes Eis.

Natürlich besaß Europa reichlich eigene Orchideen – es verteilen sich weit über 28 000 Arten über alle Kontinente, mit Ausnahme der Antarktis. Auch hatte man tropische Orchideen schon gesehen: 1698 blühte eine von der Karibikinsel Curaçao in Holland; 1725 brachte der Londoner Händler Peter Collinson (siehe Seite 224) eine von den Bahamas zum Blühen. Zwischen 1760 und 1813 erwarb Kew 46 tropische Arten. Doch keine war so prächtig wie *C. labiata*. Das Problem war nur: Swainson war spurlos verschwunden (er war, wie sich herausstellte, nach Neuseeland gereist), und mit ihm das Wissen um den Fundort. Der Botaniker George Gardner suchte und suchte, glaubte zweimal, er habe die spektakuläre Or-

Cattleya labiata, aus R. Warner, *The Orchid Album*, 1882.

chidee gefunden – und irrte beide Male. Erst nach 71 Jahren wurde die *Cattleya* wiederentdeckt, rein zufällig, von einem Entomologen, der für einen französischen Sammler unterwegs war. Da er wusste, dass sein Auftraggeber Orchideen mochte, legte er seiner Insektenlieferung einige große lavendelfarbene Exemplare bei, die er in Pernambuco gefunden hatte. Es dauerte nicht lange, bis ein Orchideenhändler diese Pflanzen in Paris sah – und Pernambuco belagert wurde.

Reiche Sammler im Orchideenfieber schickten Pflanzenjäger in jeden noch so entlegenen Urwaldwinkel sämtlicher europäischer Kolonialreiche. James Bateman (1811–1897), Sohn eines Industriemagnaten aus Staffordshire und versierter Hobbybotaniker und -wissenschaftler, wurde während seines Studiums in Oxford von der Orchidee »gepackt«. Ihn packte auch die Ungeduld ob »des gemächlichen Tempos, in dem neue Arten die Meere überqueren« und so finanzierte er 1833 eine Expedition nach Demerara (im heutigen Guyana). Im November 1834 verkündete er stolz, dass der Pflanzenjäger Thomas Colley mit 60 lebenden Exemplaren zurückgekehrt war. Von diesem Erfolg beflügelt, traf er eine Vereinbarung mit George Ure Skinner, einem britischen Händler in Guatemala, der ihn mit so vielen hinreißenden neuen Funden belieferte, dass Bateman sich daranmachte, *The Orchidaceae of Mexico and Guatemala* herauszubringen (1837–1843). Es war in jeder Hinsicht sein *Opus magnum* – ein über 17 Kilogramm schweres Werk mit 40 Farblithographien von Orchideen in Lebensgröße, darunter elf der Wissenschaft neue.

Walter Hood Fitch, *Cattleya labiata*,
aus *Curtis's Botanical Magazine*, 1843.

Das Studium der Orchideen, schrieb Bateman, belohne nicht nur ihre »treuen Verehrer«, sondern schenke auch »eine Unterhaltung (...), die den Genussmenschen vermittels ihrer Pracht einnimmt, den Kunstliebhaber vermittels ihrer Seltenheit und den Mann der Wissenschaft vermittels ihrer Neuheit und ihres extraordinären Charakters«. Ein solcher Mann der Wissenschaft, und ein Orchideenliebhaber, war Charles Darwin (1809–1882). 1859 legte er in seinem die Welt verändernden Werk *Über die Entstehung der Arten* seine kontroverse Theorie der natürlichen Auslese dar, die den frommen Bateman bestürzte. Trotzdem schickte Bateman ihm 1862 einige ungewöhnliche Orchideen aus Madagaskar, darunter die herrliche Sternorchidee (*Angraecum sesquipedale*), die ein außergewöhnlich langes Nektarium hat, einen bis zu 30 Zentimeter langen Sporn. Nur ein Nachtfalter mit extrem langem Saugrüssel könnte die Pflanze bestäuben (sie verströmt ihren Duft bei Nacht), also müsse es auf Madagaskar einen solchen geben, spekulierte Darwin.

Darwin hatte sich ab spätestens 1839 mit der Beziehung von Pflanzen und Insekten beschäftigt und festgestellt, dass sich Blüten und Bestäuber aneinander anpassten, bis sie zusammenpassten wie Schloss und Schlüssel. Beide profitierten: Das Insekt bekam eine exklusive Nektarquelle, während die Pflanze, indem sie sich einen speziellen Bestäuber »auswählte«, sicherstellte, dass ihr Pollen nicht an andere Arten vergeudet wurde. *A. sesquipedale* war das perfekte Beispiel, wie Darwin in *Über die Einrichtungen zur Befruchtung britischer und ausländischer Orchideen durch Insekten und über die günstigen Erfolge der Wechselbefruchtung* (1862) aufzeigte. Orchideen, die ihren Pollen nicht verteilen (etwa im Wind), verlassen sich auf die Bestäubung durch (meist spezialisierte) Insekten, Vögel oder Fledermäuse, die sie durch raffinierte Mimikry anlocken. Bienenorchideen etwa verströmen den Duft weiblicher Bienen und ermuntern männliche zu Paarungsversuchen. Die Männchen fliegen danach von Pollen umhüllt weiter. Zwei Drittel aller Orchideen setzen auf diese »Pseudokopulation«.

Doch es hatte nie irgendjemand den langrüsseligen Falter gesehen, der Darwins Ansicht nach existieren musste, und so hatten seine Kritiker Anlass zum Spott. Zu seinen Lebzeiten wurde er nicht gefunden, doch 1903 entdeckte man in Madagaskar einen enormen Schwärmer mit einem 30 Zentimeter langen Rüssel, den er aufgerollt trug. Man nannte ihn *Xanthopan morgani praedicta – praedicta* bedeutet »der Vorhergesagte«. Das mochte etwas voreilig gewesen sein, denn niemand hatte

511

Angraecum sesquipedale Lindl.

gesehen, dass der Nachtfalter die Orchidee tatsächlich besuchte. Das wurde erst 1992, 130 Jahre nach Darwins Hypothese, beobachtet. Der amerikanische Biologe Phil de Vries filmte es 2004, man kann es auf YouTube bestaunen.

»Bei meiner Untersuchung der Orchideen ist mir kaum eine Tatsache so sehr aufgefallen wie die endlose Verschiedenheit des Baus zur Erreichung des immer gleichen Ziels, nämlich der Befruchtung einer Blume mit dem Pollen einer anderen«, schrieb Darwin. Orchideen waren der überzeugende Beweis für die Evolution »in Aktion« – sie hatten durch Anpassung diverse Techniken entwickelt, die ihr Fortbestehen sicherten.

Bateman war das ein Gräuel. Er glaubte, wie die meisten seiner Zeitgenossen, an die biblische Schöpfungserzählung und erkannte in dieser wundersamen Vielfältigkeit den Beweis für Gottes segensreiches Vorhaben. »Farne und blütenlose Pflanzen erschienen früh im göttlichen Plan (...), doch die Erschaffung der Orchideen ward aufgeschoben, bis die Zeit nahte, da der Mensch, den zu besänftigen ihre edle Schönheit da war, erscheinen sollte.« Es war sicherlich diese Vielfalt, die Batemans adlige Leser so faszinierte. Der 6. Duke of Devonshire beauftragte seinen Gärtner Joseph Paxton mit dem Bau von Orchideenhäusern in Chatsworth. Und 1836 schickten sie den Untergärtner John Gibson nach Indien und Birma (siehe Seite 94), von wo er mehr als 100 Orchideen mitbrachte. 1838 hatte Paxton 83 Sorten in Blüte stehen, doch als zwei Gärtner aus Chatsworth auf einer Amerikamission ertranken, ließen Herzog und Gärtner von weiteren Expeditionsplänen ab.

Orchideenjäger lebten gefährlich. Aimé Bonpland, der mit Alexander von Humboldt durch Südamerika gereist war (siehe Seite 258 ff.), machte sich später in Paraguay als Spion verdächtig. William Arnold ertrank im Orinoco. David Bowman starb in Bogotá an der Ruhr, den deutschen Sammler Gustav Wallis und den bis dahin unermüdlichen George Ure Skinner raffte das Gelbfieber dahin, Skinner einen Tag, bevor er die Heimreise antreten wollte. Albert Millican, den seine *Travels and Adventures of an Orchid Hunter* 1891 berühmt machten, überlebte fünf gefährliche Touren in die Anden, nur um auf der sechsten erdolcht zu werden. Andere wurden erschossen, verbrannt oder verspeist.

Viele dieser Unglücklichen wurden von Gärtnereibetrieben beschäftigt. Pionierin war die Firma Veitch, die erst William Lobb nach Amerika schickte und dann 1843 seinen Bruder Thomas in den Fernen Osten entsandte, mit dem aus-

Angraecum sesquipedale, Originalillustration von Aubert du Petit Thouars, aus *Curtis's Botanical Magazine*, 1859.

drücklichen Auftrag, Orchideen zu finden. Ende des Jahrhunderts wimmelte es an jedem tropischen Hotspot vor Sammlern, und der Wettbewerb war mörderisch: Die Männer bedrohten sich mit Pistolen und ruinierten die Ausbeuten ihrer Konkurrenten, indem sie darauf urinierten. Sie zogen eine Spur der Verwüstung hinter sich her: Tausende Bäume wurde gefällt, um an die Orchideen in ihren Kronen zu kommen; ganze Wälder wurden ihrer Orchideenschätze beraubt, und was die Sammler nicht tragen konnten, zerstörten sie. Nur so blieben ihre Funde Raritäten, die auf Auktionen astronomische Preise erzielen konnten (1910 bezahlten Orchideenliebhaber 1000 Pfund für eine neue Sorte). 1878 berichtete *The Gardener's Chronicle* von der bevorstehenden Ankunft von zwei Millionen Orchideen aus Kolumbien. Frederick Sander, der berühmteste und rücksichtsloseste Orchideenhändler, prahlte, er habe eine Million Exemplare einer einzigen Art aus Neuguinea importiert. Sander beschäftigte über die Jahre 40 Pflanzenjäger, darunter Benedikt Roezl aus Prag, der anstelle der linken Hand einen Metallhaken trug, und den unglückseligen Wilhelm Micholitz, der seinen Boss so fürchtete, dass er bereit war, eine begehrenswerte Orchidee aus der Augenhöhle eines Totenschädels zu wühlen.

Als es gelang, Orchideen unter Glas zu kultivieren, begannen sie, ihren besonderen Reiz zu verlieren. Der Erste Weltkrieg machte dem Orchideenfieber dann ein Ende. Doch noch immer gibt es obsessive Sammler, die Gefangenschaft, Gesundheit und Leben riskieren, um die Orchidee ihrer Träume zu besitzen oder nur fotografieren zu können. 2000 wurden der britische Botaniker Tom Hart Dyke und der Amerikaner Paul Winder, die alle Warnungen in den Wind geschlagen hatten, in Kolumbien von FARC-Guerilleros neun Monate lang als Geiseln gehalten. Jeden Tag ihrer Gefangenschaft verbrachten sie von herrlichen Orchideen umgeben.

Heute sind Orchideen durch das Washingtoner Artenschutzabkommen (CITES) geschützt, das Raubzüge wie auf dem Höhepunkt des Orchideenfiebers verhindern soll. Die modernen Orchideenjäger arbeiten für Forschungsinstitute wie Kew und versuchen, gefährdete Pflanzen zu identifizieren und zu bewahren. Paradoxerweise könnte das Verbot, wilde Orchideen zu sammeln, ihr Überleben gefährden. Nur durch den Austausch und die Kultivierung andernorts gibt es eine Chance, wilde Populationen wiederherzustellen.

Nichts hindert Holzfäller oder Palmölbauern daran, den Regenwald zu roden, doch es wäre illegal, die Orchideen zu retten, bevor sie dies tun.

Sarah Anne Drake, *Oncidium ornithorhynchum*, aus J. Bateman, *The Orchidaceae of Mexico and Guatemala*, 1837–1842.

Pl. 4.

Miſs Drake, del.

M. Gauci lith. 9 North Crescent Bedford Sq.

Bibliographie (Auswahl)

Allen, Mea, *Plants That Changed our Gardens,* David & Charles, 1974

Bailey, Kate, *John Reeves. Pioneering Collector of Chinese Plants and Botanical Art,* ACC Art Books, 2019

Banks, Sir Joseph, *The Endeavour Journal of Sir Joseph Banks, 1768–71,* Project Gutenberg of Australia, 2005

Berridge, Vanessa, *The Princess's Garden, Royal Intrigue and the Untold Story of Kew,* Amberley, 2017

Campbell-Culver, Maggie, *The Origin of Plants,* Headline, 2001

Christopher, T. (Hg.), *In the Land of the Blue Poppies, The Collected Gardening Writing of Frank Kingdon Ward,* Modern Library Gardening, 2002

Cox, Kenneth (Hg.), *Frank Kingdon Ward's Riddle of the Tsangpo Gorges,* Antique Collectors' Club, 2001

Crane, P., *Ginkgo: The Tree that Time Forgot,* Yale University Press, 2015

Desmond, Ray, *The History of the Royal Botanic Gardens, Kew,* Royal Botanic Gardens, Kew, 2007

Desmond, Ray, *Sir Joseph Dalton Hooker, Traveller and Plant Collector,* Antique Collectors' Club, 1999

Douglas, D. (1904). *Sketch of a Journey to the Northwestern Parts of the Continent of North America during the Years 1824-25-26-27. The Quarterly of the Oregon Historical Society, 5*(3), 230–271. Abgerufen 15. März 2020, von www.jstor.org/stable/20609621

Edwards, Ambra, *The Story of Gardening,* National Trust, 2018

Elliott, Brent, *Flora – Der Duft der Ferne,* Frederking und Thaler, 2004

Fisher, John, *The Origins of Garden Plants,* Constable, 1982

Fortune, Robert, *Wanderungen in China in den Jahren 1843 bis 1845,* VDM Verlag Dr. Müller, 2007

Fry, Carolyn, *Pflanzenschätze: Aus der Ferne in den Garten. Von leidenschaftlichen Sammlern, fernen Ländern und exotischen Pflanzen,* Callwey, 2010

Fry, Carolyn, *The World of Kew,* BBC Books, 2006

Gooding, Mabberley & Studholme, *Joseph Banks's Florilegium. Botanical Treasures from Cook's First Voyage,* Thames & Hudson, 2019

Harrison, Christina, *The Botanical Adventures of Joseph Banks,* Royal Botanic Gardens, Kew, 2020

Harrison, Christina & Gardiner, Lauren, *Bizarre Botany,* Royal Botanic Gardens, Kew, 2016

Harrison, Christina & Kirkham, Tony, *Besondere Bäume und ihre Kräfte: 60 Arten erzählen ihre Geschichte,* Prestel, 2019

Hobhouse, Penelope, *Illustrierte Geschichte der Gartenpflanzen vom alten Ägypten bis heute,* Scherz, 1999

Hobhouse, Penelope & Edwards, Ambra, *Der Garten – eine Kulturgeschichte,* Dorling Kindersley, 2007

Holway, Tatiana, *The Flower of Empire,* Oxford University Press, 2013

Hooker, J. D., *Rhododendrons of the Sikkim-Himalaya,* 1849, Royal Botanic Gardens, Kew, Faksimile, 2017

Horwood, Catherine, *Gardening Women. Their Stories from 1600 to the Present,* Virago, 2010

Hoyles, Martin, *Bread and Roses. Gardening Books from 1560–1960,* Pluto Press, 1995

Hoyles, Martin, *Gardeners Delight. Gardening Books from 1560–1960,* Pluto Press, 1995

Humboldt, Alexander von, *Ideen zu einer Geografie der Pflanzen,* Nachdruck (1807), Europäischer Hochschul-Verlag, 2009

Johnson, Hugh, *Bäume: Die Wald- und Gartenbäume der Welt,* Haupt, 2011

Laird, Mark, *The Flowering of the Landscape Garden. English Pleasure Grounds 1720–1800,* University of Pennsylvania Press, 1999

Lancaster, Roy, *My Life in Plants,* Filbert Publishing, 2017

Lyte, Charles, *The Plant Hunters,* Orbis, 1983

Masson, Francis, *An Account of Three Journeys from the Cape Town into the Southern Parts of Africa; Undertaken for the Discovery of New Plants, towards the Improvement of the Royal Botanical Gardens at Kew,* Philosophical Transactions of the Royal Society of London, 1776, Bd. 66 (1776), S. 268–317

Morgan, Joan & Richards, Alison, *A Paradise out of a Common Field,* Harper & Row, 1990

Mueggler, E., *The Paper Road: Archives and Experiences in the Botanical Exploration of West China and Tibet,* University of California Press, 2011

O'Brian, Patrick, *Joseph Banks, A Life,* Collins Harvill, 1987

Pavord, Anna, *Wie die Pflanzen zu ihren Namen kamen: Eine Kulturgeschichte der Botanik,* Berlin-Verlag, 2008

Pavord, Anna, *Die Tulpe: Eine Kulturgeschichte,* Insel-Verlag, 2003

Potter, Jennifer, *Seven Flowers,* Atlantic Books, 2013

Primrose, Sandy, *Modern Plant Hunters. Adventures in Pursuit of Extraordinary Plants,* Pimpernel, 2019

Rice, Anthony, *Entdeckungsreisen: Magische Bilder exotischer Welten,* wbg Edition, 2019

Rinaldi, Bianca Maria (Hg.), *Ideas of Chinese Gardens, Western Accounts 1300–1860,* Penn, 2016

Roberts, James, *A Journal of His Majesty's Bark Endeavour Round the World, Lieut. James Cook, Commander, 27th May 1768, 27 May–14 May 1770, with annotations 1771,* Mitchell Library of New South Wales

Robinson, William, *The English Flower Garden,* Bloomsbury, 1996

Spruce, Richard, (Hg.), Wallace, Alfred Russel, *Aufzeichnungen eines Botanikers am Amazonas und in den Anden,* Verlag der Pioniere, 2019

Taylor, Judith M., *The Global Migrations of Ornamental Plants,* Missouri Botanical Garden Press, 2009

Telstsher, Kate, *A Palace of Palms. Tropical dreams and the making of Kew,* Picador, 2020

Walker, Kim & Nesbitt, Mark, *Was wäre Gin ohne Tonic?: Die Geschichte des prickelnden Erfrischungsgetränks,* Gerstenberg, 2020

Watt, Alistair, *Robert Fortune. A Plant Hunter in the Orient*, Royal Botanic Gardens, Kew, 2017

Zeitschriften-Artikel (Auswahl)

Arnold, David, »Plant Capitalism and Company Science: The Indian Career of Nathaniel Wallich«, in: *Modern Asian Studies*, Bd. 42, Nr. 5, Sept. 2008

Bailey, Beatrice M. Bodart, »Kaempfer Restored«, in: *Monumenta Nipponica*, Bd. 43, Sophia University, 1998

Bastin John, »Sir Stamford Raffles and the Study of Natural History in Penang, Singapore And Indonesia«, in: *Journal of the Malaysian Branch of the Royal Asiatic Society*, Bd. 63, Nr. 2, 1990

Clarke C., Moran J. A., Chin L., »Mutualism between Tree Shrews and Pitcher Plants: Perspectives and Avenues for Future Research«, in: *Plant Signal Behaviour*, 2010

Davis, Aaron P., »Lost and Found: *Coffea stenophylla* and *C. affinis*, the Forgotten Coffee Crop Species of West Africa«, in: *Frontiers in Plant Science*, 19. Mai 2020

Davis, Aaron P., Chadburn, Helen, Moat, Justin, O'Sullivan, Robert, Hargreaves, Serene und Nic Lughadha, Eimear, »High Extinction Risk for Wild Coffee Species and Implications for Coffee Sector Sustainability«, in: *Science Advances*, Bd. 5, Nr. 1, 16. Januar 2019

Dewan, Rachel, »Bronze Age Flower Power: The Minoan Use and Social Significance of Saffron and Crocus Flowers«, University of Toronto, 2015

Fan, Fa-Ti, »Victorian Naturalists in China: Science and Informal Empire«, in: *The British Journal for the History of Science*, Bd. 36, Nr. 1, 2003

Fraser, Joan N., »Sherriff and Ludlow«, in: *Primroses*, The American Primrose Society, Bd. 66, 2008, S. 5–10

Greenwood M. u. a., »A Unique Resource Mutualism between the Giant Bornean Pitcher Plant, *Nepenthes rajah*, and Members of a Small Mammal Community«, in: *PLOS ONE*, Juni 2011

Hagglund, Betty, »The Botanical Writings of Maria Graham«, in: *Journal of Literature and Science*, 2:1, 2011

Harvey, Yvette, »Collecting with Lao Chao [Zhao Chengzhang]: Decolonising the Collecting Trips of George Forrest«, in: *NatSCA blog*, Juli 2020

Lancaster, Roy, »Mikinori Ogisu and his Plant Introductions«, in: *The Plantsman*, Juni 2004, S. 79–82

Mawrey, Gillian, »From Spices to Roses«, in: *Historic Gardens Review 40*, Winter 1919/20

Milius, Susan, »The Science of Big, Weird Flowers«, in: *Science News*, Bd. 156, Nr. 11, 1999

Nelson, E. Charles, »Augustine Henry and the Exploration of the Chinese Flora«, in: *Arnoldia*, Bd. 43, Nr. 1 (Winter, 1982–1983), S. 21–38

Rehder, Alfred, »Ernest Henry Wilson«, in: *Journal of the Arnold Arboretum*, Bd. 11, Nr. 4 (Oktober 1930), S. 181–192

Rudolph, Richard C., »Thunberg in Japan and His Flora Japonica in Japanese«, in: *Monumenta Nipponica*, Bd. 29, Nr. 2, Januar 1974, S. 163–179

Saltmarsh, Anna, »Francis Masson: Collecting Plants for King and Country«, Royal Botanic Gardens, Kew, 2003

Thomas, Adrian P., »The Establishment of Calcutta Botanic Garden: Plant Transfer, Science and the East India Company, 1786–1806«, in: *Journal of the Royal Asiatic Society*, Bd. 16, Nr. 2, Juli 2006

Danksagung Kew Publishing

Kew Publishing dankt den folgenden Kollegen für ihre Hinweise und Anregungen: Martin Cheek, Colin Clubbe, Phillip Cribb, Aaron Davis, David Goyder, Ed Ikin, Tony Kirkham, Gwil Lewis, Carlos Magdalena, Mark Nesbitt, Martyn Rix, Tim Utteridge und Richard Wilford. Für die unermüdliche Bildrecherche geht der Dank an Pei Chu und alle Kollegen in Kews Bibliothek und Archiv sowie an Paul Little für das Digitalisieren der Bilder aus der Kew Collection.

Danksagung der Autorin

Bei der Recherche zu diesem Buch habe ich zahllose Quellen herangezogen, zu viele, um sie hier aufzuführen. Darunter wissenschaftliche Studien und Zeitschriften, auf die ich in erster Linie über JSTOR zurückgegriffen habe. Ich möchte an dieser Stelle den vielen Wissenschaftlern, die hier nicht angeführt sind, meinen Dank aussprechen. Unverzichtbar waren Online-Quellen von botanischen Gärten, an erster Stelle Kew, Edinburgh, Oxford, Missouri, der National Tropical Botanical Garden in Florida und Hawaii; von Museen, insbesondere der Naturkundemuseen in London und Paris, dem British Museum und dem Sieboldhuis in Leiden; von Medienunternehmen wie der BBC, der Deutschen Welle, *The Guardian*, *Daily Telegraph*, *New York Times* und *Hindu Times*. Die British Library und Royal Horticultural Society haben mir vielfältiges Material geliefert, desselben ungezählte Blogs und Webseiten, von Umweltschutzorganisationen bis zu den Vereinten Nationen, vom »The-Garden-Trust«-Blog bis zu plantspeopleplanet.org.au; von botanischer Malerei bis zu den Ginkgo-Seiten von Cor Kwant. Ihnen allen Dank. Die Biodiversity Heritage Library, das Project Gutenberg und ähnliche Programme machten dankenswerterweise klassische Texte online zugänglich, wenn Bibliotheken pandemiebedingt geschlossen sind.

Roy Lancaster bin ich zu großem Dank für seine Hilfe bei der Recherche zu Mikinori Ogisu und seine unerschöpfliche Großzügigkeit verpflichtet. Ich danke Christina Harrison und Professor Nigel Maxted, dass sie mir ihre Forschungsergebnisse zur Verfügung gestellt haben. Und schließlich danke ich den vielen Experten in Kew, die mich unterstützt haben, insbesondere Martyn Rix.

Register

Kursive Seitenzahlen verweisen auf Bildunterschriften.

A

Abies grandis (Große Küstentanne) 233
A. procera (Edel-Tanne) 233
Acer griseum (Zimtahorn) 112
Actinidia chinensis (Chinesischer Strahlengriffel, Kiwi) 89, 112
Aguti 264, *265*
Ahmed III., Osmanischer Sultan 156, 158–159
Ahorn 72, 112, 140
Aiton, William 33
Akut, Asung, Akan, Akew und Akona 83
Alexander der Große 8, 151
Amherst, Countess of 92
Amherstia nobilis (Tohabaum) *92*, 92–98, *97*, *99*
Anemone hupehensis var. *japonica* 89
Angraecum sesquipedale *295*
Aquilegia canadensis 219
Araucaria araucana (Araukarie) *272*, 272–276, *275*, *277*
Aristoteles 11, 24, 265
Arnold, Joseph 55
Arnold, William 295
Artocarpus altilis (Brotfruchtbaum) *46*, 46–50, *48*, *50*
Ashmole, Elias 220
Attenborough, David 22, 60
Aucuba japonica 91
Augusta, Prinzessin 30

B

Bailey, F. M. 127, 129
Baker, Ian 130
Balfour, Isaac Bayley 116, 118
Bambus 76, 86, 89
Banks, Joseph 13, 17, 19, 20–24, 28–33, 34, 37, 46–49, 52, 78, 83, 97, 103, 180–184, 233, 253, 272
Banksia integrifolia (Küsten-Banksie) 28
B. serrata (Sägen-Banksie) 28–33, *28*
Baret, Jean (Jeanne) 266–271
Bartram, John 17, 69, 100, 224–227, 245
Bateman, James 236, 292–295
Belon, Pierre 152, 154, 167
Bentham, George 106
Berberis (Berberitze) 129
B. thunbergii 72
B. zhaoi 123
Bergenia emeiensis 144
Berlinia korupensis 207
Biodiversitätskonvention 12
Blake, John Brady 83
Blauregen 78–83, *siehe Wisteria*
Bligh, William 48–49
Bobart, Jacob 160
Bojer, Wenzel 203
Bonaparte, Josephine 214
Bonaparte, Napoleon 175, 271
Bonpland, Aimé 14, 214, 258–263, 278, 295
Boswellia sacra (Somalischer Weihrauch) *176*, 176–179, *179*
Bougainville, Louis-Antoine de 20, 30, 266–271
Bougainvillea spectabilis 266–271, *268*, *271*
Bowie, James 31
Bowles, E. A. 163
Bowman, David 295
Britische Ostindien-Kompanie 13, 14, 33, 78, 83, 84, 90–91, 94, 97–98, 188, 253
Bromelia *286*
Brooke, James 60
Brotfruchtbaum (*Artocarpus altilis*) *46*, 46–50, *48*, *50*
Brotpalmfarn 183
Brown, Lancelot 'Capability' 167
Brown, Robert 52, 233
Buchan, Alexander 24, 34
Bulley, Arthur K. 116, 120, 124
Burbidge, Frederick 60
Burchell, William 13, 186–191
Burchellia bubalina (»wilder Granatapfel«) 189
Burgt, Xander van der 204
Busbecq, Ogier Ghiselin de 152–154

C

Caernarvon, Earl of 167
Caesalpinia pulcherrima (Pfauenstrauch) 242–249
Caley, George 31
Camellia 67
C. japonica 120
C. saluenensis 120
C. sinensis (Tee) *84*, 84–91, *87*
C. sinensis var. *assamica* (Assam-Tee) 90
C. x *williamsii* 120
Campbell, Archibald 104–105
Catesby, Mark *219*, *220*, 224, 244
Cattleya labiata *290*, 290–296, *292*
Cavanilles, Antonio José 213–214
Cawdor, Lord Jack 129
Cecil, Robert 216
Chaenomeles japonica (Japanische Zierquitte) 76
Chamaedorea linearis (Walschwanzpalme) *8*
Cheek, Martin 60, 204–207
Chinesischer Herbstenzian (*Gentiana sino-ornata*) *116*, 116–123
Chinin 250–253, 256–257
Christus 164, 176
Christian, Fletcher 49
Cinchona (Chinarindenbaum) 16, 98, 105, 106, 250–257, 264
C. anderssonii 253
C. calisaya 256
C. ledgeriana 256
C. officinalis *250*
CITES (Übereinkommen über den internationalen Handel mit gefährdeten Arten frei lebender Tiere und Pflanzen; Washingtoner Artenschutzabkommen) 12, 296
Clark, William 209, 228–230
Clematis 145
C. armandii 112
C. montana 92
C. m. var. *rubens* 112
Clianthus puniceus (Papageienschnabel) 27
Clusius, Carolus 154–155
Coffea (Kaffee) 97, 151, 175, 192–198, *199*
C. affinis 197
C. ambogensis 198
C. arabica *192*, 192–194, *194*, *196*, 197–198
C. boinensis 198
C. canephora (*Robusta*) 194–197
C. liberica 194
C. stenophylla 197
Collinson, Peter 70, 209, 222–227, 290
Colliton, Sir John 222
Commelin, Caspar 160, 248
Commerson, Philibert 175, 266–271
Compton, Henry 13
Consequa 78–80
Cook, James 19, 20, 24, 28–31, 46, 48, 269
Cornus kousa var. *chinensis* (Chinesischer Blumen-Hartriegel) 126
Coryanthes vasquezii 264
Cotinus obovatus (Perückenstrauch) 219
Cox, Euan 130
Cox, Kenneth 130, 192
Cox, Peter 130
Crawfurd, John 92
Crocus cartwrightianus 148
C. sativus (Safrankrokus) *148*, 148–151, *151*
Cross, Robert 254
Crûg Farm Plants 138, 139
Cunningham, Allan 31
Cupani, Francesco 160, 162
Curtis, Winifred Mary 42–44
Cycas revoluta (Palmfarn) 72

D

Dahl, Andreas 214
Dahlia (Dahlie) 210–214, *214*, 262
D. coccinea *212*, 213
D. imperialis 210, *210*
D. juarezii 214
D. macdougalii 210
D. pinnata 213
D. rosea 213
Dalbergia sissoo (Indischer Palisander) 98
Dampier, William 28
Darwin, Charles 17, 103, 188, 244, 248, 293–295
David, Armand 110, 112

Davidia involucrata (Taschentuchbaum) *108*, 108–115
Davis, Aaron P. 192, 197–198
de Vries, Phil 295
Delavay, Jean Marie 118, 129
Delonix regia (Flammenbaum) *200*, 203, *203*
Dendariarena, Francisco 275
Devonshire, Duke of 94, 282, 295
Dicentra spectabilis (Tränendes Herz) 91
Dioskurides, *De materia medica* 147
Douglas, David 13, 17, 228–234
Douglasie (*Pseudotsuga menziesii*) *228*, 228–234, *230*
Dowd, Augustus T. 236, 239
Dschingis Khan 8
Duftblüte 91
Duftwicke 147, 160–163, *siehe Lathyrus*
Dyke, Tom Hart 241, 296

E
Eckford, Henry 162
Edinburgh, Royal Botanic Garden 116, 276, 287
Ehret, Georg Dionysius 222, *222*
Éléonore von Aquitanien 167
Elfenblume *siehe Epimedium*
Encephalartos altensteinii 183
Epimedium flavum 140
E. leptorrhizum 'Mariko' 145
E. mikinorii 145
E. x *omeiense* 144
Euphorbia griffithii (Himalaja-Wolfsmilch) 135
Evelyn, John 167

F
Fairchild, Thomas 161–162
Falconer, Hugh 103
Fallopia japonica (Japanischer Staudenknöterich) 76, 77
Farges, Paul Guillaume 113
Fatsia japonica (Zimmeraralie) 76
Fitch, Walter Hood *34, 58, 87,* 106, *278, 280, 281, 292*
Flammenbaum (*Delonix regia*) 200–203
Flanagan, Mark 145
Flinders, Matthew 19
Forrest, George 13, 63, 116–123, 124, 145
Forsythie *(Forsythia)* 91
Fortune, Robert 16, 81, 84–87, 227
Fothergill, John 209
Franklin, John 233
Funkie *siehe Hosta*

G
Gardner, George 290–292
Gardner, Martin 276
Garrya elliptica (Spalier-Becherkätzchen) 234
Gen-emon Imamura 68, 69
Gentiana sino-ornata (Chinesischer Herbstenzian) *116*, 116–123
Gentius, König von Illyrien 123
George III. von Großbritannien 20, 30–31, 46, 84, 183
Gerard, John 155, 209
Gessner, Conrad 154
Gewürze 8, 13, 33, 97, 148
Gibson, John 94, 295
Ginkgo biloba (Mädchenhaarbaum) *64*, 64–69, *66, 69*
Good, Peter 31
Gorachand 98
Gordon, George James 90
Gordon, James 69
Graham, Maria 13, 14, 284–288
Griffith, William 98
Gummibaum *siehe* Kautschukbaum

H
Haggar, Jeremy 197
Hamilton, William 69
Harrington, Earl 275
Harrow, George 113
Hatschepsut, Pharaonin 8, 176
Heliconia 284–288
Henri IV. von Frankreich 216
Henry, Augustine 13, 108–115, 145
Hermann, Paul 180
Hernández, Francisco 210–213
Herwart, Heinrich 154
Heurnius, Justus 180
Hevea brasiliensis (Kautschukbaum, Gummibaum) 106, 254
Hibberd, Shirley 100
Hinkley, Daniel 17, 139, 192
Hodgson, Brian Houghton 104
Hoefnagel, Joris 155
Holboellia brachyandra 138
H. lanfolia subsp. *chartacea* 138
Holland, Lady 214
Hooker, Joseph Dalton 13, 16, *45*, 100–106
Hooker, William Jackson *61*, 103, 105–106, 188, 228, 233, 287
Hortensie *siehe Hydrangea*
Horticultural Society of London 16, 33, 59, 80–81, 84–89, 95, 228, 236–239, 275
Hosta sieboldiana (Blaublatt-Funkie) 76
H. sieboldii 76
Hove, Anton 31
Howqua 78
Hoy, Thomas 34
Hoya australis (Wachsblume) *34*, 34–37, *36*
Humboldt, Alexander von 17, 72, 103, 214, 241, 244, 248, 258–265, 295
Hydrangea (Hortensie) 67
H. arborescens (Wald-Hortensie) 70
H. macrophylla var. serrata 70
H. otaksa (*H. macrophylla* 'Otaksa') 70–76
H. paniculata 76
H. quercifolia (Eichenblättrige Hortensie) 70
H. serrata var. japonica 73

I
Ibn Juljul 147
Ibrahim Pascha 158–159
Immergrüne Magnolie (*Magnolia grandiflora*) *222*, 222–227, *225, 227*
Impatiens 106
International Conifer Conservation Programme 276
Internationale Saatgutbank Spitzbergen 173
Inversodicraea koukoutamba (»Orchidee der Fälle«) 207
Ipomoea batatas (Süßkartoffel) *25*, 27
Iris 129
I. ensata 140
Iwanow, Dmitri 171
Ixia viridiflora 183

J
James I. von England 216
Jasminum nudiflorum (Winterjasmin) 91
J. sambac (Arabischer Jasmin) 55
Jefferson, Thomas 8, 228, 263
Jussieu, Antoine-Laurent de 269

K
Kaempfer, Engelbert 64, 67–68
Kaffee *(Coffea)* 192–198
Kakao 97, 151, 213
Kamelie *siehe Camellia*
Kannenpflanzen *siehe Nepenthes*
Karl der Große 147
Kashioka, Seizo 140, 143
Kautschukbaum (*Hevea brasiliensis*) 13, 106, 254
Keisuke Ito 74
Kellogg, Albert 236
Kerr, William 31
Kew, Royal Botanic Gardens 13, 30–33, 34, 46, 59, 69, 95, 103, 108–111, 136
Kiefer, Wollemi- (*Wollemia nobilis*) *38*, 38–40, *41; siehe auch Pinus*
Kindia gangan 207
Kingdon-Ward, Frank 17, 124–130
Kintup 127
Kirkham, Tony 145
Kleopatra 151
Königslilie *siehe Lilium regale*
Krokus *siehe Crocus*
Kumquats 89
Kusumoto Taki 75, 76
Kusumoto Ine 75, 76
Kwasi, Graman 247–248
Kyd, Robert 95–97

L
Lamprocapnos spectabilis (Tränendes Herz) 91
Lancaster, Roy 140, 143, 145, 192
Lathyrus belinensis 162
L. odoratus (Duftwicke) 147, *160*, 160–163
L. o. 'Countess Spencer' 162
L. o. zeylanicus 160
Lawrence, Louisa 95
Lebbiea grandiflora 207
Ledger, Charles 256–257
Lee, James 33, 81
Lewis, Meriwether 209, 228–230
Libanonzeder (*Cedrus libani*) *164*, 164–167
Lilium mackliniae 130
L. regale (Königslilie) 114, *115*
Lindley, John 16, 86, 94, 239, 281
Linné, Carl von 22, 24, 59, 98, 160, 183, 244, 247
Liriodendron tulipifera (Tulpenbaum) *216*, 216–220, *219*
Lithops (Lebende Steine) *186*, 186–191
Litton, George 119, 120
Livingstone, John 14–16
Lobb, Thomas 59, 60, *61*, 295
Lobb, William 59, 236, 275, 295
Loddiges, Gärtnerei 16, 81, 94, 278
Londonderry, Marchioness of 95
Lonicera calcarata (Geißblatt) 144
L. fragrantissima (Wohlriechende Heckenkirsche) 91
Loudon, John 234
Louis VII. von Frankreich 167
Low, Sir Hugh 60
Ludlow, Frank 13, 132–135
Lyell, Charles 103, 284
Lyssenko, Trofim 170–173

M
Macklin, Jean 126, 130
Magnol, Pierre 224
Magnolia campbellii 120, *121*
M. grandiflora (Immergrüne Magnolie) *222*, 222–227, *225*, *227*
Mahonia (Mahonie) 91, 144, 145
M. aquifolium 231
M. ogisui 145
M. x *emeiensis* 144
Malus x floribunda (Japanischer Zierapfel) 76
Mammutbaum (*Sequoiadendron giganteum*) *236*, 236–239, *239*
Mann, Gustav 175
Markham, Clements R. 253–254
Martius, Karl Friedrich Philipp von *8*
Marx, Roberto Burle 241
Masson, Francis 31, 180–185
Mauk-Sow-U 83
Maxted, Nigel *162*, 163
Maxwell, Sir Herbert 276
McCrae, James 275
Meconopsis baileyi/betonicifolia (Tibet-Scheinmohn) 124–130, *128*
M. integrifolia (Gelbhaariger Scheinmohn) 113
M. punicea 113
Mee, Margaret 241
Mehmed II., Osmanischer Sultan 156
Mehmed IV., Osmanischer Sultan 158
Mendel, Gregor 140, 168
Menzies, Archibald 228, 272–276
Merian, Maria Sibylla 13, 17, 241–248, *242, 247, 249*
Mesembryanthemum *siehe Lithops*
Metasequoia glyptostroboides (Urweltmammut- oder Chinesischer Rotholzbaum) 38
Metrosideros excelsa (Eisenholz- oder Neuseeländischer Weihnachtsbaum) 27
Micholitz, Wilhelm 296
Millican, Albert 295
Molesworth, Sir William 275
Morshead, Henry 127
Muir, John 239

N
Nelson, David 31, 46–49
Nepenthes attenboroughii 60
N. edwardsiana 60
N. helmsleyana 58–59
N. lowii 56, 60
N. macrophylla 56
N. rafflesiana 58, 59
N. rajah 56, 56–60
N. veitchii 60, *61*
N. villosa 60, *61*
Neuseeland-Flachs (*Phormium tenax*) 20–27, *20, 23*
Niederländische Ostindien-Kompanie 11, 13, 67, 72, 180
Noble, David 38
North, Marianne *23, 50*, 95, *97, 166, 199*, 241, *266, 272*
Northumberland, Duke of 282

O
O'Hanlon, Redmond 244
Ogisu, Mikinori 140–145
Oliver, Daniel 108–110
Oncidium ornithorhynchum 296
Orbea variegata 180, 183
Orchideen 27, 55, 59, 94, 105, 200, 207, 241, 264, 278
Ordensstern (*Stapelia*) 180–185
Oreopanax 138
Orthocera novae-zeelandiae 27
Ovid 151

P
Paeonia ludlowii (Tibet-Pfingstrose) *132*, 132–135
P. lutea (delavayi) 134, 135
Pak Choi 89
Palmer, Thomas Carey 81
Paranussbaum (*Bertholletia excelsa*) *258*, 258–265
Parkinson, John 209, 220
Parkinson, Stanfield 37
Parkinson, Sydney 24, 34–37
Parks, John Dampier 83
Parthenocissus quinquefolia (Wilder Wein) 219
Paxton, Joseph 94, *271*, 282, 295
Perry, Matthew 76
Peter der Große von Russland 244
Pflanzenjagd 8–17
Pfingstrose *siehe Paeonia*
Phalaenopsis (Schmetterlingsorchidee) 59
P. amabilis (Orchidee, Nationalblume Indonesiens) 55
Philipp II. von Spanien 213
Phormium tenax (Neuseeland-Flachs) 20–27, *20, 23*
Picea sitchensis (Sitka-Fichte) 233, 234
Pinus coulteri 233
P. lambertiana (Zucker-Kiefer) 233, *234*
P. monticola (Westliche Weymouth-Kiefer) *232*, 233
P. ponderosa (Gelb-Kiefer) 233
P. radiata (Monterey-Kiefer) 233
Platanus occidentalis 219, *220*
P. x *hispanica* (London-Platane) 219
Plinius der Ältere 123, 151, 179
Pocock, Edward 167
Poeppig, Eduard Friedrich 282
Polo, Marco 118
Potts, John 83
Primula (Primeln) 91, 135
P. beesiana 123
P. bulleyana 123
P. florindae 129
P. littoniana (vialii) 120, *122*
P. pulverulenta 114
Probst, Darrell 145
Prunus serrula (Tibetanische Bergkirsche) 135
P. x *sieboldii* (japanische Zierkirsche) 76
Pseudolarix amabilis (Goldlärche) *89*, 89
Pseudotsuga menziesii (Douglasie) *228*, 228–234, *230*
Ptolemäus 24
Puankhequa 78

Q/R
Quassia amara (Bitterholz) 247
Raffles, Sir Stamford 52–55
Rafflesia arnoldii (Riesenrafflesie) *52*, 52–55, *54*

Rakotonasolo, Franck 198
Rawes, Richard 81
Ray, John 160
Reeves, John 16, 78–83, 86
Reispapierbaum (*Tetrapanax papyrifer*) *136*, 136–139
Reynolds, Joshua 83
Reynoutria japonica (Japanischer Staudenknöterich) 76, 77
Rhododendron 14, 59, 100–106, 129
R. arboreum 106
R. campbelliae 104
R. dalhousiae 104
R. griersonianum 120
R. hodgsonii *100*, 100–106
R. ponticum 106
R. sinogrande 120
R. thomsonii 105, *106*
Ribes sangineum (Blut-Johannisbeere) 234
Ricci, Matteo 13
Richea curtisiae *42*, 42–44, *45*
R. pandanifolia 42
Riesenseerose (*Victoria amazonica*) 278–283
Rizinusbaum *247*, 247
Robin, Jean 216
Roezl, Benedikt 296
Rosa chinensis var. *spontanea* 144
R. gallica 'Officinalis' 147
R. moyesii 114
Ross, James Clark *45*, 103
Rote Liste der gefährdeten Arten 163, 197, 204
Rothschild, Lionel 120
Roxburgh, William 97–98, 287
Royal Society 22, 31, 46, 106
Rubinlippen-Cattleya 290–296
Ruscus (Mäusedorn) 138

S
Safrankrokus (*Crocus sativus*) *148*, 148–151, *151*
Salomonssiegel 145
Sander, Frederick 296
Sargent, Charles Sprague 110, 114, 115
Sargon, König von Akkad 151
Sarmu, Daniel 197
Sägen-Banksie (*Banksia serrata*) 28–33, *33*
Schomburgk, Robert 278–283
Schusterpalme 138, 145
Scott, Robert Falcon 106
Selim II., Osmanischer Sultan 158
Senna alata *288*
Sequoia sempervirens (Küstenmammutbaum) 239
Sequoiadendron giganteum (Mammutbaum) *236*, 236–239, *239*
Sherriff, Betty 132
Sherriff, George 13, 132–135
Siebold, Philipp Franz von 72–76
Sieckmann, Johann *214*
Sikkim, Rajah von 104–105
Skimmie (*Skimmia*) 67
Skinner, George Ure 292, 295
Sloane, Hans 68, 175, 242
Solander, Daniel 19, 22–24, 28, 30, 37
Spencer, Lady Diana 162
Spiraea thunbergii (Frühlingsspiere) 76
Spruce, Richard 253–255, 257
Stapelia (Ordensstern) *180*, 180–185
S. erectiflora 185
S. flavopurpurea 185
S. hirsuta var. *vetula* *185*
Stearn, William 145
Stones, Margaret *42*, 44
Storm, Ken Jr. 130
Strelitzia reginae (Paradiesvogelblume) 183
Süleyman der Prächtige, Osmanischer Sultan 152, 156–158
Süßkartoffel (*Ipomoea batatas*) *25*, 27
Swainson, William 290

T
Tabak 33, 97, 210
Takahashi Kageyasu 74
Talbot, Milo und Rose 44
Talbotiella cheekii *204*, 204–207, *206*
Taschentuchbaum (*Davidia involucrata*) *108*, 108–115
Taxodium distichum (Sumpfzypresse) 219
Teak 97, 98
Tee (*Camellia sinensis*) 13, *84*, 84–91, *87*
Tee, Assam (*Camellia sinensis* var. *assamica*) 90
Tetrapanax papyrifer (Reispapierbaum) *136*, 136–139
Tetrastigma leucostaphylum 52
Theophrast 11, 63
Thiselton-Dyer, William 110
Thomas, Graham Stuart 144
Thomson, Thomas 105
Thunberg, Carl Peter 70–74, 183
Tibet-Pfingstrose (*Paeonia ludlowii*) *132*, 132–135
Tibet-Scheinmohn (*Meconopsis baileyi/betonicifolia*) 124–130, *124*, *128*
Tinqua 80
Tohabaum (*Amherstia nobilis*) 92–98, *97*
Trachelospermum jasminoides (Sternjasmin) 91
Tradescant, John der Ältere 209, 216–219, 220, 227
Tradescant, John der Jüngere 209, 216, 219–220
Triticum aestivum (Weizen) *168*, 168–173, *172*
T. a. var. *spelta* (Dinkel) 168
T. durum (Hartweizen) 168
Tsongpen 132
Tulipa (Tulpe) 152–159, *159*
T. clusiana 152, *154*
T. eichleri *152*
Tulpenbaum (*Liriodendron tulipifera*) *216*, 216–220, *219*
Turner, Charles Hampden 81

U/V
Uvedale, Robert 160
Vancouver, George 228, 272
Vanda coerulea (blaue Orchidee) 59
Vanille 97, 151, 213, 290
Veitch, Gärtnerei 14, 59, 295
Veitch, Harry 110–114
Veitch, James 59, 236, 275
Veitch, Peter 60
Viburnum davidii (Kissen-Schneeball) 114
V. plicatum 'Sterile' (Japanischer Schneeball) 91
Victoria von England 95, 280–281
Victoria amazonica (Riesenseerose) *278*, 278–283, *280*, *281*, *283*
Vineyard-Gärtnerei, Hammersmith 287
Vishnupersaud *92*, 98

W
Wachsblume (*Hoya australis*) *34*, 34–37, *36*
Wallace, Alfred Russel 103, 255–256
Wallich, Nathaniel 13, 14, 16, 92–98, 106
Wallis, Gustav 295
Ward, Nathaniel Bagshaw 16
Wardsche Kisten *15*, 16, 87, 94, 255, 278
Wawilow, Nikolai Iwanowitsch 168–173
Weihrauch (*Boswellia sacra*) *176*, 176–179, *179*
Welbank, Robert 81
Wellingtonia siehe Mammutbaum
Wen-Pei Fang 143, 144
Whang Atong 83
Weizen (*Triticum aestivum*) *168*, 168–173, *172*
Willdenow, Carl Ludwig 214, 262
Williams, J. C. 120
Wilson, Ernest Henry 13, 17, 89, 111–115, 136, 144, 145
Winder, Paul 241, 296
Wisteria brachybotrys (Seidiger Blauregen) 76
W. floribunda (Japanischer Blauregen) 83
W. sinensis (Chinesischer Blauregen) *78*, 78–83, *82*
Wollemia nobilis (Wollemie) *38*, 38–40, *41*
Wynn-Jones, Bleddyn und Sue 136–139, 192

Y/Z
Yin Kaipu 145
Zhao Chengzhang 123
Zuccarini, Joseph Gerhard 76
Zucker 12, 33, 97, 247

Bildnachweis

Mit Ausnahme der unten aufgeführten stammen alles Fotos und Illustrationen aus den Sammlungen der Royal Botanic Gardens Kew und werden mit ihrer freundlichen Genehmigung abgedruckt.

S. 10 Orto botanico di Padova (gemeinfrei) über wikimedia.org

S. 26 © The Collection: Art and Archaeology in Lincolnshire (Usher Gallery, Lincoln)/Bridgeman Images

S. 36 *Hoya australis*, Editions Alecto/Trustees of the Natural History Museum, London

S. 39 *Wollemia nobilis*, Beverley Allen, © Royal Botanic Gardens & Domain Trust, Sydney

S. 41 *Wollemia nobilis* © Beverley Allen

S. 53, 223, 268 Peter H. Raven Library/Missouri Botanical Garden

S. 66 East 61st Street, New York (*Ginkgo biloba*), © Rory McEwen, aus der Shirley Sherwood Collection

S. 74 Die Insel Dejima, Niederländische Ostindien-Kompanie, Wellcome Collection

S. 75 ART Collection/Alamy Stock Photo

S. 79 *Wisteria sinensis*, The Natural History Museum/Alamy Stock Photo

S. 80 Stanley Spencer, *Wisteria at Cookham*, Artiz/Alamy Stock Photo

S. 115 *Lilium regale*, © Coral Guest, aus der Shirley Sherwood Collection

S. 141 *Epimedium flavum*, © Christabel King

S. 178 Heritage Image Partnership Ltd/Alamy Stock Photo

S. 201 *Delonix regia*, © Masumi Yamanaka

S. 243, 246, 249 Aquarelle von Maria Sibylla Merian, Trustees of the Natural History Museum, London

S. 252 Wellcome Collection, Creative Commons CCBY

S. 255 Karte der Umgebung von Villcabamba, Ecuador, Wellcome Collection

S. 265 Iconographic Archive/Alamy Stock Photo

Zu den Abbildungen:

S. 2 Walter Hood Fitch, *Victoria amazonica* (syn. *Victoria regia*), aus *Curtis's Botanical Magazine*, 1847.

S.4 Walter Hood Fitch, *Victoria amazonica*, Originalzeichnung und -lithographie, Kew Collection, 1851.

Die Originalausgabe erschien 2021 unter dem Titel *The Plant Hunter's Atlas. A World Tour of Botanical Adventures, Chance Discoveries and Strange Specimens* bei

Greenfinch,
einem Imprint von Quercus Editions Ltd
Carmelite House
50 Victoria Embankment
London EC4Y 0DZ

Ein Unternehmen von Hachette UK

Umschlagbild: © Royal Botanic Gardens, Kew: The Blue Egyptian Water Lily (*Nymphaea caerula*) nach einem Gemälde von Peter Henderson für: *The Temple of Flora* von Robert John Thornton, 1799–1804

Aus dem Englischen von Anke Albrecht

2. Auflage 2023

Satz und Redaktion: twinbooks, München

Printed and bound in Italy by L.E.G.O SpA

ISBN 978-3-8369-2189-3
www.gerstenberg-verlag.de

PRODUZIERT IN DER EUROPÄISCHEN UNION

MIX
Papier | Fördert gute Waldnutzung
FSC® C023419

Weitere Titel zum Thema Natur und Garten finden Sie auf unserer Homepage:
www.gerstenberg-verlag.de